Hochsensibilität

DIE BLUME DES LEBENS

Erste Auflage

myMorawa von Dataform Media GmbH, Wien

978-3-99110-535-0 (Paperback)
978-3-99110-536-7 (Hardcover)
978-3-99110-537-4 (e-Book)

Lektorat:
studi-lektor.de
Umschlaggestaltung, Satz & Druck:
myMorawa von Dataform Media GmbH, Wien
Covergrafik: doreen_kinistino by Pixabay

Freie Nachschöpfung auf Basis der deutschen Originalausgabe „Anonyme Alkoholiker“

Was war das nochmal, das uns all die Jahre so große Angst bereitet hat? Das uns zurückziehen ließ von dieser Welt und all ihren Wundern? Das Zweifel in uns säte, dort, wo die Wirklichkeit bereits keimte?
Ich betäubte meine Andersartigkeit, bedauerte meine Empfindsamkeit, verzagte aus Scham und Angst. In Wahrheit aber wollte ich einfach dazugehören, in der Gewissheit, dass alles mit mir stimmte, wollte doch einfach nur glücklich sein…

ALL DIE JAHRE des Haderns und Verzweifelns, bis zu diesem einen Moment der Erkenntnis, dass ich in meiner Abkehr vom Wesentlichen nur falsch herum gestanden, dem Licht in mir selbst die ganze Zeit über den Rücken zugekehrt hatte; die dunklen Drachen bloß Schatten gewesen waren, in Unwissenheit vor mir auf den Boden geworfen, anstatt einzusehen, was meinem Dasein wirkliche Größe und gewahren Sinn verleiht: meine Hochsensibilität.

ALL DIE JAHRE und endlich verstehe ich, dass wir keine Laune der Natur sind, sondern zur nächsten Generation, auf dem Weg zu einem neuen und liebevollen Miteinander gehören – in Frieden mit uns selbst und allem Leben.
Stell dir das bloß einmal vor!

HEUTE IST DER TAG,
an dem wir beginnen, unsere Gefühle und Gedanken
offen auszusprechen,
an dem wir wieder mehr miteinander
statt übereinander reden,
an dem wir andere in ihrem Anderssein annehmen
und wertschätzen,
unsere Bewertungen und Erwartungen einem neuen
Bewusstsein Platz machen und
Selbstliebe und Lebensfreude wieder in unseren Alltag
einkehren.

HEUTE IST DER TAG,
AN DEM ALLES NEU BEGINNT!
SCHWEIGEN IST EISERN. REDEN IST GOLD.

HEUTE
IST DAS MORGEN,
DAS WIR UNS GESTERN ERSCHAFFEN HABEN.
LEBE UND LIEBE.
BEWUSST.
IM JETZT.

Am Anfang unserer Zukunft

INHALTSVERZEICHNIS

Kapitel

Kapitel Eins	Wie soll es jetzt weitergehen?	11
Kapitel Zwei	Es gibt eine Lösung	15
Kapitel Drei	Über Hochsensibilität	63
Kapitel Vier	Wir Agnostiker und Atheisten	109
Kapitel Fünf	Wie es funktioniert	137
Kapitel Sechs	In die Tat umgesetzt	169
Kapitel Sieben	Die Arbeit mit unseren Nächsten	213
Kapitel Acht	An die Lebenspartner, Kinder und Angehörigen	251
Kapitel Neun	Die Familie danach	291
Kapitel Zehn	An Arbeitgeber, Institutionen & Rechtsträger	329
Kapitel Elf	Eine Vision	371

Anhänge

ANHANG EINS Mit gutem Beispiel vorangehen 389

ANHANG ZWEI Die Zwölf Schritte 395

ANHANG DREI Die Zwölf Traditionen 397

ANHANG VIER Das Meeting 401

ANHANG FÜNF Die spirituelle Erfahrung 411

ANHANG SECHS Aus Sicht von Ärzten & Geistlichen 417

ANHANG SIEBEN Gestern – Heute – Morgen 421

Wir möchten an dieser Stelle darauf hinweisen, dass in den folgenden Ausführungen nicht gegendert wird. Dies geschieht aus einem wichtigen Grund, den wir am Beginn des Kapitel Acht näher erläutern. Wörter in der männlichen Form beziehen sich ihrem Prinzip nach sowohl auf Frauen als auch auf Diverse.

Aus der Sicht eines Arztes

Hochsensibilität

Infoblatt f. VertreterInnen v. Heilberufen (Somato-Pathologie)

Sehr geehrte Damen und Herren,

Ihr/e Patient/in stellt sich als **hochsensible Person** vor und bittet Sie, diesen Umstand im Kontext von Diagnostik und Therapie zu berücksichtigen. Für den Fall, dass Sie erstmals mit diesem Terminus konfrontiert sind, sei an dieser Stelle eine kurze Vorstellung der Thematik unternommen.

Die Feststellung, dass einige Menschen *sensibler* sind als der Durchschnitt, dürfte trivial sein. Freilich gibt es Hinweise darauf, dass eine entsprechende neurologische Konstitution (*Klages*, s. u., spricht von einer „besonderen thalamischen Affizierbarkeit") im Rahmen therapeutischer Arbeit u. U. speziell berücksichtigt werden muss, um sachgerechte Interventionen durchführen zu können.

Namentlich gibt es Berichte über (Diagnostik und Behandlung erschwerende) **Überempfindlichkeit gegenüber Schmerzen**, **stärkere Reaktionen auf Medikation** sowie eine **ansonsten unerklärbare psychosomatische Symptomatik**. Im psychiatrischen Kontext existieren Hinweise auf eine erhöhte Anfälligkeit insbesondere für die *Ängstliche (vermeidende) Persönlichkeitsstörung*, ICD F60.6.

In jüngster Zeit ist höhere Sensibilität verstärkt in Zusammenhang mit dem Terminus *sensory processing sensitivity* von der akademischen Differentialpsychologie thematisiert worden. Vereinzelt wird postuliert, ein Konstrukt mit dem deutschen Namen
„Hochsensibilität" beschreibe eine besondere neurologische Konstitution, die als solche nicht pathologischen Charakter habe und 15 bis 20 % der Humanpopulation betreffe; vermutlich wird Ihr/e Patient/in diesen Terminus zur Selbstbeschreibung verwenden.

Die jüngste Monografie, die sich aus medizinwissenschaftlicher Sicht mit (höherer) Sensibilität auseinandersetzt, ist das Buch „Der sensible Mensch: Psychologie, Psychopathologie, Therapie" von *Wolfgang Klages* (ehem. Direktor der Psychiatrischen Klinik der TU Aachen) aus 1991. Literatur zur (Somato-)Pathologie Hochsensibler existiert praktisch nicht.

Als **Zusammenfassung** sei darum gebeten, eine von Patient/innen behauptete besondere Empfindlichkeit, die eine Anpassung von Diagnostik und Therapie erfordere, *a priori* weder als pathologisch noch als Symptom für eine (endogene) Psychopathologie zu betrachten, solange keine Differentialdiagnose erfolgt ist, die beides bestätigt hat.

Mit freundlichen Grüßen

gez. Dr. Michael Jack

- Präsident Informations- u. Forschungsverbund Hochsensibilität e.V. -

Kapitel Eins

Wie soll es jetzt weitergehen?

Womöglich befindest du dich selbst oder einer deiner Angehörigen gerade in einer Rehabilitationsmaßnahme oder in einer anderweitigen Phase persönlichen Umbruchs. Oder du hast dich vom Weltgeschehen gelöst und gehst nur mehr selten vor die Tür. Ganz gleich, ob du hochsensibel veranlagt bist oder nicht: Der wirkliche Grund, weshalb die meisten von uns mit gesenktem Haupt durch ihr Leben gehen und wieso sich unser aller Blicke kaum noch begegnen, liegt darin, dass unsere Körper, Geister und Seelen leiden. Nun, die Suche nach dem wirklichen Sinn in deinem Leben kann durch die Begegnung mit diesem Buch ein für alle Mal ein Ende finden.

Irgendwann muss jeder von uns einmal die Mauern seiner Festung wieder verlassen. Und dann ist er wieder draußen in der realen Welt. Du wirst feststellen, dass es dieselbe alte Welt mit den gleichen alten Problemen ist. Egal wo du lebst, du wirst wie bisher dein ganzes Paket an Problemen zu tragen haben. Plus dieses eine vermeintliche Problem, das alle anderen noch größer erscheinen lässt, als diese tatsächlich sind.

Du bist nicht der einzige Mensch, der sich seiner Veranlagung mit Hochsensibilität zu stellen hat. Es gibt Milliarden von Menschen auf der ganzen Welt, die diese Herausforderung in irgendeiner Form anzunehmen und zu lösen haben. Jeder für sich selbst.

Im Jahr 2014 erkannten zwei Patienten einer psychiatrischen Rehabilitationseinrichtung, dass das Unwissen über Hochsensibilität ihr Leben ruiniert hatte. Sie ahnten, dass die ihnen daraus erwachsene Vulnerabilität sie umbringen würde, wenn sie nicht damit beginnen würden, die Fähigkeiten ihrer genetisch bedingten Veranlagung zu entwickeln. Sie wollten endlich nur sein können, wie sie von Natur aus geschaffen waren, und sich einfach in Ruhe und Frieden frei entfalten lernen. Doch wie bitte sollten sie dies anstellen? Alleine waren sie dazu anscheinend nicht in der Lage gewesen.

Weder ihre Familien noch ihre Freunde oder Ärzte konnten das für sie bewerkstelligen. Kein persönlicher Verlust, kein Unglück in ihrer Vergangenheit war groß genug gewesen, keine Drohung, Behandlung, keine Kur und auch kein Medikament war stark genug, um einen von den beiden zu heilen. Wie denn auch? Wie sollte man etwas wegmachen können, was doch endlich ans Licht dringen wollte? So versagten auch ihre Willenskräfte und ihre intellektuellen Fähigkeiten. Die unzähligen und aufrichtigen Versprechen, die sie sich selbst und ihren Angehörigen ihr ganzes Leben lang gegeben hatten, wurden immer wieder gebrochen, sobald der erste Schritt von selbstverleugnendem, selbst- und fremdschädigendem Verhalten gesetzt gewesen war.

Psychisch krank – so lautete das Resümee für diesen Mann und diese Frau, die ihre Sensibilität zwei Leben lang verdrängt hatten. Jeder auf seine persönliche Art und

Weise. Schlimmer noch: so hielten sie sich selbst für hoffnungslose Versager und gescheiterte Existenzen, weil ihnen Glauben gemacht wurde, zu schwach für diese Welt zu sein. Bis sie einander begegneten.

Die Vorsehung wollte es, dass sie aufeinandertrafen. Sie begannen zu reden und ihre Erfahrungen in Bezug auf Hochsensibilität sowie ihre allem Anschein nach aus der Unwissenheit daraus resultierenden Erkrankungen zu teilen. Dabei entdeckten sie ein tieferes Verständnis für die Probleme des jeweils anderen, als es ihre Familien, Freunde oder Ärzte je aufbringen konnten. Dieses gegenseitige Verstehen wandelte ihre vermeintliche Schwäche in die dringend notwendige Stärke, um jenes Verhalten einzustellen, welches sie immer wieder geradewegs in die Katastrophe geführt hatte.

Ganz allmählich erwuchs aus ihren neugewonnenen Kräften wieder Hoffnung und Zuversicht auf das Leben und eine heilbringende Zukunft. Sie lebten weiter, um ihre Erfahrungen mit anderen, sogenannten psychisch Kranken einerseits und sogenannten hochsensiblen Personen andererseits, zu teilen.

Durch die schicksalhafte Begegnung zweier einfacher Menschen besteht seitdem die themenbezogene Selbsthilfe- und Patientenorganisation SAG7, als Vorreiter einer Gemeinschaft von Menschen, die sich einst selbst sinnverloren und hoffnungslos gefühlt hatten. Sie treffen sich noch immer regelmäßig, um Erfahrung, Kraft und Hoffnung miteinander zu teilen. Als leidgeprüfte Hochsensible schöpfen sie täglich Kraft daraus, um ihr Leben wieder meistern und die Eigenschaften ihrer Begabung entfalten zu lernen. Ihr Alltagsleben und das ihrer Familien ist dadurch – im Vergleich zu früher – bedeutend besser geworden. Jeder von ihnen stand einmal selbst vor der Frage: *„Wie soll es jetzt weitergehen?“*

Wir leben und treffen uns allerorts. Dort, wo vorher einer war, sind jetzt mindestens zwei. Dort, wo zwei sind, sind noch viele andere. So hoffen wir, dass auch du dich bald zu einem von uns zählen möchtest, sobald sich dein Bewusstsein über Hochsensibilität erneut im Alltag der Gesellschaft zu verlieren droht. Lass uns füreinander da sein, denn auch für jeden von uns war jemand da. Und das war und ist das Entscheidende, um im Wesentlichen Heilung zu bewirken.

Alles Liebe und bewusste 24 Stunden

Kapitel Zwei

Es gibt eine Lösung

Wir alle kennen unzählige Menschen, die heute noch genauso verzweifelt, sinnverloren und vulnerabel sind, wie einst unsere beiden erwähnten Freunde. Doch so wie sie haben viele durch die Bewusstwerdung über ihre besondere Veranlagung ihren Weg und Platz in der Gesellschaft gefunden. Sie durften heilen. Sie konnten die Symptome ihrer Erkrankungen zum Stillstand bringen, ihre Probleme lösen und anderen – auch Nichthochsensiblen – zu mehr Lebensfreude, Liebe, Glück und Verständnis verhelfen.

Wir Hochsensible, die nach dem vorliegenden Programm arbeiten, sind einfache Menschen. Alle Schichten und viele Berufe sind bei uns vertreten, ebenso alle politischen, wirtschaftlichen, sozialen und religiösen Richtungen. Wir sind Menschen, die normalerweise keinen Umgang miteinander hätten. Jedoch besteht zwischen uns eine Gemeinschaft, ein gegenseitiges Wohlwollen, Mitgefühl, Empathie und Verständnis. Das ist unbeschreiblich schön. Wir empfinden uns wie Passagiere eines Rettungsbootes nach dem Untergang eines Ozeanriesen, nach der Rettung aus Seenot, wenn ein unsagbares Gefühl von Dankbarkeit, Demut, Wertschätzung und Zugehörigkeit die Besatzung erfüllt, vom Maschinenraum bis zur Kommandobrücke. Unsere Freude über das Entkommen aus der Katastrophe der Reizüberflutung hört nicht auf, wenn wir nachher wieder unsere eigenen Wege gehen. Das Gefühl, gemeinsam eine Höllenfahrt durchstanden zu haben, ist ein Teil der Kraft, die uns verbindet. Doch das allein würde uns nie so zusammengehalten haben, wie wir heute zusammenstehen.

Für jeden von uns ist es eine überwältigende Tatsache, dass wir eine gemeinsame Lösung gefunden haben. Wir haben einen Weg gefunden, über den wir uns völlig einig sind und auf dem wir als Brüder und Schwestern vereint und voller Harmonie weitergehen. Das ist die Botschaft, die dieses Buch allen Menschen bringen möchte, die heute noch durch Unwissenheit an ihrer Hochsensibilität leiden.

Vulnerabilität – wir sind zur Überzeugung gekommen, dass es sich dabei um die Folge unbewusst gelebter Hochsensibilität handelt – beeinträchtigt unser eigenes Leben und unsere Umgebung so wie keine andere Sinnesstörung. Hat jemand Krebs oder eine körperliche Behinderung, wird er von allen bemitleidet, und keiner ist verärgert oder verletzt. Nicht so aber bei vulnerablen und psychisch kranken Menschen. Denn mit ihnen droht den Betroffenen und Angehörigen der Verlust aller Dinge einherzugehen, die den materiellen Werten eines Lebens zugeschrieben werden. Sie ziehen alle mit herunter, deren Leben in irgendeiner Form mit den Leidenden verbunden ist. Vulnerabilität und psychische Erkrankung, als Folge der Unwissenheit über Hochsensibilität als Begabung, haben in ihrem Gefolge: Missverständnisse, tiefe Verärgerung, finanzielle Unsicherheit, Aufgabe alter Wertvorstellungen, verstörte, abweisende Freunde und enttäuschte Arbeitgeber, religiösen Extremismus, ein grausames Leben unschuldiger Kinder, unglücklicher Frauen und Eltern. Diese Liste ließe sich beliebig fortsetzen.

Deshalb brauchen gerade die Hochsensiblen, noch bevor sie erkranken, Möglichkeiten, sich ihrer Fähigkeiten bewusst werden zu dürfen und sie entsprechend schützen zu lernen. Denn sind sie erst einmal psychisch krank geworden, geht es ihnen und ihrem Umfeld im wahrsten Sinn des Wortes an den Kragen. Im Falle von Gewalt gegen einen Rollstuhlfahrer schreit die Menge: *„Wie furchtbar!“*. Auf einen psychisch Behinderten hingegen tritt die ganze Gesellschaft ein. Setzt sich aber einer von ihnen zur Wehr und rastet eines Tages aus Unwissenheit über seine erhöhte Reizempfindsamkeit völlig aus, schreien alle: *„Ein Gefährder, eingesperrt gehört er!“* Und hier reden wir nicht von bitteren Einzelfällen, sondern in trauriger Gewissheit darüber, was sich Tag für Tag auf der ganzen Welt abspielt.

Wir hoffen, dass dieses Buch diejenigen informiert und tröstet, die betroffen sind oder jemals direkt oder indirekt betroffen sein könnten. Daher teilen wir das Meer der Menschen, also die Menschheit als Ganzes, der Einfachheit halber in zwei Hälften, nämlich in jene der Hochsensiblen und in jene der Nichthochsensiblen unserer Population.

Hoch qualifizierte Psychiater, die mit uns zu tun hatten, waren manchmal nicht in der Lage, einen erkrankten oder gekränkten Hochsensiblen zu ermutigen, rückhaltlos über seinen Zustand und die damit in Zusammenhang stehenden Gedanken und Gefühle zu sprechen. Als Grund dafür vermuten wir Angst, Scham und Schuldgefühle. So ist es auch Tatsache, dass Ehefrauen, Eltern und nahestehende Freunde uns gewöhnlich als noch unzulänglicher empfanden als Psychiater oder Ärzte nach Einweisung in eine Anstalt.

Wenn nun aber ein vormals kranker Hochsensibler die Bewusstwerdung über Hochsensibilität als naturgegebene Stärke erlangt und darin eine Chance für seine Genesung erkennt, und wenn er sich mit dem Wissen über die besonderen Eigenschaften seiner Begabung ausgerüstet hat, dann kann er im Allgemeinen das rückhaltlose Vertrauen eines anderen Menschen in wenigen Stunden gewinnen. Ehe nicht ein solches Verstehen zustande gekommen ist, kann beim noch kranken Menschen wenig oder nichts erreicht werden.

Der leidgeprüfte Hochsensible, der auf den Kranken zugeht, hatte selbst einmal ähnliche Schwierigkeiten und weiß, wovon er spricht. Aus der ganzen Haltung seines Gesprächspartners erkennt der Betroffene, dass das der Mensch mit einer echten Antwort ist. Dieser Mensch hat nicht die Einstellung: *„Ich bin besser als du!“* Er hat nur den aufrichtigen Wunsch zu helfen. Es sind keine Beiträge zu zahlen, es werden keine eigennützigen Zwecke verfolgt, es wird niemandem nach dem Munde geredet , es müssen keine Moralpredigten ertragen werden. Das sind die wirksamsten Voraussetzungen dafür, dass jemand aufstehen und wieder leben kann.

Niemand von uns empfindet diese Arbeit als einzige Berufung. Wir glauben auch nicht, dass wir erfolgreicher wären, wenn wir es täten. Wir glauben, dass die Bewusstwerdung über unsere bislang aus Scham und Angst verdrängte Sensibilität nur ein Anfang ist. Ein sinnvoller Anfang, um die Erkrankungen, die mit der langsam steigenden Flut von toxischen Reizen einhergegangen sind, zum Stillstand zu bringen. Viel wichtiger aber wird es sein, die Eigenschaften unserer Hochsensibilität zu entwickeln und die Prinzipien daheim, im Beruf und in allen unseren Angelegenheiten vorzuleben. Wir alle verbringen viel von unserer freien Zeit im Bemühen um die Aufklärung noch leidender Menschen, was wir in der Folge näher beschreiben werden. Nur wenigen ist es möglich, nahezu ihre gesamte Zeit dieser Aufgabe zu widmen.

Wenn wir auf dem Weg bleiben, den wir beschritten haben, wird zweifellos viel Gutes erreicht; aber das genügt bei Weitem nicht. Erwachen ist der Anfang, Entwicklung ist ein Fortschritt, Entfaltung der Erfolg. Diejenigen von uns, die in großen Städten leben, sind zutiefst betroffen bei dem Gedanken, dass täglich Millionen von Menschen, unaufgeklärt über ihre grundlegende Begabung, dumm sterben oder in Vergessenheit geraten. Viele könnten genesen, wenn sie die Gelegenheit hätten, wie wir sie gehabt haben. Wie können wir das weitergeben, was uns so bereitwillig und wohlwollend geschenkt wurde?

Wir haben beschlossen dieses Buch als Grundlagenwerk zu veröffentlichen, in welchem wir die Probleme und deren Ursachen so darstellen, entsprechend unserer Sichtweise. In diese Arbeit werden wir unsere gesammelten Erfahrungen und Kenntnisse einbringen. Wir empfehlen damit ein brauchbares Programm für jeden, der ein Problem mit seiner Gesundheit hat.

Es ist notwendig, dass medizinische, psychiatrische, gesellschaftliche, politische und theologische Fragen diskutiert werden. Dabei sind wir uns bewusst, dass diese Themen von ihrer Substanz her oft strittig sind. Nichts würde uns mehr Freude bereiten, als ein Buch zu schreiben, das keinen Anlass für Streit und Auseinandersetzung bietet. Wir werden unser Bestes tun, dieses Ideal in die Wirklichkeit umzusetzen. Die meisten von uns spüren, dass echte Toleranz gegenüber Fehlern und Ansichten anderer

Menschen und die Achtung vor ihren Meinungen eine Einstellung ist, die uns für andere nützlicher macht. Für uns Hochsensible hängt das Leben im wahrsten Sinne des Wortes davon ab, dass wir ständig an andere Geschöpfe denken und nach Wegen suchen, ihnen aus der Not zu helfen, damit sie den Fluch ihrer Begabung zum Segen für alle machen können. Denn unser aller Leben hängt an einem seidenen Faden. So berichten manche von uns, dass ihr Gehör bis in den Infraschallbereich hineinreicht. Sie können also Frequenzen hören, auf denen Elefanten oder Fledermäuse kommunizieren.

Du wirst dich sicherlich schon gefragt haben, warum viele von uns durch die Unwissenheit über ihre Sensibilität schwer krank wurden. Du bist zweifelsohne neugierig, wie und warum wir, trotz gegenteiliger Ansicht von Fachleuten, von hoffnungslosen psychischen, geistigen und körperlichen Krankheitszuständen oder gezeichnet durch mannigfaltige Persönlichkeits- und Verhaltensstörungen genesen konnten. Wenn du hochsensibel bist und mit den negativen Erscheinungen deiner Begabung fertig werden möchtest, wirst du dich vielleicht fragen: *„Was soll oder muss ich tun?“*

In erster Linie gelassen sein. Dieses Buch soll dir diese Fragen eingehend beantworten. Wir werden dir erzählen, was wir getan haben. Bevor wir darauf im Einzelnen zu sprechen kommen, wird es gut sein, einige Punkte zusammen zu fassen, ganz so, wie wir sie heute sehen.

Wie oft hat man uns gesagt: *„Ich kann damit auch umgehen. Du musst dir eine dickere Haut zulegen!“ „Warum führst du dich nicht auf wie ein normaler Mensch. Reiß dich doch zusammen!“ „Dieser Bursche kommt mit der Welt einfach nicht zurecht. Er muss stärker werden.“ „Wa-*

rum versuchst du es nicht einmal mit Arbeiten? Von Luft und Liebe kann man nicht leben." „Sie ist so ein nettes Mädchen, ich könnte mir vorstellen, dass er sich ihretwegen ändert." „Der Arzt hat ihm gesagt, wenn er so weitermachen würde, wäre das sein Tod, trotzdem ist er schon wieder voll von Sinnen." „Was du immer hast! Immer denkst du so negativ. Hinterfrage doch nicht immer alles und jeden." „Er kam in der Welt einfach nicht zurecht, als zerbrechliche Künstlerseele."

Das sind nur einige der üblichen Bemerkungen über leidende, lebende oder verstorbene Hochsensible, wie wir sie alltäglich zu hören bekommen. Hinter solchen Worten steht eine ganze Welt von Unwissenheit und Unverständnis. Solche Äußerungen können nur von Mitmenschen stammen, deren Reaktionen von den unsrigen völlig verschieden sind. Wie bei jedem anderen Sinn, tritt auch im Bereich der Empfindungen zwischen gesundem und verletztem Sinnvermögen ein breites Spektrum möglicher Erscheinungsformen zutage. Denn etwas wie Sensibilität als natürliche Veranlagung zu unterdrücken und zu bekämpfen, zieht schlimme Folgeerscheinungen nach sich. Das Gute entwickelt sich zum Bösen. Das Böse bekommt dadurch immer mehr Macht. Darum ist es sinnvoller und vernünftiger, die Eigenschaften der Hochsensibilität von sich aus zu entwickeln und die Umstände näher zu beobachten. So wird sie uns selbst und unserer Umwelt als wundervolle Begabung Schritt für Schritt vom Fluch zum Segen erwachsen.

Die von Dr. Elaine N. Aron und ihrem Mann begründeten Modelle der Umweltsensibilität beschreiben alle individuellen Unterschiede in dem Bereich der Empfindlichkeit, sowohl für positive als auch für negative Umgebungen.

Das erste Modell beleuchtet dabei die unterschiedlichen Anfälligkeiten von Menschen. Der sogenannte Diathese-Stress hebt die Verwundbarkeit (Vulnerabilität) oder Widerstandskraft (Resilienz) als Reaktion auf widrige Umgebungen hervor. Dabei unterscheidet man die Vorteilsempfindlichkeit von der Widerstandsfähigkeit, welche die Reaktion auf positive Umgebungen betont, ohne Aussagen über die Reaktionen auf negative Umgebungen zu machen. Die Differentialempfindlichkeit hingegen kombiniert vorteilhafte Empfindlichkeits- und Diathese-Stressmodelle. Sie besagt, dass Individuen nicht nur gegenüber negativen Umgebungen, sondern auch gegenüber positiven Auswirkungen positiver Umgebungen unterschiedlich anfällig sind. Dabei spielen Umwelteinflüsse durch Genetik, Epigenetik, Temperament und Endophänotypen eine wesentliche Rolle.

Das zweite Modell beschreibt das sogenannte Sensory-Processing-Sensitivity, unter welchem wir die im deutschen Sprachgebrauch bekannte Hochsensibilität verstehen. Es geht dabei um eine Sensitivität, die in einem Verhaltensmerkmal (Temperament) erfasst wird, in der unbewiesenen, jedoch logischen Annahme, dass sie die erhöhte Verarbeitungstiefe, das Bewusstsein für Feinheiten, die emotionale Reaktivität und die Leichtigkeit der Überstimulation widerspiegelt. Diese Hypothese basiert darauf, dass eine größere Verarbeitungstiefe in Verbindung mit emotionaler Reaktivität die Kernkomponente ist, die zu einem tieferen Bewusstsein der Feinheiten und einer leichteren Überstimulation führt.

Das dritte Modell der Umweltsensibilität beleuchtet die biologische Sensitivität gegenüber dem Kontext, sprich: Es betont die Sensibilität als biologische Eigenschaft, die durch erhöhte Reaktivität im Stressreaktionssystem angezeigt wird. So wird angenommen, dass die biologische Reaktivität aus einem entweder sehr anstrengenden und oder einem hochgeschützten frühen sozialen Umfeld entsteht. Soviel zu den naturwissenschaftlichen Grundlagen.

Konkret bedeutet das, dass das Sensory-Processing-Sensitivity, also die Umweltempfindlichkeit, als ein grundlegendes Merkmal und Spektrum zu betrachten ist. Es wird als Grad einer Entwicklung definiert, in dem eine Person externe Faktoren registrieren, verarbeiten und auf diese reagieren kann. Gemäß der Theorie zeichnet sich das Merkmal durch eine größere Verarbeitungstiefe, das Erkennen von Feinheiten in der Umgebung mit dem Aspekt leichter Überstimulierung sowie durch stärkere emotionale Reaktionen (sowohl positive als auch negative) und der Empathie gegenüber gefühlsbetonten Signalen ihrer Mitmenschen aus. Dabei gehen die Ausprägungen von gering über mittel bis hin zu eben den Hochempfindsamen, die in unseren Breiten als Hochsensible Personen – kurz HSP – definiert sind.

Eine britische Stichprobe bei Menschen im Alter zwischen acht und neunzehn Jahren hat ergeben, dass zirka zwanzig bis fünfunddreißig Prozent der Weltbevölkerung mit Hochsensibilität veranlagt sind. Also sprechen wir hier von 1,4 bis 2,45 Milliarden Menschen weltweit, die zum größten Teil bislang nichts von ihrem Glück wissen und im Hinblick auf ihre gefühlte Andersartigkeit noch immer im Dunkeln tappen.

Menschen ohne Hochsensibilität beispielsweise haben kaum Schwierigkeiten damit, ungesundes oder schädigendes Verhalten aufzugeben. Im Bereich der Sucht verhält es sich zum Beispiel so, dass sie entweder trinken oder es auch jederzeit lassen können. Das ist so, weil sie im wahrsten Sinn des Wortes im betreibenden oder unterlassenden Verhalten keinerlei Sinn erkennen, sondern ausschließlich als Zweckerfüllung konsumieren oder leisten.

Umso höher jedoch die Hochsensibilität eines Menschen ausgeprägt ist, vor allem auch in Bezug auf das gleichzeitige Vorliegen einer möglichen Vulnerabilität, wird es zunehmend schwieriger für die Betroffenen, sich von schädigendem Verhalten und Reizüberflutung zu distanzieren. Aus dem einfachen Grund, weil sie im Gegensatz zu den Nicht-HSP im entsprechenden Gehirnareal keinerlei biologische Filter aufweisen, die sie vor schädigenden Einflüssen schützen können. Schlechte Gesundheit, große Liebe, eine neue Umgebung oder ein strenger Arzt können sie veranlassen, ähnlich einer rosaroten Brille, ihre Sehnsüchte zu stillen und in anderen Bereichen gemäßigt zu leben. Das ist jedoch durchwegs mühsam und schwierig für die Betroffenen, vielleicht brauchen sie dafür sogar ärztliche Hilfe. Von einem Leben in seelischer Freiheit und von geistiger Gesundheit kann man dabei sicherlich nicht mehr sprechen.

So gibt es unter uns auch die bestimmten Typen der verhärteten Hochsensiblen. Ihre Schutzmechanismen vor schädigender Reizüberflutung kann unter Umständen ihre körperliche und geistige Gesundheit schwer beeinträchtigen.

Wir für unseren Teil haben in unserer Hochsensibilität als Begabung den Zweck erkannt, dass sie uns als sinnvolle Schutzeinrichtung von Natur aus in die Wiege gelegt wurde. Mit diesem Wissen ernennt sie uns zu menschlichen Vermittlern, die das Gleichgewicht und die Harmonie des Universellen wieder in Einklang zu bringen haben. Denn mittlerweile ist bekannt, dass Hochsensibilität Individuen in unnatürlichen und toxischen Umgebungen anfällig macht für Stress, psychische Erkrankungen, schlechte Gesundheit und Störungen des gesamten Organismus, durchwegs aber Vorteile und Orientierung bietet in unterstützenden Umgebungen, in wohlwollender und natürlicher Atmosphäre sowie in einem bedürfnisorientierten Lebensumfeld. Daher wollen wir nicht ausschwärmen, um die Welt zu retten, sondern in erster Linie damit beginnen, uns selbst wieder auf den Kurs einer achtsamen, bewussten und naturbezogenen Lebenseinstellung zu bringen, die sich an der Natürlichkeit allen Lebens orientiert. Das müssen wir auch, wenn wir als Menschen im Kreislauf der Schöpfung fortbestehen möchten.

Uns Hochsensiblen geht einfach vieles näher als unseren Mitmenschen, die nicht hochsensibel veranlagt sind. Wir sind es, die dafür Verantwortung zu tragen haben, die anderen unserer Art auf Fehlentwicklungen und schädlichen Fortschritt aufmerksam zu machen. Wir sind es, die vor allen anderen spüren, ob etwas erträglich zu sein scheint oder nicht. Viele von uns sind oftmals dermaßen empfindsam und feinfühlig, dass sie innerhalb der Normgesellschaft nicht nur so ihre typbezogenen Schwierigkeiten haben, sondern Symptome entwickeln, die sie in der Entfaltung ihrer Persönlichkeit stark einschränken und nachhaltig krank machen. Es ist nicht einfach so, dass hochsensible Menschen ein bisschen komplizierter sind, mehr Aufmerksamkeit brauchen oder nur schwieriger handzuhaben sind, wie unsensible Außenstehende dies oftmals vermuten und denken. Es geht nicht um unser eigenes Wohlergehen oder um unsere eigenen Bedürfnisse. Bei „*Gott*" nicht. Wir sind einfach komplexer in unserer Wahrnehmung, weil wir zum Schutz der Biodiversität hier sind.

Darum braucht es heute mehr denn je ein einfaches Programm für komplizierte und komplexe Menschen, das uns zur eigentlichen Bestimmung unseres Daseins zurückführen kann. Denn die meisten von uns zeichnen sich durch Leidenschaft, Kreativität, Denken in größeren Zusammenhängen, komplexe Wahrnehmungsgabe, Genauigkeit, Stilsicherheit, Empathie, Uneigennützigkeit, Humor, Inbrunst, Vorausschau und Problembewusstsein aus, allesamt Eigenschaften, die in unserer von Leistung und Konsum getriebenen Gesellschaft zunehmend als Störfaktoren und Wirtschaftsdrosseln abgelehnt werden, sobald sie für den Schutz des Natürlichen eingesetzt werden.

Dann sind da noch die spirituell veranlagten Hochsensiblen unter uns, nennen wir sie an dieser Stelle einfach die Hochsensitiven. Sie mögen am Anfang ihrer Entwicklung so ihre spezifischen Schwierigkeiten haben und sehen sich oftmals schon sehr früh dazu verleitet, überaus empfänglich für Religionen aller Art oder aber auch Sekten und andere Gruppierungen zu sein. In der Esoterik-Szene spricht man bei spirituell veranlagten Menschen auch oftmals von den Hellfühligen. Es ist eine Fähigkeit, die jeder Mensch entwickeln kann, der spirituell veranlagt ist. Oftmals nennt man sie in diesen Kreisen auch Empathen. Wobei die Empathie in heutiger Zeit oftmals mit Mitgefühl verwechselt wird. Sie bezeichnet eigentlich lediglich die Fähigkeit, sich in andere hineinversetzen und nachempfinden zu können, wie es jemandem in einer bestimmten Situation gefühlsmäßig ergehen könnte.

Wesentlich ist in diesem Bereich, dass man sich seiner eigenen Gefühle und Empfindungen bewusst ist und sich auch von jenen der anderen Menschen abgrenzen kann. Denn sonst verbleiben die Gefühle der anderen oftmals im eigenen Energiefeld. Im Bewusstsein über den Sinn und Zweck unserer Bestimmung gezielt eingesetzt, kann Empathie und Hochsensibilität sehr viel Positives bewirken, für unser aller Wohl und Freude. Leider steckt, wie in jeder Begabung, auch in der Empathie die Gefahr, dass der Begabte sie zur Manipulation und zum Machtmissbrauch einsetzt. Dazu neigen wir Hochsensiblen bedauerlicherweise generell, solange wir unsere eigentliche Berufung nicht gewahren können.

Sofern man als Medium arbeiten möchte, ist es wichtig, eine nüchterne und klare Unterscheidungskraft zu erwerben. Aufgrund der naturgemäßen Gutgläubigkeit und Naivität unterschätzt dabei der Hochsensible sehr leicht die vorgetäuschten Absichten anderer Leute. Materiell und auf eigenen Erfolg eingestellte Persönlichkeiten hegen meistens die Absicht, sich selbst darzustellen und ihren eigenen Vorteil aus der eigenen oder fremden Begabung herauszuschlagen. So scheuen sie sich auch oftmals nicht davor, hochsensitive und spirituell veranlagte Menschen auszunützen und die Erreichung niederer Absichten anzustreben. Das kann leider die eigenen Probleme von noch nicht bewusst lebenden Hochsensitiven massiv verstärken.

Nun ist es ebenso als erwiesen anzunehmen, dass hochsensible Menschen in höherer Anzahl an psychischen und anderen Erkrankungen leiden als ihre Mitmenschen. Wir können und wollen hierin nicht auf jede einzelne Krankheit oder Symptomatik eingehen, dennoch werden wir einige davon näher beleuchten. An dieser Stelle nehmen wir durchwegs das Beispiel von an Alkoholsucht erkrankten Hochsensiblen zur Hand. Aus dem einfachen Grund, weil es sich unseres Erachtens bei ihnen um Menschen handelt, die durch Alkohol als substanzbezogene, orale Sucht und als Nervengift dem wesentlichen Zweck der Sinnbetäubung sehr nahekommt. Wir glauben darin erkannt zu haben, dass es dem Großteil der Betroffenen durch Einsatz der Droge anfänglich ermöglicht wurde, ihre Hochsensibilität zu schützen. Doch mit der Zeit begann der Alkohol sie von innen her zu verzehren, ja sie buchstäblich aufzufressen und selbst zu zerstören.

Ein Süchtiger mag am Anfang mäßig konsumieren. Er kann oder kann auch nicht ein schwerer Gewohnheitskonsument werden. An einem Punkt seines Gewohnheitsverhaltens jedoch fängt er an, jede Kontrolle über seinen Konsum zu verlieren, sobald er auch nur eine Dosis des Verhaltens setzt oder eine Dosis der Substanz zu sich nimmt.

Das ist der Mensch, der den anderen durch seinen Kontrollverlust Rätsel aufgegeben hat. In seinem Rausch tut er verrückte, unglaubliche, tragische, verletzende und erbärmliche Dinge. Es wirkte bislang beinahe so, als ob er völlig sinnlos herumirren würde, in einem berauschten Zustand. Im Grunde genommen stimmt das auch. Denn am Anfang diente dem Betroffenen sein Suchtmittel als eine Art Filter, der ihn vor weiterer Reizüberflutung schützen sollte. Doch ab dem gewissen Zeitpunkt, an dem der Hochsensible den tieferen Sinn in seinem Leben aus seinem Bewusstsein verdrängt hat, verliert der Schutzmechanismus seine Wirkung und erwächst zur selbst- und fremdzerstörerischen Macht. Er ist wirklich: *Dr. Jekyll und Mr. Hyde*. Er lebt dann mehr oder weniger nach dem Prinzip: alles oder nichts.

Wenn er trinkt, ist er nicht mehr er selbst und wirkt völlig sinngestört und zweckentfremdet. Er mag kontrolliert und trocken einer der feinsten Kerle auf der Welt sein, doch wenn er nur einen Tag rückfällig wird, wird er oft abstoßend, widerlich oder sogar gemeingefährlich. Er hat die seltene Gabe, sich genau im falschen Moment zu betäuben, besonders dann, wenn eine wichtige Entscheidung getroffen oder eine Verabredung eingehalten werden sollte. Er ist oft sehr vernünftig und in allen Dingen ausgeglichen, nur nicht, wenn es um sein Suchtmittel geht oder wenn er sich bemüßigt fühlt, etwas zu tun. Nämlich dann, wenn die Eigenschaften der eigenen Begabung nicht gelebt werden dürfen, weil die Wahrnehmungen nicht erwünscht sind. Der Hochsensible beginnt, sich für seine Begabung zu schämen, und wird in allen Beziehungen unglaublich unehrlich und selbstsüchtig. Aus Bemüßigen wird ein Müßiggang. Aus dem einfachen Grund, weil der natürliche Handlungsimpuls aus Scham das Verstecken, der Rückzug und im weiteren Sinne die Lüge ist. Diese Art der Hochsensiblen und deren Angehörige sind die Hauptleidtragenden in unserer Gesellschaft. Denn oft haben sie aufgrund ihrer ausgeprägten Hochsensibilität besondere Fähigkeiten, Fertigkeiten und Begabungen, die ihnen eine erfolgreiche Karriere versprechen.

Was wir dabei vergessen haben, ist, dass wir diese Rechnung ohne Berücksichtigung der Natur gemacht haben. Denn wenn der Mensch seine Gaben benutzt, um sich und seiner Familie eine vielversprechende Zukunft aufzubauen, dann wird er sie ebenso schnell wieder durch sinnloses Verhalten zerstören, wenn diese Zukunftspläne der Natur insgesamt nicht zuträglich erscheinen. Solange er das nicht erkennt und es sich leisten kann, wird er nicht aus eigenem Antrieb heraus die Intention haben, sich zu seiner Hochsensibilität zu bekennen. Und schon gar nicht wird er versuchen, die damit einhergehenden Eigenschaften zum Wohle der menschlichen Gemeinschaft beziehungsweise zum Wohle der Natur zu entwickeln, weil er gelernt hat, dass das Ausleben der Begabung und die damit verbundenen Gedanken und Gefühle nur seelisches Leid verursacht haben.

Erst wenn der Betroffene lernt, seine Empfindsamkeit wieder als sinnvolle Begabung und als *„Gottes Geschenk“* zu begreifen, dann kann er wissentlich erfassen, dass er sich nicht länger gegen etwas wehren kann, was ihm von Natur her in das Innerste seines Wesenskernes gelegt wurde. Darum ist es auch wesentlich, dass wir Propriozeption als sechsten Sinn verstandesmäßig zu begreifen lernen. Denn gerade diese Körperwahrnehmung ist es, dieser bislang wenig beachtete Körpersinn, den wir für unsere Orientierung, für das Erleben unseres eigenen Raumes so dringend benötigen und der für die Entwicklung unseres Selbstbewusstseins unverzichtbar zu sein scheint. Dieses Sich-Empfinden-Können ist die Voraussetzung, um überhaupt erst frei gestalten zu können und nicht nur zu reagieren wie eine Maschine. Doch geht die spürende Verbindung zu uns selbst, zu unserem Innersten, verloren, wird der Körper zum Objekt, das Ich zum Konzept. Das eigene, lebendige Menschsein wird durch ein Vorstellungsbild oder Gedankenkonstrukt ersetzt. Die Erkenntnis darüber geschieht in den meisten Fällen leider erst nach dem völligen Niedergang und dem Bankrott des Betroffenen, nachdem er immer wieder einmal mehr hingefallen ist als aufgestanden. Während unsere fünf Sinne des Sehens, Hörens, Riechens, Schmeckens und Tastens mit der Verarbeitung unserer Umwelt voll beschäftigt sind, geht das parallel dazu verlaufende, spürende Erleben von uns selbst durch Desensibilisierung aufgrund gewohnheitsmäßig überhöhter Muskelanspannung verloren. Nicht nur Kreativität und Authentizität bleiben dabei auf der Strecke, sondern auch das physische, geistige, seelische und psychische Wohlbefinden. Überlastungssignale des Körpers werden oft so lange gar nicht wahrgenommen, bis Dimensionen erreicht sind, die den Einzelnen zwingen, sich mit der eigenen Empfindsamkeit zu konfrontieren.

Das ist keineswegs ein vollständiges Bild des psychisch kranken Menschen. Die Erscheinungsformen und das Spektrum möglicher Erkrankungen sind sehr unterschiedlich und komplex. *Und in erster Linie gehört immer die Behandlung der Krankheit als Auslöser zur Praxis, nach der dann die Ursache und das Problem bei der Wurzel gepackt werden können. In unseren Worten: die Entwicklung der Eigenschaften unserer besonderen Veranlagung.*

Warum benimmt sich ein kranker Mensch so? Warum nimmt er überhaupt die erste Dosis, wenn die eigene Erfahrung ihm hundertfach gezeigt hat, dass eine Prise davon einen erneuten Zusammenbruch mit all den schrecklichen und schmerzhaften Begleiterscheinungen, Erniedrigungen und Leiden bedeutet? Warum kann er nicht nüchtern bleiben? Was ist aus dem gesunden Menschenverstand und der Willenskraft geworden, die in anderen Dingen manchmal ja noch funktionieren?

Die Antwort auf diese seit langer Zeit gestellte Frage ist: weil sein Leben ohne die bewusst gelebten Eigenschaften seiner Veranlagung keinen Sinn ergibt. Auch wenn die Meinungen darüber, warum ein Suchtkranker anders reagiert als andere Menschen, weit auseinandergehen. Wir wissen, warum bislang so wenig für ihn getan werden konnte, nämlich weil das, was für seine Heilung von wesentlicher Bedeutung ist, ihm nicht bewusst gemacht wurde: *Hochsensibilität als genetisches Geschenk sowie sinn- und zweckvolle Selbstschutzeinrichtung der Natur zu sehen.*

In der Veranlagung mit Spiritualität als siebten Sinn des Menschen liegt ein weiterer Grund, warum oftmals religiöse Einrichtungen hochsensitiven Menschen Genesung versprechen können. Ihre Strategien setzen nämlich genau dort an, wo es sinnvoll erscheint: sehr nahe am Zentrum ihrer Spiritualität. Doch dabei ist zu beachten, dass Religiosität nicht mit Spiritualität zu verwechseln ist. Religion kann immer nur als Vorkehrung vor einem gründlichen Hausputz dienen, den der einzelne Mensch nur für sich selbst machen kann. Denn ist der Erkrankte erst einmal genesen und durchschaut er das ganze Spiel, ist er entweder wieder rückfällig, oder aber er entwickelt sich ähnlich seinem vormaligen Suchtverhalten zu einem Extremisten. Und obwohl er schon so nahe an der wirklichen Ursache seines Problems dran gewesen wäre, fällt er mangels Bewusstseins über seine Begabung, die er eigentlich seiner Natur und nicht irgendeiner Konfession zu verdanken hat, wieder in alte Fahrwasser zurück. Mit dem einen Unterschied, dass die Enttäuschung immer stärker wird, umso mehr sich der Betroffene in seinen besonderen Fähigkeiten ausgenützt und betrogen fühlt. Denn die Reizeinwirkung hat durch ein Glaubenskonzept noch lange nicht an Intensität abgenommen.

Wir wissen, dass der Hochsensible oft genau wie andere Menschen reagiert, wenn er angepasst lebt. Weil er seine Umwelt scannen, screenen und nachahmen kann. Und dieses schaffen viele von uns sogar über Monate, Jahre oder Jahrzehnte hinweg. Ja sogar über Generationen, wie wir es millionenfach am Beispiel der Nachahmung von Idolen auch noch heute erleben. Doch wir leben dadurch am wirklichen Sinn und Zweck unserer Bestimmung vorbei. Trinken wir dann einmal oder nehmen wir dann irgendein anderes scheinbares Lösungsmittel zu uns, wissen wir, dass in dem Augenblick, in dem wir eine Substanz in irgendeiner Form zu uns nehmen, in körperlicher, geistiger und seelischer Hinsicht etwas mit uns geschieht. Vor allem geschieht etwas, das es uns unmöglich macht, aufzuhören: es ereilt uns ein Gefühl seelischer, geistiger und körperlicher Befreiung, von tiefreichender Erlösung und Tiefenentspannung. Es schützt Betroffene anfänglich davor, seelisch und willentlich zu verhärten. Die Erfahrungen von Suchtkranken bestätigen das zur Genüge, ebenso wie die Ursprünge von Alkohol und anderen Substanzen als zweckerfüllende Arzneien. Wo jedoch ein Zweck ohne Bewusstsein über den darunter im Verborgenen gelegenen Sinn hinführt, wissen wir jetzt. Und dass im Wein wie auch im Weinen immer ein Stück Wahrheit liegt, ebenso.

Diese Beobachtungen wären graue Theorie und überflüssig, wenn wir Hochsensible nie wieder die erste Handlung oder Dosis von verhaltens- oder substanzbezogener Ablenkung tun würden, mit dem wir den schrecklichen Kreislauf der Selbstbetäubung in Bewegung setzen. Das Hauptproblem des Kranken sitzt in dessen Kopf und weniger in seinem Körper, nämlich dort, wo das Suchtgedächtnis seinen Platz hat. Seltsamerweise ist es beinahe an der gleichen Stelle im Gehirn, wo durch bildgebende Verfahren auch die Hirnareale von Hochsensiblen vermehrte Aktivität aufzeigen. Allem Anschein nach ist es ein Zentrum, dass bei übermäßiger Reizüberflutung von außen den Befehl zum Einsatz gibt.

Wenn du einen Süchtigen fragst, warum er mit dem letzten Konsum angefangen hat, wird er dir wahrscheinlich eines seiner hundert Alibis als Ausrede anbieten. Manchmal haben diese Entschuldigungen eine gewisse Glaubwürdigkeit, aber keine von ihnen hält wirklich stand, wenn man die Verwüstung betrachtet, die das Übermaß eines Suchtkranken anrichtet. Was wiederum klar ist. Denn eine Entschuldigung hat nur wenig Sinn, wenn man den Grund des schuldhaften Verhaltens nicht einsehen kann. Denn dort, wo aus Beschämung über die eigene, unbewusst vernommene Andersartigkeit konsumiert wird, ist Flucht in Form von Ausreden und Verdrängung angesagt. Solcherlei Entschuldigungen hören sich dann an wie die Philosophie eines Menschen, der sich bei Kopfweh mit dem Hammer auf die Zehe schlägt, um seine Schmerzen im Kopf nicht mehr zu spüren. Wenn du einen Süchtigen auf diese wackeligen Ausreden aufmerksam machst, wird er entweder alles ins Lächerliche ziehen oder den Beleidigten spielen und sich weigern, darüber zu reden. Ganz klar, angesichts der aussichtslosen Lage sowie der vielen Schamüberschreitungen, denen er sich in der Vergangenheit schutzlos ausgeliefert gefühlt hat.

Wie gelingt es uns aber in einer Zeit der Reizüberflutung und des Informationsüberflusses, in der Moment für Moment unzählige Gedanken, Gefühle und Ereignisse an uns vorbeirasen und wir oft nur noch automatisiert unseren Aufgaben zu folgen und zu funktionieren haben, dass wir eigene Bedürfnisse wahrnehmen, Spielräume erkennen, Klarheit und Entscheidungsfähigkeit gewinnen, über alle unsere Sinne mit uns selbst in Verbindung zu sein und dementsprechend authentisch zu wirken?

Wir müssen eine Art Schutzatmosphäre schaffen, in der wir uns unseres Sinnesreichtums wieder bewusst werden. Hat der Betroffene dadurch den Funken des Bewusstseins erlangt, dass er mit seinem Konsum die Eigenschaften seiner natürlichen Veranlagungen entfernen wollte, kann er einsehen lernen, dass die Unwissenheit über seine besondere Begabung verantwortlich ist und die Reizüberflutung die Schuld an seinem krankhaften Verhalten und an seiner psychischen Störung trägt. Somit kann die Schuld des Selbstversagens der eigenen Unwissenheit zugeschrieben werden, also seinem Unvermögen an Urteilsvermögen. Der Betroffene entschuldet sich sozusagen von selbst und kann hernach seinen Anteil an Eigenverantwortung erkennen, etwas zu ändern. Er kann damit beginnen, Schuldgefühle in Bezug auf sein Verhalten sowie Schamgefühle in Bezug auf seine Erkrankung differenziert empfinden zu lernen.

Daraus folgt der natürliche Handlungsimpuls für Wiedergutmachung als Ausdruck von Reue, beginnend beim Betroffenen selbst, nämlich in Form der Entwicklung seiner eigenen Hochsensibilität. Vorausgesetzt, der Betroffene findet zumindest einen Gleichgesinnten, der ihm in seiner ganz persönlichen Geschwindigkeit die Möglichkeit einer gesicherten Gesprächsatmosphäre bietet, in der er sich langsam und gelassen äußern und kennenlernen darf. HSP lernen dadurch, ihrer ursprünglichen Intuition zu vertrauen und durch die Reflexion ihrer Krankheitssymptome einerseits sowie der Erforschung ihrer Sensibilität andererseits die Signale verständlich zu deuten, um ein neues Körper-, Geist- und Sinnesbewusstsein zu entwickeln.

Genau darin liegen der Sinn und Zweck, warum es uns gibt. Denn gerade bei Konflikten und Unsicherheiten mit der Wahrnehmung sind gute Freunde hilfreich, die ihre Wahrnehmung immer wieder durch die Äußerung eigener Erkenntnisse bestätigen, ohne den Betroffenen dabei zu bevormunden, zu kritisieren oder zu verurteilen, indem wir ihm mit der eigenen Meinung womöglich ins Wort fallen würden. Dadurch kann eine Reorientierung etabliert werden, in der sich der vormals Leidende auf die Entwicklung seiner bislang in den Schatten verdrängten Werte fokussiert. Eine sportliche Herangehensweise ist dabei auch, mit leichter Selbstironie sich dem Wesentlichen zu nähern. Denn die Offenbarung selbsterlebter Peinlichkeiten ist sozial verbindend, weil situations- und personenbezogen. Zurückgehaltene Scham hingegen ist sozial isolierend, weil wesensbezogen. Durch Selbstironie gelingt es uns, zu unserem sensiblen Wesenskern vorzudringen. Wenn wir diesen erst einmal erreicht haben, wird gesunder Humor wirksam, also die Fähigkeit und Bereitschaft, auf bestimmte Dinge heiter und gelassen zu reagieren. Durch diese neu entwickelte Geisteshaltung können wir unsere wirkliche Wesensart, gute Laune, fröhliche Stimmung und Güte gewahren.

Es hilft, dramatische Erlebnisse in regelmäßigen Abständen einem vertrauten Gleichgesinnten zu erzählen. So kann man später eine Rückbestätigung der Version erhalten, falls die anderen Beteiligten hernach eine völlig andere Darstellung abliefern. Denn Menschen, die nicht hochsensibel sind, verarbeiten bestimmte Situationen ganz anders und geben später eine integrierte Version an, die der Erinnerung, der Wahrheit des Hochsensiblen oftmals in keiner Weise entsprechen. Dieser Realitätscheck hilft dann bei aufkommenden Konflikten mit der eigenen Wahrnehmung, sprich im Fall von Selbstzweifeln. Das Selbst-Sinn-Gefühl bleibt bewahrt. Wohlwollende Aufmerksamkeit seinen eigenen Schwächen und Charaktermängeln gegenüber hilft, Trigger ausfindig zu machen und sie zu umgehen; oder aber die Reaktion auf Trigger bewusst und gelassen zu erleben. Statt sogenannte gesunde Abwehrmechanismen auszubilden, erlernt man mit etwas Geschick und Einfallsreichtum eine andere Herangehensweise, die dem eigenen Typ, den eigenen Veranlagungen entspricht. Diese Herangehensweise stärkt die Eigenschaften des Gekränkten, motiviert ihn zur Erlangung der sozial-emotionalen Intelligenz und prädestiniert für soziales Engagement. Wird der Fokus auf die Entfaltung der persönlichen Stärken gelegt, fühlt sich der Betroffene nicht mehr als Außenseiter, kann seinen ganz eigenen Weg entdecken und seine Veranlagung im Sinne seiner Bestimmung zum Wohle aller einsetzen.

Die traurige Wahrheit jedoch ist, dass dieser Tag der Erkenntnis nie kommt, wenn der Betroffene zu tief in seiner Erkrankung und Degeneration feststeckt. Denn obwohl Hochsensibilität im Grunde nichts Negatives ist, geht es hochsensiblen Menschen durch Reizüberflutung und Unwissenheit über ihre Begabung häufig schlechter als Nichthochsensiblen. Wer das Natürliche eben nicht zu lieben lernt, beginnt es irgendwann zu hassen. Hat jemand durch zu langandauernde Schädigung die Kontrolle und den Sinn in seinem Leben verloren, wurde dadurch natürlich auch vieles zerstört. Jeder Sinnverlorene überschreitet irgendwann die Grenze und kommt in ein Stadium, wo auch der sehnlichste Wunsch, mit dem schädigenden Verhalten aufzuhören, nichts mehr nützt. Dieser tragische Zustand ist meistens schon früher erreicht als allgemein vermutet wird. Ein Grund dafür ist, dass Hochsensible vieles nachhaltiger aufnehmen als Nichthochsensible. Etwas Gesagtes oder Getanes hat eine viel stärkere Empfindung in ihrem Innenleben als bei anderen Menschen, die schnell weitergehen oder vergessen können. Es fehlen ihnen die üblichen

Abwehrmechanismen, um ihr offenes Wesen schützen zu können. Wo andere zu wenig wahrnehmen und ein ausgeprägtes Ich haben, haben sie zu wenig. Sozusagen wandeln sich alle positiven Merkmale der Hochsensibilität durch Unwissenheit ins Negative, sprich in die Krankheit. Wo vormals noch Reflexion einen großen Raum eingenommen hatte und Differenzierung Klarheit über sich selbst und über andere gebracht hat, fällt es jetzt schwer, im Hier und Jetzt zu leben. Weil sich Betroffene oftmals in den Glauben retten, dass sie in eine andere Welt gehören oder, noch schlimmer, überhaupt falsch auf diesem Planeten seien. Wo sie als gesunde Hochsensible in der Lage waren, komplexe Vorgänge zu analysieren, in größeren Zusammenhängen zu denken und der Wirklichkeit des Weltverständnisses nahe zu sein, herrschen hernach Misstrauen, Selbstzweifel, Sinnverlust und Orientierungslosigkeit. Dort, wo der allgemeingültigen Auffassung nach der Tod eines Menschen als endgültige Antwort des Lebens zu beklagen ist, sieht der Hochsensible darin ein Paradoxon zu seiner eigenen Sichtweise, die durch Mangel an Tiefsinn und komplexem Wahrnehmungsvermögen für die Mehrheit einfach nicht einsehbar erscheint. Hochsensible vermögen durch ihren Sinn sozusagen eine Verbindung zwischen spiritueller und materieller Welt herzustellen. Darum schätzen sie auch Intimität und Loyalität sehr, weil sie durch ihre Feinsinnigkeit für Stimmungen, Wahrnehmungen und subtile Botschaften offen sowie sehr genaue, empathische und mitfühlende Beobachter sind. Leben sie in einem Umfeld, das ihre besondere Begabung andauernd kritisiert, beschämt, bloßstellt, missbraucht oder brüskiert, können sie kein gesundes Selbstwertgefühl aufbauen und geben durch Resignation und Demoralisierung dem *„Recht der Mehrheit“*

Vorrang. Kritik wird durch Generalisierungen zum Erlebnis sozial-emotionaler Verachtung und Vernachlässigung, was oftmals zur Schamabwehr durch aggressives Verhalten, Depression, Manipulationsverhalten, Rückzug und zu seelischem, somatoformem oder psychischem Schmerz führt. Viele der zur Hochsensibilität Begabten werden dadurch oftmals schon in sehr jungen Jahren straffällig, was ihnen ihren weiteren Lebensweg drastisch verschlechtert. In diesem Bereich kommt es dann zu nachhaltigen Scham-Verwundungen, ebenso zur körperlichen, psychischen oder seelischen Gewalt, durch Missbrauch, Schicksalsschläge, Überschreitungen und durch häufig familiäre oder gesellschaftliche Zurückweisungen und Abwertungen. Da HSM grundsätzlich gutgläubig und wohlwollend sind, können sie Manipulationen durch andere, die oftmals auf Neid und Eifersucht beruhen, nicht angemessen einordnen. Sie nehmen solche Erfahrungen als wahr auf und vergessen dadurch ihre eigene Wirklichkeit, indem sie die repressive Mehrheit einfach nachahmen. Hinzu kommt, dass sich Hochsensible in einem weniger sensiblen Umfeld oftmals unter Druck gesetzt fühlen, weil ihre Besonderheit auf den ersten Blick nicht erkannt und beim ersten Eindruck oft falsch eingeschätzt wird. Sie versuchen, sich zu verstellen, weil sie die an sie gestellten, zumeist oberflächlichen Erwartungen, nicht erfüllen können. Begegnungen sind dann oftmals nur von kurzer Dauer. Betroffene wenden sich ganz ab und ziehen sich zurück. Da man Sinnesreize stärker wahrnimmt als die Mehrheit, fällt die Abgrenzung in einer sehr als sehr reizbar wahrgenommenen Umgebung schwer, und Betroffene fühlen sich dann schnell einmal überfordert. Um nicht aufzufallen, gehen Betroffene dann oftmals bewusst über ihre Grenzen, obwohl Rückzug sinnvoller wäre. Der Grund dafür, dass übermäßige Reize und Menschenansammlungen schlecht vertragen werden, liegt darin, dass die Gehirnfilter von HSM sie nicht ausreichend schützen. So sieht sich der Betroffene in Anspannung nur mehr den extremen Handlungsimpulsen gegenübergestellt, nämlich Angriff, Flucht oder Sich-tot-Stellen durch Bewusstlosigkeit im wahrsten Sinn des Wortes. Typisch dafür sind der ständige Wechsel von Arbeitsstellen, Aufenthaltsorten u. a. So ist es auch Fakt, dass HSM aufgrund der hohen nervlichen Aktivität durch Reizüberflutung zu besonders kreativen, schellen und geistesgegenwärtigen Persönlichkeiten mit oft pedantischer Genauigkeit erwachsen. So werden sie oftmals zum Felsen in der Brandung, zum Retter in der Not, zum Licht im Dunkel. Doch wo die meisten Menschen das Erlebte längst hinter sich gelassen haben, bricht dann für den Hochsensiblen zumeist eine Welt zusammen. Wichtig ist daher, dass sie länger Zeit zur Verarbeitung haben und das Erlebte auch in der eigenen Geschwindigkeit reflektieren können. Das intensive Erleben von Feinheiten und für andere nicht einsehbare Kleinigkeiten im Alltag verleiht ihrem Dasein eine zusätzliche Qualität. Zum Beispiel wird die Schönheit natürlicher Erscheinungen intensiver und bereichernder wahrgenommen. Sie können Schönheit sehen, die sie anderen gänzlich verborgen bleibt. Auch Töne und Gerüche werden im Positiven wie im Negativen durch Hochsensibilität eindringlicher vernommen.

In einer Gesellschaft, die vor Eindrücken und einem Übermaß an Informationen nur so strotzt, verlieren viele Hochsensible durch Unwissenheit über ihre Begabung die Macht darüber. Sie hören damit auf, freie und bedürfnisorientierte Entscheidungen zu treffen, und existieren in einer mehr oder weniger selbst- und fremdgesteuerten Bewusstlosigkeit. Unsere sogenannte Willenskraft existiert praktisch nicht mehr. Wir sind zu bestimmten Zeiten beim besten Willen nicht in der Lage, uns die Erinnerung an Leiden und Demütigungen ins Bewusstsein zurückzurufen, selbst wenn sie nur eine Woche oder einen Monat zurückliegen. Wir sind durch mangelndes Sinnesbewusstsein ohne Abwehrkraft gegen die Einwirkungen von außen.

Die erste Dosis eines Mittels löst automatisch wieder eine Kettenreaktion aus. Wenn Gedanken der Sinnlosigkeit auftauchen, sind sie nebelhaft und werden nur zu gern von der fadenscheinigen Vorstellung verdrängt, dass wir uns diesmal, so wie andere Menschen auch, im Griff haben würden. Der Instinkt, der uns beispielsweise von selbstschädigendem Verhalten abhält, unsere Hand auf einen heißen Ofen zu legen, versagt hier vollkommen.

Der unbewusst lebende Hochsensible sagt vielleicht ein bisschen leichtsinnig: *„Diesmal werde ich mich nicht verbrennen – was soll's!"* Womöglich denkt er sich auch gar nichts dabei. Je nachdem, wie weit er sich bereits von seiner Empfindsamkeit entfernt hat. Wie oft haben einige von uns auf diese lässige Art angefangen, zu vergessen, haben Schritt für Schritt nachgelegt, sind cool geworden und haben zu sich selbst gesagt: *„Mein Gott, wie konnte ich nur wieder so dumm sein?"* Dieser Gedanke wird aufgrund mangelnden Bewusstseins und aus dem Wunsch des Dazugehörens sofort wieder verdrängt, durch Gedanken wie: *„Na gut, beim nächsten Mal werde ich früher aufhören." Oder: „Was hat das überhaupt für einen Sinn?"*

Wenn sich diese Denkweise in einem Menschen festsetzt, der hochsensibel veranlagt ist, kann rein menschliche Hilfe bei ihm kaum noch etwas ausrichten. Es gehört zum

Prozess der Selbstfindung. Wenn er im Fall von Substanz- oder Verhaltensmissbrauch dann nicht weggesperrt oder von seinem Umfeld entfernt wird, kann er sterben oder völlig wahnsinnig werden. Legionen von Suchtkranken haben diese unumstößlichen und hässlichen Tatsachen im Laufe der Geschichte bestätigt. So war es bislang die *„Gnade Gottes“*, durch die unzählige Kranke eine Lösung ihrer Probleme gefunden haben, und ohne die es noch Tausende solcher Beispiele mehr gäbe. Denn viele wollen mit dem schädigenden Verhalten aufhören, schaffen es dann aber nicht mehr allein.

Es gibt eine Lösung. Fast keinem von uns fiel die Selbsterforschung, der Abbau unseres Hochmuts, das Bekennen unserer eigenen Unzulänglichkeiten leicht. Aber all das ist *not-wendig*, um das Ziel unseres Daseins zu erreichen. Wir sahen, dass diese Methode bei anderen wirkte – und erkannten, dass unser Leben, wie wir es bisher gelebt hatten, hoffnungslos und sinnverloren gewesen war. Ohne Sensibilität war unser Leben leer, positiv wie negativ. Wenn also Menschen auf uns zugingen, deren Problem gelöst worden war und die bereits die Eigenschaften ihrer wundervollen Begabung lebten, brauchten wir nur noch dieses einfache, spirituelle Handwerkzeug aufzuheben, das sie uns vor die Füße gelegt hatten. Im Wesentlichen gibt *„Gott“* einem jeden Vogel seine Nahrung mit, er wirft sie ihm aber nicht ins Nest. Wir haben in uns ein Stück Himmel gefunden und sind in eine neue Dimension unseres Daseins gelangt, von der wir noch nicht einmal geträumt hatten. Unser Wahlspruch lautete: *„Nur für heute lasse ich die erste Dosis stehen.“* Wir nehmen uns nur für die nächsten 24 Stunden vor, bewusst zu leben, und hören bereits vor der Einnahme der ersten Dosis auf, als dass wir, wie schon so oft zuvor versucht, erst nach der letzten einen Schlussstrich ziehen.

Es ist doch eine Tatsache, dass wir tiefe und wirkungsvolle spirituelle Erfahrungen *(vgl. Anhang Fünf „Die spirituelle Erfahrung")* gemacht haben, die unsere gesamte Einstellung zum Leben, zu unseren Mitmenschen und zu jener Instanz, die wir symbolisch als *„Gott"* bezeichnen, völlig geändert haben. Dem einfacheren Verständnis zuliebe möchten wir im weiteren Verlauf unserer Ausführungen auch dabeibleiben, diese Instanz mit dem Wort *„Gott"* zu bezeichnen.

Unser heutiges Dasein basiert auf der absoluten Gewissheit, dass diese Quelle der Schöpfung durch die wunderbare Art unserer Spiritualität den Weg in unsere Wesensmitte gefunden hat und dadurch in unser Leben eingedrungen ist. Heute weiß man, dass Spiritualität zu empfinden – ebenso wie Sensibilität – keine Frage des Willens oder des Charakters ist, sondern viel mehr ein Faktum, das aufgrund genetischer Voraussetzungen besteht. Spiritualität galt bislang als die Suche und Hinwendung sowie die unmittelbare Anschauung und das subjektive Erleben einer sinnlich nicht fassbaren und rational nicht erklärbaren transzendenten Wirklichkeit, die der materiellen Welt zugrunde liegt. Diese Suche ist nun beendet, indem wir sie uns als siebten Sinn verständlich gemacht haben. Die Natur hat sich dadurch auf eine Art und Weise in uns selbst vollendet, zu deren Vollendung wir aus eigenem Willen niemals imstande gewesen wären.

Wenn du ein so schwer kranker Mensch bist, wie einige von uns es waren, gibt es nach unserer Überzeugung für dich keine halbe Lösung mehr. Diese Menschen waren da angekommen, wo es unmöglich geworden war, so weiterzuleben wie bisher. Sie hatten den Zustand erreicht, aus dessen Fängen sie keine menschliche Hilfe mehr zurückholen vermochte. Ihnen blieben nur zwei Möglichkeiten: entweder bis zum bitteren Ende zu gehen und das Bewusstsein ihrer unerträglichen Lage auszulöschen – oder sie lernten, eine bewusste Haltung anzunehmen, um ihren Sinn für Spiritualität als wesentliche Instanz für ganzheitliche Gesundheit wieder freizulegen.

Das taten wir im Grunde alle, weil wir uns ehrlich wünschten, als Hochsensible neu zu erwachen, und wir bereit waren, dafür etwas zu tun. Wir wurden völlig bereit, die Mängel unserer seelischen Entwicklung einzusehen und begannen damit, uns selbst zu entschulden. Indem wir uns gegenseitiges Ansehen und Zuhören ermöglichten, teilten wir gemeinsam Erfahrungen, Kraft und Hoffnung. Wo Schamgefühle uns an wirklicher Entfaltung gehindert hatten, kehrte neuer Mut ein. Wir lernten, uns selbst für konkrete Ereignisse, die von den Werten unserer Sensibilität getragen waren, zu loben. Aus überheblichem Stolz wurde authentischer Stolz, in Form von Dankbarkeit, Demut und Anmut. Wir hörten damit auf, uns als arrogante Menschen global zu idealisieren und spürten abgewehrte Scham als Auslöser von Hochmut, Klugheit und Stolz auf, die uns durch Mangel an Wertschätzung für unsere Begabung, durch Beschämung, Gewalt, Vernachlässigung, sozial-emotionale Verdummung, sozialer oder ethnischer Ausgrenzung oder aus dem einfachen Grund von Armut, Krankheit oder Schicksalsschlägen erwachsen waren.

Wir begannen damit, uns gegenseitig zur Entwicklung von Mitgefühl, Sanftmut und anderen Eigenschaften unserer Hochsensibilität zu ermutigen. Dadurch lernten wir, unseren Sinn für Moral, Anstand, Würde und Schuld zu fördern. Wir sahen ein, dass unausgesprochene Scham in

Bezug auf unsere Sensibilität und die daraus resultierenden Krankheiten unseren Zustand verschlechterte, die Entwicklung von Gefühlen der Schuld und Reue hingegen den tiefen Wunsch von Wiedergutmachung auslöste. Wir hatten verstanden, dass die Scham uns als eine auf uns selbst bezogene Emotion gedient hatte, mit der wir uns durch die lieblosen Augen der anderen sehen gelernt hatten. Demütigungen, Demoralisierungen und Repressalien führten zu übersteigerter Scham, der wir mit allen Mitteln zu entkommen versucht hatten. Doch es war zwecklos gewesen, weil wir eine natürliche Veranlagung auszulöschen versucht hatten, die wir niemals ohne schwerwiegende gesundheitliche Folgen hätten auslöschen können. Erst das verbindliche Einlassen mit wohlwollenden, gleichgesinnten Menschen, denen wir und die uns selbst Akzeptanz und Wertschätzung entgegenbrachten, half uns dabei, eine schützende und heilende Atmosphäre in Form von regelmäßig stattfindenden Aussprachen zu schaffen. Meetings stärken das Bewusstsein des Einzelnen in Bezug auf seinen inneren Sinnesreichtum, sprich: auf die ihm und seiner besonderen Begabung zugrunde liegenden inneren Werte. Weil Hochsensible, im Gegensatz zu ihren Artgenossen, keine biologischen Filter aufweisen, stellt das Meeting selbst eine Art Filtersystem und Schutzatmosphäre dar.

So erkannten wir schlussendlich, dass sich sogar die Schamgefühle, Befürchtungen und Ängste unserer Ahnen, was ihre Hochsensibilität betraf, über Generationen in uns manifestiert hatte. Durch die aufrichtige Offenbarung unserer Empfindsamkeit und durch die Entfaltung unserer Spiritualität wurden wir ermächtigt, die jenen, die vor uns geboren sind, zugefügten Verletzungen, zu heilen. Indem wir uns wieder selbst orientierten, richten wir sozusagen die Lebenden und die Toten. Wir hörten damit auf, Beschämung zur Stabilisierung und Aufrechterhaltung der gesellschaftlichen Hierarchien zu missbrauchen und wollten durch sie nicht länger den menschlichen Zusammenhalt und das Prinzip der Gleichstellung gefährden. Mit dem Erfolg, dass wir uns nicht länger durch symbolische Gewaltandrohungen als beherrschte und beherrschende Akteurinnen und Akteure in eine Machtbeziehung setzen oder in Klassen teilen ließen. Wir entkräfteten dadurch die Aufrechterhaltung vorherrschender, sozial-emotional nachlässiger Strukturen und Machtverhältnisse und hörten damit auf, uns als Hochsensible der Bewertung unserer Artgenossen unterzuordnen beziehungsweise sie uns zu unterwerfen.

Ein schwer alkoholkranker amerikanischer Geschäftsmann – fähig, vernünftig und mit gutem Charakter – zog jahrelang von einem Sanatorium ins andere. Er hatte die bekanntesten amerikanischen Psychiater seiner Zeit konsultiert. Dann war er nach Europa gegangen und hatte sich in die Behandlung eines bekannten Arztes, des Psychiaters Dr. Carl Gustav Jung, begeben. Obwohl Erfahrung den Geschäftsmann skeptisch gemacht hatte, brachte er die Behandlung voll Vertrauen zu Ende. Sein körperlicher und geistiger Zustand wurde ungewöhnlich gut. Überdies glaubte er, jetzt ein so gründliches Wissen über die Vorgänge in seinem Denken zu haben und die darin verborgenen Quellen zu erkennen, dass er sich keinen Rückfall vorstellen konnte. Trotzdem war er nach kurzer Zeit wieder betrunken. Er war wie vor den Kopf gestoßen, dass er sich keine einleuchtende Erklärung über seinen Rückfall geben konnte.

Er ging wieder zu diesem Arzt zurück, den er bewunderte, und fragte gerade heraus, warum er nicht gesund werden könne. Vor allem wünschte er sich, seine Selbstkontrolle wiederzuerlangen. In Bezug auf andere Probleme schien er recht vernünftig und ausgeglichen zu sein. Über Alkohol jedoch hatte er keinerlei Kontrolle. Wie kam das?

Er bat den Arzt, ihm die ganze Wahrheit zu sagen. Die Bitte wurde erfüllt. Nach dem Urteil des Arztes war der Geschäftsmann ein absolut hoffnungsloser Fall. Er könne seine gesellschaftliche Stellung nie zurückerlangen. Und wenn er lange leben wolle, müsste er sich hinter Schloss und Riegel begeben oder einen Leibwächter engagieren. Das war die Meinung eines großen Arztes, der den Spiritismus als ein mit der Psychiatrie verwandtes Fachgebiet studiert hatte.

Doch dieser Mann lebte noch viele Jahre und wurde ein freier Mann. Weder brauchte er einen Leibwächter, noch war er eingesperrt. Er konnte überall dorthin gehen, wo andere freie Menschen hingingen, ohne ins Unglück zu laufen, vorausgesetzt, er wurde bereit, ein paar einfache Lebensregeln zu befolgen.

Einige unserer Leser mögen der Ansicht sein, dass sie ohne spirituelle Hilfe auskommen. Lasst uns den Inhalt einer weiteren Unterhaltung erzählen, die unser Freund Bill, einer der Gründer der Zwölf-Schritte-Programme, mit seinem Arzt Dr. William D. Silkworth hatte.

Der Arzt sagte ihm: *„Sie haben das Denken eines chronischen Alkoholikers. Ich habe noch keinen genesen sehen, bei dem diese Denkmuster schon so weit fortgeschritten waren wie bei Ihnen.“* Unser Freund hatte das Gefühl, als hätten sich die Tore der Hölle mit einem Knall hinter ihm geschlossen.

Er sagte zum Arzt: *„Gibt es da keine Ausnahme?“*

„*Doch*", antwortete der Arzt, „auch in Fällen wie dem Ihren hat es seit jeher Ausnahmen gegeben. Hier und dort, ab und zu hatten Süchtige das, was man eine lebenswichtige, wesentliche *spirituelle Erfahrung* nennt. Solche Ereignisse waren für mich eine Art Wunder. Sie treten als gewaltige Gefühlsbewegung und eine Art Neuorientierung auf. Ideen, Gefühle und Haltungen, die einst die bestimmenden Kräfte im Leben dieser Menschen waren, werden plötzlich über Bord geworfen – und völlig neue Vorstellungen und Beweggründe treten bei ihnen in den Vordergrund. Tatsächlich habe ich versucht, in Ihnen etwas von solch einer gefühlsmäßigen Neuorientierung auszulösen. Bei vielen sind die Methoden, die ich angewandt habe, erfolgreich, aber ich hatte nie Erfolg bei einem Alkoholiker Ihres Schlages." *(vgl. Anhang Fünf „Die spirituelle Erfahrung")*

Als Bill das gehört hatte, war er etwas erleichtert. Er überlegte sich, dass er immerhin ein gutes Mitglied der Kirche war. Die darauf gründende Hoffnung zerstörte ihm der Arzt jedoch, indem er ihm eröffnete, dass seine religiösen Überzeugungen zwar gut seien, sie ihm in diesem Falle aber nicht die not-wendige, wesentliche und lebenswichtige spirituelle Erfahrung vermittelten.

Das war das schreckliche Dilemma, in dem sich unser Freund befand, als er die außergewöhnliche Erfahrung machte, die wir bereits angedeutet haben und die aus ihm einen freien Mann machen sollte.

„*Spiritus contra Spiritum*", eine Formulierung von C. G. Jung, welche erst die Bewegung der Anonymen Alkoholiker inspirierte und dadurch zum geistigen Erwachen von Millionen Menschen in mittlerweile über hundertfünfzig verschiedenen Ländern bewirkte, die, da sie sich anfangs und zum Großteil auch noch heute in den Randgruppen der von Krankheit geplagten abspielen, ebenso auch nur am Rande der Gesellschaft wahrgenommen werden.

Es ist eine Formel, die – wenn alle Menschen sie verstünden und an sich selbst reflektieren, den heillosen Zauber aufheben könnte, der von den Begriffen „Sucht“ im engeren und „Spiritualität“ im wesentlichen Sinne ausgeht. So versuchen wir mit diesem Buch, für den Leser daraus klar erkennen zu lassen, dass die Definition „Alkoholismus“, die Forschung und das therapeutische Handeln vom wesentlichen Sinn und Zweck ablenken, indem bislang Nebensächliches zur Hauptsache erhoben wurde. Dabei wird sich herauskristallisieren, dass Anschauungen, Methoden und Behandlungsstrategien, die auf diesem Missverständnis beruhen, nicht – wie erwartet – die Lösung sein können, sondern im Eigentlichen selbst eine gewisse Behinderung des natürlichen Selbstreinigungsprinzips dargestellt haben.

Nehmen wir einmal törichterweise an, dass Sucht dem Wortstamm nach etwas mit „Such(e)“ zu tun. Die Frage ist nur, wonach wir bislang suchten und strebten. Nach Geld, Macht, sexueller oder materieller Erfüllung oder doch nach einem Sinn in uns selbst, der uns offenbart, wer wir sind und wohin wir gehören? Immer mehr Therapeuten erkennen an, dass es mit einem klinischen Entzug allein nicht getan ist. *„Spiritus contra Spiritum“* oder, frei übersetzt, *„Geist statt Weingeist“* ist für viele trockene Alkoholiker die Voraussetzung dafür, ein gesundes und erfülltes Leben ohne Alkohol zu führen. Völlig unabhängig von äußeren Umständen und Glaubensbekenntnissen.

Nachstehend möchten wir den kurzen Briefwechsel zwischen dem Mitbegründer der Anonymen Alkoholiker William Griffith Wilson, genannt Bill, und Carl Gustav Jung, besser bekannt als C. G. Jung, zur Kenntnis bringen.

Der kurze Brief des Arztes als Antwort auf die Dankesworte von Bill stellt einen bedeutenden Beitrag zur Frage des Substanzmissbrauchs, der Sucht und ansatzweise auch zur Frage nach Hinweisen auf Hochsensibilität dar:

„Mein lieber Herr Dr. Jung, dieser Brief, Ausdruck großer Wertschätzung, ist längst überfällig. Darf ich mich zuerst Ihnen als Bill W. vorstellen, ein Mitbegründer der Gemeinschaft der Anonymen Alkoholiker. Obwohl Sie sicherlich schon von uns gehört haben, so zweifle ich doch daran, ob Sie wissen, dass ein gewisses Gespräch, welches Sie einst mit einem Ihrer Patienten hatten, mit einem gewissen Mr. Roland H., schon Anfang der dreißiger Jahre zurückliegend, eine entscheidende Rolle bei der Begründung unserer Gemeinschaft gespielt hat. Obwohl Roland H. seitdem schon lange dahingeschieden ist, sind doch die Erinnerungen an seine bedeutende Erfahrung, während er bei Ihnen zur Behandlung war, in entscheidender Weise zu einem Teil der Geschichte von AA geworden. Unsere Erinnerung an das, was Roland H. über seine Erfahrungen mit Ihnen mitgeteilt hat, ist folgendermaßen: Nachdem alle Versuche, vom Alkohol zu genesen, erschöpft waren, wurde er, um 1931 herum, Ihr Patient. Ich vermute, dass er etwa ein Jahr lang in Ihrer Behandlung blieb. Seine Bewunderung für Sie war grenzenlos, und er verließ Sie mit einem Gefühl von tiefem Vertrauen. Zu seiner großen Bestürzung fiel er bald wieder in sein Suchtverhalten zurück. Dessen gewiss, dass Sie seine letzte Instanz sind, kehrte er wieder in Ihre Betreuung zurück. Dann folgte das Gespräch mit Ihnen, welches das erste Glied in der Kette der Ereignisse werden sollte, welche zur Gründung der Anonymen Alkoholiker führten. Meine Erinnerung an seinen Bericht von dem Gespräch ist die folgende: Zuallererst erklärten Sie ihm offen, dass er ein hoffnungsloser Fall sei, insofern irgendeine weitere medizinische oder psychiatrische Behandlung in Frage käme. Diese ehrliche und demütige Feststellung Ihrerseits war zweifellos der erste Grundstein, auf welchem sich seitdem unsere Gemeinschaft aufgebaut hat. Da er Ihnen vertraute und Sie bewunderte, war gerade deshalb die Auswirkung Ihrer Äußerungen auf ihn grenzenlos. Als er dann die Frage stellte, ob es denn keine andere Hoffnung gäbe, sagten Sie ihm, dass dies vielleicht möglich wäre, vorausgesetzt er erlebe eine spirituelle oder religiöse Erfahrung – kurzum, eine echte Bekehrung. Sie zeigten auf, wie eine solche Erfahrung, wenn es dazu käme, ihm eine neue Lebenseinstellung vermitteln könnte, wenn alles andere versagt habe. Sie haben ihn jedoch gewarnt, dass diese Erfahrungen, obwohl diese manchmal zur Genesung von Alkoholikern geführt haben, vergleichsweise selten seien. Sie empfahlen, dass er sich selbst in ein religiöses Umfeld einbringe und das Beste hoffen sollte. Dies, glaube ich, gibt das Wesentliche Ihres Rates wieder. Kurz danach schloss sich Mr. H. den Oxford-Gruppen an, einer evangelikalen Bewegung, die damals auf der Höhe ihres Erfolges in Europa war und mit der Sie zweifelsohne vertraut sind. Sie werden sich sicher an die starke Betonung der folgenden Prinzipien erinnern: Selbstinventur, Beichte, Wiedergutmachung und der Dienst am anderen. Sie legten großen Wert auf Meditation und Beten. In deren Umgebung erlebte Roland H. ein Bekehrungserlebnis, das ihn fürs Erste von seinem Drang zum Trinken befreite. Nach New York zurückgekehrt, wurde er sehr aktiv in den hiesigen Oxford-Gruppen. Der episkopale Geistliche Dr. Samuel Shoemaker war einer der Begründer jener Bewegung, und er war eine machtvolle Persönlichkeit, der grenzenlose Aufrichtigkeit und Überzeugungskraft übertrug. Zu dieser Zeit (1932-1934) hatten die Oxford-Gruppen bereits einer Anzahl Alkoholiker zur Nüchternheit verholfen, und Roland, der das Gefühl hatte, sich besonders mit diesen Leidenden identifizieren zu können, setzte sich ein, anderen zu helfen. Einer von diesen sollte einer meiner alten Schulkameraden sein, mit dem Namen Edwin T. Ihm drohte die Zwangseinweisung, jedoch Mr. H. und ein anderer ehemaliger Alkoholiker, Mitglied der Oxford-Gruppen, bewirkte eine Bewährung und verhalfen ihm zur Nüchternheit. Mittlerweile hat sich mein Alkoholismus derart entwickelt, dass mir selbst die Zwangseinweisung drohte. Glücklicherweise kam ich in die Behandlung eines Arztes – eines Dr. William D. Silkworth – der in einer wundervollen Weise fähig war, Alkoholiker zu verstehen. Aber genauso wie Sie Roland H. aufgegeben haben, so gab er auch mich auf. Nach seiner Theorie hatte der Alkoholismus zwei Komponenten – eine Besessenheit, die den Leidenden gegen seinen Willen und seine Interessen zum Trinken trieb, und eine Art Stoffwechselstörung, die er dann eine Allergie nannte. Des Alkoholikers Drang sorgte dafür, dass der Alkoholiker weitertrank, und die Allergie machte gewiss, dass der Leidende schlussendlich abbaute, verrückt wurde oder starb. Obwohl ich einer der wenigen war, denen er glaubte, helfen zu können, war er doch gezwungen, mich zum hoffnungslosen Fall zu erklären. Auch ich musste eingesperrt werden. Für mich war dies ein zerschmetternder Schlag. Genau wie Roland H. für seine Bekehrungserfahrung durch Sie vorbereitet wurde, so hat mich mein wunderbarer Freund Dr. Silkworth vorbereitet. Mein Freund Edwin T., der von meinem Zustand erfahren hatte, besuchte mich daheim, wo ich gerade am Trinken war. Es war inzwischen November 1934. Eine lange Zeit bezeichnete ich meinen Freund Edwin als hoffnungslosen Fall. Hier befand er sich jedoch in einem sehr deutlichen Zustand der Befreiung, der keineswegs nur allein der sehr kurzen Zugehörigkeit zu den Oxford-Gruppen zugeschrieben werden konnte. Dieser offensichtliche Zustand der Befreiung, die sich von der übrigen Depression abhob, war außerordentlich überzeugend. Da er ein Leidensverwandter war, konnte er fraglos sehr tiefgehend mit mir in Verbindung treten. Ich wusste sofort, dass ich eine Erfahrung, wie er sie erlebt hatte, finden oder sterben musste. Noch einmal begab ich mich in die Behandlung von Dr. Silkworth, wo ich noch einmal ausgenüchtert wurde und somit eine deutliche Schau für das befreiende Erlebnis meines Freundes gewinnen konnte und für Roland H.s Zugang zu ihm. Wiederum vom Alkohol befreit, versank ich in eine furchtbare Depression. Die Ursache dafür schien meine Unfähigkeit zu sein, auch nur eine Spur von Glauben zu erlangen. Edwin T. besuchte mich wieder und wiederholte die einfachen Formeln der Oxford-Gruppen. Kurz nachdem er mich verlassen hatte, wurde ich noch deprimierter. In tiefster Verzweiflung rief ich aus: *„Wenn es einen Gott gibt, so soll er sich zeigen."* Da trat unmittelbar danach bei mir eine Erleuchtung von enormer Wirkungskraft und Tragweite auf, die ich in dem Buch *„Anonyme Alkoholiker"* und auch in *„AA wird mündig"* zu beschreiben versucht habe. Diese Basistexte werde ich Ihnen zusenden. Ich erlebte sofort die Befreiung von meiner Alkoholbesessenheit. Sofort wusste ich, dass ich ein freier Mann war. Kurz nach meiner Erfahrung kam mein Freund Edwin zum Krankenhaus und brachte mir eine Kopie von William James *„Varieties of Religious Experiences"*. Durch dieses

Buch ist mir klar geworden, dass die meisten Bekehrungserlebnisse, welcher Art sie auch immer gewesen sein mögen, einen gemeinsamen Nenner haben, nämlich einen tiefgehenden *Ich-Zusammenbruch.* Das Individuum steht einem unmöglichen Dilemma gegenüber. In meinem Fall wurde das Dilemma durch mein zwanghaftes Trinken hervorgerufen durch das tiefempfundene Gefühl der Hoffnungslosigkeit, das weitgehend durch meinen Arzt verstärkt wurde. Es wurde durch meinen alkoholischen Freund sogar noch mehr vertieft, als er mich bekannt machte mit Ihrem Schiedsspruch der Hoffnungslosigkeit, was Roland H. anbelangte. Im Kielwasser meiner spirituellen Erfahrung kam mir die Vision einer Gemeinschaft von Alkoholikern, in der jeder sich mit dem anderen identifizieren konnte – in Form einer Kette. Wenn jeder Leidende in der Lage wäre, die Nachricht von der wissenschaftlichen Hilflosigkeit, was den Alkoholismus anbelangte, zu jedem neuen Anwärter zu bringen, könnte er jeden Neuen weit öffnen für eine verwandelnde spirituelle Erfahrung. Dieses Konzept erwies sich als Grundlage für einen solchen Erfolg, wie ihn die Anonymen Alkoholiker seither erzielt haben. Dadurch wurden Bekehrungserfahrungen – nahezu von jeder Art, wie sie James berichtet hatte – auf breiter Basis erreichbar. Unsere Dauergenesungen im Verlauf des letzten Vierteljahrhunderts erreichten ungefähr die Zahl von 300 000. In Amerika und in der Welt gibt es heute 8 000 AA-Gruppen. Ihnen, Dr. Shoemaker von den Oxford-Gruppen, William James und meinem Arzt, Dr. Silkworth, verdanken wir von AA diesen ungeheuren Segen. Wie Sie nun deutlich sehen, begann diese erstaunliche Kette von Ereignissen tatsächlich vor langer Zeit in Ihrem Sprechzimmer, und dies war direkt begründet in Ihrer Demut und tiefen Wahrnehmungsfähigkeit. Sehr viele nachdenkliche AAs studierten Ihre Schriften. Aufgrund Ihrer Überzeugung, dass der Mensch mehr ist als Intellekt, Emotion und Chemikalien im Wert von 2 Dollar, sind Sie uns besonders ans Herz gewachsen. Wie unsere Gemeinschaft wuchs, ihre Traditionen für Einheit entwickelte und ihr Wirken strukturieren, können Sie aus den Texten und Heften ersehen, die ich Ihnen zusende. Sicherlich wird es Sie interessieren, zu erfahren, dass in Ergänzung zu der *„Spirituellen Erfahrung" viele AAs eine Vielzahl von psychischen Phänomenen mitteilen, deren wachsende Bedeutung sehr beachtenswert ist.*

Zahlreiche andere haben nach der Genesung in AA eine große Hilfe bei ihren Schülern gefunden. Einige sind durch das Buch „I Ging" und Ihre bemerkenswerte Einführung in jenes Werk angeregt worden. Seien Sie versichert, dass Ihr Platz in der Zuneigung und in der Geschichte unserer Gemeinschaft wie kein anderer ist. Ihr dankbarer William G. Wilson. Mitbegründer Anonyme Alkoholiker."

In der Folge nun die Antwort von Professor C. G. Jung in seinem Brief aus Küssnacht-Zürich, vom 30. Januar 1961:

„Lieber Herr Wilson, Ihr Brief war mir in der Tat sehr willkommen. Ich bekam keine Nachricht mehr von Roland H. und habe mich oft gefragt, was wohl sein Schicksal gewesen ist. Unsere Unterhaltung, die er Ihnen hinlänglich berichtete, hatte einen Aspekt, den er nicht kannte. Der Grund, dass ich ihm nicht alles sagen konnte, war, dass ich in jenen Tagen außerordentlich vorsichtig sein musste, was ich sagte. Ich kam dahinter, dass ich in jeder möglichen Weise missverstanden wurde. So war ich sehr vorsichtig, als ich mit Roland H. sprach. Woran ich aber wirklich dachte, war das Ergebnis vieler Erfahrungen mit

Menschen seiner Art. *Sein Drang noch Alkohol war der Ausdruck auf einer mittleren Stufe des spirituellen Durstes unseres Wesens nach Ganzheit, in der Sprache des Mittelalters: Nach der Einung mit „Gott“*. Wie konnte man eine solche Erkenntnis in einer Sprache formulieren, die heutzutage nicht missverstanden wird. Der einzige richtige und legitime Weg zu einer solchen Erfahrung ist, dass sie uns in Wirklichkeit widerfährt, und dies kann sich bei uns nur dann ereignen, wenn wir auf einem Weg gehen, der uns zu einem höheren Verständnis führt. Zu jenem Ziel mögen wir durch einen Akt der Gnade oder durch einen persönlichen im aufrichtigen Kontakt mit Freunden oder durch eine höhere Ausbildung des Geistes über die Grenzen des reinen Rationalismus hinausgeführt werden. Ich erfahre durch Ihren Brief, dass Roland H. den zweiten Weg gewählt hat, der, unter den gegebenen Umständen, offensichtlich, der beste war. Ich bin fest davon überzeugt, dass das Prinzip des Bösen, das in dieser Welt vorherrscht, das nicht begriffene geistige Bedürfnis, ins Verderben führt, wenn nicht wirkliche religiöse Erkenntnis oder der *Schutzwall einer menschlichen Gemeinschaft* ihm entgegengesetzt wird. Ein gewöhnlicher Mensch, der nicht durch das Eingreifen von Oben geschützt ist und in der Gesellschaft isoliert dasteht, kann der Macht des Bösen kaum widerstehen, die in zutreffender Weise der Teufel (devil) genannt wird. Jedoch der Gebrauch solcher Worte ruft so viele Missverständnisse hervor, dass man sich so viel wie möglich von ihnen fernhalten muss. Dies sind die Gründe, warum ich Roland H. keine volle und ausreichende Erklärung geben konnte, aber Ihnen gegenüber wage ich es, weil ich aus Ihrem ehrlichen und aufrichtigen Brief schließe, dass Sie sich eine Auffassung erworben haben, die sich über die irreführenden Plattheiten erbebt, die man gewöhnlich über Alkoholismus hört. Sehen Sie, Alkohol heißt auf lateinisch „spiritus“, und man verwendet das gleiche Wort für die höchste religiöse Erfahrung wie auch für das verderblichste Gift. Die hilfreiche Formel ist daher: SPIRITUS CONTRA SPIRITUM. Indem ich Ihnen nochmals für Ihren freundlichen Brief danke, verbleibe ich Ihr aufrichtiger C. G. Jung.

Chris erging es Jahrzehnte später sehr ähnlich, und so folgte er den Empfehlungen des Geschäftsmannes Bill, seines Freundes Bob und den geistigen Errungenschaften des Psychiaters C. G. Jung, die jeder ihren Teil zur Entstehung des Zwölf-Schritte-Programmes der Anonymen Alkoholiker beigetragen haben. Doch irgendetwas schien von Chris dennoch nicht erkannt worden zu sein. So kam der Moment, in dem ihm eine Sozialarbeiterin ihre Vermutung äußerte, dass er womöglich mit Hochsensibilität begabt sei. Wenn auch nicht gleich, so erkannte er darin nach und nach den Sinn, nämlich seinen genetisch bedingten Sinn für Spiritualität, den er sein Leben lang in Begriffen wie *„Gott“, „Allah“ oder „Buddha“* zu finden versucht hatte. Er erkannte, dass dort, wo das Wissen des Psychiaters Jung erschöpft gewesen war, die Weiterführung der damals beendeten Erkenntnis durch die Hochsensibilitätsforschung von Dr. Elaine Nancy Aron ein wesentliches Ergebnis erzielt hatte. Chris konnte somit in einem Moment spiritueller Erleuchtung den Sinn und Zweck seines Lebens- und Leidensweges einsehen. Indem er Hochsensibilität und Spiritualität als genetisch bedingte Veranlagungen zu begreifen vermochte, konnte er sich mit einem Mal die Unfassbarkeit *„Gottes“* in sich selbst begreiflich machen. Die Idee von einer friedlichen Gemeinschaft aller Menschen war der Grundstein für seine Entwicklung. Der Wunsch zu genesen der Vater seiner Gedanken.

„Das Fühlen ist die tiefere Quelle der Religion“, sagte der von Bill erwähnte amerikanische Psychologe und Philosoph William James 1903 und spielte dabei auf den spirituellen Aspekt des Glaubens an: Das Gottes-Gen. Mittlerweile ist es wissenschaftlich bewiesen, dass der Hang zur Spiritualität teilweise angeboren ist.

Religiosität hängt eng mit bestimmten theoretischen Vorstellungen – etwa Gottesbild, Dogmen, Heilsgeschichten – und Praktiken, wie Gebeten und Ritualen, zusammen.

Spiritualität dagegen hat mehr damit zu tun, sich in ein größeres Ganzes eingebettet zu fühlen, in bestimmten Tätigkeiten aufzugehen, sich also selbst zu transzendieren oder zu vergessen, bis hin zu mystischen Bewusstseinszuständen. Spiritualität gehört zu unserem grundlegenden menschlichen Erbe. Sie ist, zumindest teilweise, fest in unsere Gene eingebaut. Wir begreifen sie demnach als siebten Sinn des Menschen.

Es ist die Variante C des VMAT2-Gens auf Chromosom 10, das indirekt die Menge bestimmter Signalstoffe im Gehirn kontrolliert. Es codiert ein spezielles Protein, einen sogenannten Monoamine-Transporter. Monoamine wie Adrenalin, Serotonin und Dopamin beeinflussen das Bewusstsein, indem sie an der Assoziation von Objekten und Erfahrungen mit Emotionen und Werten beteiligt sind. Diese Hirnbotenstoffe spielen zum Beispiel bei Depression, Angst, Motivation, Selbstbewusstsein und ekstatischen Gefühlen eine Rolle. Sie können ebenfalls von Drogen freigesetzt werden, die *„mystische Zustände“* induzieren, also die erlebte Grenze zwischen Ich und Nicht-Ich vermindern.

Die Bezeichnung *„Gottes-Gen“* bedeutet nicht, dass es ein Gen gibt, das entsprechend veranlagte Menschen an *„Gott“* glauben lässt. Der Begriff bezieht sich lediglich auf die Tatsache, dass die jeweiligen Menschen eine erbliche Prädisposition zum Spirituellen haben. Interessant dabei ist, dass ein gefundenes Gen uns an dieser Stelle etwas über die gesamte Gehirn-Biochemie der Spiritualität lehrt und nebenbei bestätigt, dass genetische Veranlagungen Menschen zu Gläubigen machen oder eben nicht. *„Atem zu Atem“*. Glück auf, dass die Kränkungen der Hochsensiblen sich durch den Schall des gesprochenen Wortes in Luft auflösen mögen. Und wenn du so möchtest, darfst du dich ab diesem Moment zur Gemeinschaft der Hochsensiblen zugehörig fühlen.

Wir selbst suchten mit der ähnlichen Verzweiflung eines Ertrinkenden den gleichen Ausweg. Was zuerst nur wie ein schwacher Strohhalm zu fassen war, lernten wir Schritt für Schritt als das Geschenk einer liebenden Schöpfung und als starke Hand *„Gottes“* anzunehmen. Wir lernten, unsere Hochsensibilität als Rettungsring der Natur anzunehmen. Durch Bewusstwerdung wurde uns ein neues Leben gegeben oder, wenn du so möchtest, *eine neu entdeckte Wirklichkeit durch eine geänderte Lebenseinstellung,* die einfach funktioniert.

Der angesehene amerikanische Psychologe William James beschreibt in seinem Buch *„Die Vielfalt der religiösen Erfahrungen“* eine Anzahl von Wegen, auf denen Menschen *„Gott“* entdeckt haben wollen. Wir möchten niemand davon überzeugen, dass nur ein Weg zum Glauben führt. Wenn das, was wir gelernt, empfunden und gesehen haben, überhaupt eine Bedeutung hat, dann diese: *Wir alle, gleich welcher Rasse, welchen Glaubens, welcher Haut-*

farbe oder welcher Gattung, sind Kinder einer lebendigen Schöpfung und wir können durch unsere Veranlagung mit Spiritualität auf einfache und leicht verständliche Weise mit ihr in Verbindung gehen, wenn wir nur bereit und ehrlich genug sind, es zu versuchen.

Heute ist das einfacher als je zuvor. Denn wenn wir damit beginnen, uns unsere Empfindsamkeit – ganz gleich ob hoch- oder niedersensibel – einzugestehen und ihre Eigenschaften schrittweise zu entwickeln bereit sind, dann erreichen wir die Ader unserer Spiritualität im wahrsten Sinn des Wortes von selbst. Jene Menschen, die religiöse Bindungen haben, werden dabei nichts finden, was ihren Glauben oder ihre Glaubensausübung stört. Darüber gibt es bei uns keine Meinungsverschiedenheiten, weil Religiosität dem Grunde nach mit Spiritualität nichts zu tun hat. Religionen sind lediglich verschiedene Methoden oder Vorkehrungen, um den einzelnen Menschen zur gewissenhaften Sorgfalt in der Beachtung von Vorzeichen und Vorschriften anzuhalten, damit sich alle Menschen zu einem bestimmten Zeitpunkt im Frieden vereinen.

Wir sind der Meinung, dass es uns nichts angeht, welcher Glaubensrichtung sich jeder Einzelne zugehörig fühlt. Das sollte eine ganz persönliche Angelegenheit sein, die jeder für sich selbst im Hinblick auf seine früheren kulturellen, sozialen oder gesellschaftlichen Beziehungen oder nach seiner heutigen Wahl entscheidet. Nicht jeder von uns schließt sich einer Konfession an, aber die meisten neigen dazu, weil Religionen sich verständlicherweise sehr nahe an der Quelle der Spiritualität bewegen.

Im folgenden Kapitel wird geklärt, was wir unter Hochsensibilität verstehen. Danach wendet sich ein Kapitel an Agnostiker und Atheisten, von denen jetzt viele zu uns gehören. Erstaunlicherweise zeigt es sich, dass eine solche Überzeugung kein großes Hindernis für die Wiederentdeckung der eigenen Spiritualität ist.

Weiter geht es mit einer klaren Gebrauchsanweisung, wie wir genesen durften. Die im Originalwerk enthaltenen Lebensgeschichten von Alkoholikern haben wir aus einem einfachen Grund weggelassen: Wir vertrauen darauf, dass du deine bisherigen Lebenserfahrungen anhand der vorliegenden Ausführung bereits wirst reflektieren können.

Dennoch führen wir in den kommenden Kapiteln immer wieder gezielt persönliche Berichte an, in denen jeder Einzelne in seiner Sprache und aus seiner Sicht beschreibt, wie er seine Verbindungen zu „*Gott*" fand. Diese Geschichten ergeben einen Querschnitt unserer Erkenntnisse und zeigen ganz klar auf, was sich im Leben jedes Hochsensiblen ereignete und auch heute noch zuträgt.

Wir hoffen, dass niemand an diesen offenherzigen Selbstbekenntnissen Anstoß nimmt, zumal es sich in den meisten Fällen um alkoholkranke Hochsensible handelt. Dennoch hoffen wir, dass viele leidende Menschen, die es dringend brauchen, dieses Buch in die Hand bekommen. Wir glauben, dass nur eine rückhaltlose Darstellung unseres Selbst und unserer Probleme sie dazu bringen wird zu sagen: „*Ja, ich bin auch einer von ihnen; das brauche ich.*"

Kapitel Drei

Über Hochsensibilität

Wofür schäme ich mich? In welchen Situationen schäme ich mich? Vor welchen Instanzen schäme ich mich? Was steckt dahinter? Meine Rasse, meine Klasse, mein Körper, meine Krankheit, mein Geschlecht, meine Veranlagung, meine Wesenszüge, meine Gedanken, meine Gefühle, meine Vergangenheit, meine Schuld, meine Lügen? Bin ich gewillt, diese Unterdrückungsmechanismen noch länger mitzutragen? Oder ist es nun endlich an der Zeit, mit meinen Äußerungen zu beginnen?

Die meisten von uns wollten nicht zugeben, gekränkt oder krank zu sein. Ebenso wollten sich viele hernach nicht eingestehen, hochsensibel zu sein. Keiner mag den Gedanken, sich körperlich, geistig oder psychisch vom augenscheinlich gesunden oder als normal geltenden Zustand der überwiegenden Mehrheit zu unterscheiden. Deshalb überrascht es nicht, dass Leidensgeschichten von zahllosen, vergeblichen Versuchen gekennzeichnet sind, sich so zu verhalten wie alle anderen auch. Jeder hochsensible Mensch ohne Bewusstsein über die Ursache seiner Andersartigkeit ist von dem Wahn besessen, er könne irgendwie, irgendwo oder irgendwann sein Verhalten kontrollieren und es in Anpassung an die Masse genießen. Es ist erstaunlich, mit welcher Hartnäckigkeit und Sturheit an dieser Illusion festgehalten wird. Viele bleiben dabei, bis sie die Schwelle des Irrsinns überschritten oder den Tod vor Augen haben.

Wir hatten gelernt, dass wir uns in unserem tiefsten Inneren rückhaltlos einzugestehen haben, sensibel zu sein. Das ist der erste Schritt zur Genesung. Jeder von uns musste mit der Erfahrung der Ohnmacht beginnen. Diese Kapitulation bewirkte, dass wir keinen Augenblick länger gegen uns selbst oder andere anzukämpfen brauchten. Jetzt konnten wir in Ruhe und Gelassenheit damit beginnen, alte Wunden zu heilen und die wirkliche Kraft unserer Sensibilität zu entwickeln.

Der Wahn und die Wunschvorstellung, dass wir wie andere sind oder uns je so verhalten werden können, muss aufgegeben werden. Die Täuschungs- und Ablenkungsmanöver müssen ein Ende finden. Wenn wir das nicht von selbst tun, so wird uns diese Illusion durch Schicksalsschläge zerstört werden.

Das Bewusstsein davon, mit Hochsensibilität, als Schutzschild für den menschlichen Organismus, begabt zu sein und diese in Sicherheit als Stärke entwickeln zu dürfen, hilft uns dabei, die darunter verborgene Spiritualität als Antiserum und Gegenmittel gegen psychische Erkrankungen oder seelische Störungen zu entwickeln. Wir hören auf, uns dafür zu schämen und bringen dadurch Werte ans Licht, deren uns niemand mehr berauben kann.

Scham ist ein Gefühl der Unterwerfung, das sich über Generationen in den Hochsensiblen manifestiert hat. Darum braucht es ein Programm, das uns dabei hilft, Hochsensibilität und die damit verbundenen Eigenschaften und

Wesenszüge nicht länger als beschämend zu empfinden, sondern sie als achtenswert und wertvoll zu erkennen und diese zu entfalten.

Man kann sich für Hochsensibilität nichts kaufen, obwohl die Unwissenheit darüber allerorten verwertet wird. Das Wort kann aber einem Betroffenen helfen, sich sein eigenes Leben dadurch begreiflicher und fassbarer zu machen. So kann er langsam damit beginnen, seinen Lebensalltag Schritt für Schritt, seiner Veranlagung entsprechend, zu gestalten.

Infolgedessen haben wir erkannt, dass, wer sich mit *Hochsensibilität* befasst, sich selbst hernach besser begreifen und verstehen kann. Mit der Zeit beginnt der Betroffene, im eigenen Interesse weiterzuforschen, nicht aus Sucht, sondern aus Interesse und Neugier in Hinsicht auf das Selbstverständnis. Er beginnt, sich und andere zu beobachten, und kann sich im Wesentlichen neu definieren. Aus Selbst- und Fremdenhass wird Selbst- und Nächstenliebe.

Wir sollten nicht länger vom Sehen in die Ferne wie gebannt sein, sondern uns durch Reflexion in der Begegnung mit den Erscheinungen des Lebens zu verstehen beginnen. *Warum noch länger in die Ferne schweifen, wenn das Gute liegt so nah?* Und gut ist im Zuge dieser Entwicklung gut genug.

Das vorliegende Programm möchte dem einzelnen Menschen dabei helfen, sich selbst als menschliches Manifest der Liebe und des Friedens anzunehmen. Durch gegenseitige Anteilnahme in gemeinsamen Aussprachen können wir Erfahrung, Kraft und Hoffnung teilen, um von Krankheiten und Störungen zu genesen, indem wir uns zuerst der besonderen Eigenschaften unserer Hochsensibilität bewusst werden. Unbewusste, in uns schlummernde Fähigkeiten werden reaktiviert und entwickeln sich. Auf diesem Weg werden wir mehr und mehr unserer Intuition folgen, und sie wird uns wiederum leiten und uns auf den vorgesehenen Weg führen – und uns die Tür zu unserer Bestimmung öffnen. Wir haben dafür die toxischen Einflüsse, die uns bislang an unserer wesentlichen Entwicklung behindert hatten und die sich in Degeneration und Krankheit als Verstrickungen und Knotenpunkte gezeigt haben, zu erkennen und hernach, unter Einbeziehung aller Möglichkeiten, vernünftig zu lösen.

Wir Hochsensiblen dieser Generation sind Menschen, die darin die Fähigkeit wiederentdecken durften, dass Hochsensibilität im Sinne der Spiritualität, als Draht zur natürlichen Schöpfung, einen wirksamen Schutzmechanismus für den gesamten Kosmos darstellt. Der Zustand innerer Unbegreiflichkeit wurde für uns zum weltlichen Chaos. Wir sind uns klar darüber geworden, dass es so wie bisher nicht weitergehen konnte. Zum Leidwesen aller hatten wir den Mut zur Bewusstwerdung verloren, den Mut, unsere Talente für den Erhalt der Wunder dieser Schöpfung einzusetzen und mit unserem Leben dafür einzustehen. Furcht und Schrecken waren gebannt, als wir der Wirklichkeit in uns wieder ins Auge sehen konnten. Die meisten von uns durchlebten dennoch Phasen, in denen wir meinten, die Kontrolle über unser ursprüngliches Talent wiedererlangt zu haben. Wir entwickelten uns in Wahrheit zu bemitleidenswerten Künstlern der Anpassung und Selbstinszenierung. Viel mehr noch haben wir unseren Spiritualitätssinn hinter Religion versteckt, aus Angst, für unsere innersten und tiefsinnigsten Gedanken, die direkt aus *„Gott“* entspringen, verfolgt oder zum Scheitern verurteilt zu werden. Empathie wurde uns zum zweckmäßigen Werkzeug für Manipulation, Lüge und Selbstbetrug. Auf Intervalle von Normalität folgte unweigerlich ein noch größerer Kontrollverlust, der nach einiger Zeit zu einem *erbärmlichen und armseligen*, schier unfassbaren Verfall führte. In der heutigen Zeit nennen wir solcherlei Zustände Sucht, Depression, Burn-out, Verhaltens- und Persönlichkeitsstörungen, sprich: psychische Krankheit.

Diese Definition bedeutet nichts anderes als die Störung eines grundsätzlich ausgeglichenen, harmonischen Verhältnisses zwischen den drei Hauptinstanzen Körper, Geist und Seele des Menschen. Bei uns gibt es keinen Zweifel, dass Hochsensible mehr denn je durch Reizüberflutung in der Gewalt fortschreitender Degeneration gefangen sind, ein Zustand, der ohne eignes Zutun immer schlimmer wird, aber niemals besser. Ist der Mensch erst einmal vulnerabel und mit seinem Latein am Ende, kann nichts mehr helfen, nur die bewusste Besinnung auf das Wesentliche, auf die Wurzeln unseres Daseins. Irgendwann ist durch auferlegtes Kontrollverhalten, das sich gegen den wesentlichen Sinn der Vorsehung richtet, in jedem Bereich natürlicher Entwicklung ein Punkt erreicht, von dem an sich die Natur zur Wehr zu setzen weiß und die von Mensch geschaffenen Normen aufgelöst werden. Die Natur bekämpft, was ihr schädlich wird. Und sie erhält, was sich ihr als dienlich erweist.

Wir Kranken und Vulnerablen unter den Hochsensiblen sind sozusagen Menschen, die ihre Sinne betäubt und geschädigt haben; weil wir Angst vor der Mehrheit hatten, begannen wir damit, unsere Wahrnehmungen und Vorahnungen zu verschweigen und zu verdrängen. Wir wurden krank. Doch uns wurde bewusst, dass wir als Art nicht überleben können, wenn wir nicht auch Hochsensible unter uns hätten. Wir ermutigten uns zur Äußerung.

Wenn uns auch in körperlicher Hinsicht niemals neue Gliedmaßen nachwachsen können, so dürfen wir jedoch die wesentlichen Eigenschaften unserer Hochsensibilität sowie die mit ihr in Verbindung stehenden inneren Werte dennoch von Neuem entfalten lernen. Die Flügel unserer Seele können uns nicht ausgerissen werden, weil sie der Natur entspringen und mitten in unserem sensiblen Wesenskern liegen, geschützt durch unsere Gefühle, durch unseren Körper, durch unsere Gedanken und durch unsere Schöpfung. Wenn uns Handlungen erkennen lassen, dass wir uns um eine Harmonisierung bemühen, und uns anstrengen, dann meint es auch Mutter Natur wieder gut mit uns.

Genau deshalb ist es so wichtig, dass wir unsere Erfahrungen teilen, durch ein neues Bewusstsein das Tor zu unserer Innenwelt öffnen und unser wirkliches Gesicht zeigen. Denn dadurch können wir nachgeborenen Generationen wie auch die jetzige Generation vor womöglich noch größerem Übel bewahren. Dadurch ermöglichen wir uns ein Leben im eigentlichen Sinn und Zweck der Schöpfung, der uns kraft ihrer Natur verliehen wurde. Wir werden von bedürftigen Opfern zu Menschen, die bewusst Opfer für ein harmonisches Ganzes erbringen und so zu einer umfangreichen und ganzheitlichen Regeneration beitragen. Und eines ist dabei klar: Die Zugehörigkeit zu einer Gruppe von ihrer selbst bewusst gewordenen Hochsensiblen – gleich ob gesund oder krank – ist gewiss gesünder als die Abhängigkeit von irgendetwas anderem. Denn innerhalb der Schutzatmosphäre einer Gruppe von sich gegenseitig wohlgesonnenen Menschen können wir lernen, wieder die positiven Eigenschaften und tugendhaften Werte unserer Hochsensibilität zu entwickeln. Die Fähigkeit zur Selbst- und Fremdwahrnehmung wird gestärkt und entwickelt sich dadurch zum zentralen Schlüssel zur Sicherung des eigenen Wohlbefindens, zur Bewusstwerdung über die das eigene Leistungskalkül und als Möglichkeit zur Selbstentfaltung all seiner Fähigkeiten. Entscheidend dabei ist, dass wir erkennen, was wir getan haben, und vor allem, wie unachtsam wir dabei mit uns und unserem Umfeld umgegangen sind. Diese Reflexion benötigt wache Sinne, sprich Nüchternheit, damit wir die Verbindung von uns selbst zu unserer Außenwelt wiederherstellen können. Aus Hässlichkeit wird Güte, und aus Sündenböcken werden beinahe Unschuldslämmer.

Wer das tut, erkennt in sich das Gute, auch wenn er noch so böse gewesen sein mag, noch so krank, noch so verwirrt und noch so entrückt. Es ist ein Gesetz von Ursache und Wirkung, dass der, der an das Gute im Menschen glaubt, im Endeffekt auch das Gute im Menschen bewirkt. Wir selbst sind es, die es heute einfacher denn je von Grund auf freisetzen können. Wer das Gute in sich selbst sehen und entwickeln lernt, wird selbst zu einem gütigen Menschen. Er erlöst sich von allen Erscheinungsformen degenerativen Zwangs-, Kontroll- und Anpassungsverhaltens. Die Zeit in unseren Leben, in der wir für die Schwächen unserer Hochsensibilität als Menschen kritisiert wurden, ist vorbei. Unsere Verhaltens-, Charakter- und Persönlichkeitsmängel, die uns aufgrund der Angst und Scham durch Unwissenheit über Hochsensibilität als genetische Begabung erwachsen waren, haben ihren Zweck erfüllt und durften sich Schritt für Schritt auflösen.

Es scheint keine sinnvollere Behandlung für kranke

Menschen zu geben, als dass man von Krankheit Betroffene wieder auf den wesentlichen Sinn in ihrem Leben hinweist. Wir haben alle Möglichkeiten der Heilung erprobt, die man sich nur vorstellen kann. In einigen Fällen gab es eine kurzzeitige Besserung unserer Leiden, der aber in den meisten Fällen ein noch schlechterer Gesundheitszustand folgte. Ärzte, die sich mit Hochsensibilität auskennen, stimmen in der Ansicht überein, dass es keine Möglichkeit gibt, aus einem Hochsensiblen einen als landläufig normal geltenden Menschen zu machen. Auch wenn es aus medizinischer und wissenschaftlicher Sicht bereits Möglichkeiten gibt, chemische oder pharmazeutische Schutzfilter zu installieren, so bedeutet dies nichts anderes, als den Hochsensiblen dadurch von seinem tieferliegenden Sinn zu trennen. Es gleicht einer Beschneidung oder Verstümmelung, die durch Medikamente herbeigeführt wird. Wir müssen uns dem wesentlichen Sinn hinter jeder Zweckmäßigkeit im Bereich der Seelsorge und Krankenpflege wieder bewusst machen.

Trotz allem, was wir sagen, wollen viele Hochsensible nicht glauben, dass es auch auf sie zutrifft. Sie versuchen, auf jede nur mögliche Art der Selbsttäuschung und des Experimentierens sich selbst zu beweisen, dass sie die Ausnahme von der Regel – also keine Weicheier, Schwachstellen, Zartbesaiteten oder Heulsusen – und somit keine Hochsensiblen sind. Wenn jemand, der einmal vom Empathen zum Psychopathen oder zum Narzissten erwachsen ist, plötzlich eine Kehrtwendung zustande bringt und wie ein Gentleman trinken kann, dann ziehen wir unseren Hut vor ihm. Doch wir wissen nur zu gut, dass diese Gentlemen nur der Wolf im Schafspelz sind. Der Himmel weiß, wie lange und wie angestrengt wir versucht haben, so wie andere Menschen zu sein. Doch insgeheim waren wir müde Heuler.

Nachfolgend werden einige der Methoden vorgestellt, die wir ausprobiert haben: Nur gezielt ungesund leben, nur eine begrenzte Menge konsumieren, nur alleine sensibel sein, Zärtlichkeit zu zweit, nie schädliche Substanzen daheim haben, Pausen und Fastenzeiten einlegen, uns durch Einführung der Uhrzeit Zeitfenster schaffen, ebenso mit Kalendern, im Beruf keine Schwäche zeigen, nur auf Partys ausgelassen sein, vom Schädlichen auf weniger Schädliches umsteigen, nur Naturkost essen, eine Reise unternehmen, keine Reise unternehmen, für immer der Gesellschaft abschwören (mit und ohne heiligem Eid), mehr Sport treiben, spannende Bücher lesen, eine Psychotherapie beginnen, eine Auszeit nehmen, einen Wohnungswechsel machen, den alten Partner verlassen, den alten Partner zurückgewinnen, in eine geschlossene Anstalt gehen, uns von hier wegbeamen und in Luft auflösen – die Liste ließe sich beliebig lange fortsetzen. Doch jetzt, wo es für uns Zwölf schlägt, dürfen wir endlich unseren Kuckuck herauslassen. Denn erst dann werden wir erkennen, welche Nahrung unser Vogel braucht.

Wir möchten keinen zum Kranken abstempeln, aber du kannst dir sehr schnell selbst die Antwort geben, ob du deine Hochsensibilität bereits in vollen Zügen zum Wohle der Gemeinschaft entfaltet hast oder ob du noch damit hinter dem Berg hältst und an Vulnerabilität und unter Furcht vor Verwundung leidest:

Gehe in die nächste Kneipe und versuche, die Anwesenden davon zu überzeugen, dass sie hier völlig gegen ihre Natur leben und dass du das weißt, weil du hochsensibel bist. Wir sagen nur: Wer den Schaden hat, braucht für den

Spott nicht sorgen. Versuche das öfter als einmal, und du wirst daran verzweifeln und bald selbst wieder regelmäßig in die Kneipe gehen und dort mitmachen, wo die Mehrheit sich bewegt. Wer mit dem Feuer spielt, kommt irgendwann darin um. Wenn du ehrlich zu dir selbst bist, brauchst du nicht lange, um zu wissen, was mit dir los ist. Die genaue Kenntnis über deinen Zustand zu erlangen, mag durchaus mal ein großes Zittern wert sein. Das Zittern in der Brust ist der Weg zu dir selbst, folge ihm.

Obwohl es schwer zu beweisen ist, glauben wir, dass die meisten von uns am Anfang ihres Sinnverlustes noch viel einfacher mit schädigendem Verhalten hätten aufhören können. Die Schwierigkeit besteht jedoch darin, dass bei wenigen Hochsensiblen der Wunsch, mit dem Konsumverhalten aufzuhören, stark genug ist, wenn es noch Zeit zum Umkehren und zur bewussten Besinnung wäre. Wir haben von einigen wenigen Fällen gehört, in denen Leute, die deutliche Symptome schwerer Erkrankungen wie Sucht und Depression zeigten, aufgrund eines übermächtigen Wunsches für eine lange Zeit mit dem schädigenden Verhalten aufhören konnten. Dennoch wurden sie wieder rückfällig. Um besser einsehen und verstehen zu lernen, was unbewusst gelebte Hochsensibilität und mangelndes Sinnbewusstsein verursachen kann, hier das Beispiel eines hochsensiblen Alkoholkranken (du kannst es auf jede Form von Ablenkungs- und Betäubungsverhalten ummünzen):

Ein Mann von 30 Jahren ging häufig auf Zechtour. Nach solchen Gelagen war er morgens sehr nervös und beruhigte sich wieder mit Alkohol. Er war ehrgeizig im Beruf, aber er sah, dass er nichts erreichen würde, solange er überhaupt noch trank. Wenn er einmal anfing, verlor er jede Kontrolle. Er beschloss, keinen Tropfen mehr anzurühren, bis er sich nach einem erfolgreichen Geschäftsleben zur Ruhe setzen würde. Ein außergewöhnlicher Mann. Er blieb 25 Jahre lang knochentrocken und setzte sich im Alter von 55 nach einer erfolgreichen und befriedigenden Karriere zur Ruhe. Dann wurde er das Opfer eines Irrglaubens, dem fast jeder Mensch, der seine Hochsensibilität nicht als Warneinrichtung einer natürlichen Schöpfung vorbehaltlos anerkennt, unterliegt: Eine lange Zeit der Trockenheit und Selbstdisziplin würde ihn qualifizieren, wie andere Menschen gemäß der Norm zu leben. Er zog die Pantoffeln an und die Flaschen hervor. Nach zwei Monaten fand er sich im Krankenhaus wieder – verwirrt und gedemütigt. Er hatte die eine Sucht durch eine andere ersetzt. Danach versuchte er eine Weile, mit dem Trinken Maß zu halten, kam aber um einige Krankenhausaufenthalte nicht herum. Mit aller Willenskraft versuchte er schließlich, ganz aufzuhören, und stellte fest, dass er es nicht konnte. Er hatte zur Lösung seines Problems jede Möglichkeit, die mit Geld zu kaufen war, versucht. Jeder dieser Versuche schlug fehl. Obwohl er zu Beginn seines Ruhestandes ein robuster Mann war, verfiel er dann schnell und starb nach vier Jahren.

Dieser Fall enthält eine eindringliche Lehre. Die meisten von uns haben geglaubt, sie könnten ein normales Leben genießen, wenn sie eine Zeit lang trocken, sittsam und moralisch anständig leben. Aber hier ist das Beispiel eines Mannes, der bitter erfahren hatte, dass er mit 55 Jahren genau dort war, wo er mit dreißig aufgehört hatte. Viel schlimmer noch: er durfte bis zu seinem Tod nicht bewusst davon Kenntnis erlangen, was die Ursache seiner Sucht gewesen war. Der Zweck seiner Krankheit wäre wohl gewesen, dass er den Sinn seines Leidens in der Missachtung seiner Hochsensibilität hätte erkennen sollen. Weil wir durch seinen Leidensweg jedoch unsere eigenen Verfehlungen erkennen durften, musste er nicht dumm und sinnlos sterben.

Immer und immer wieder sehen wir: *Hochsensibilität ist der Filter eines Sinnes, den wir nicht wegarbeiten, wegtrinken, wegtäuschen oder sonst wie wegmachen können!* Wenn wir nach einer Zeit der Abstinenz wieder mit schädigendem Verhalten, mit Selbsttäuschung und Schamgehabe anfangen, sind wir in kurzer Zeit wieder so übel und armselig dran wie vorher. Und die Kerze beginnt dann nicht dort zu brennen, wo sie angezündet wurde, sondern an jener Stelle, an der wir sie beim letzten Mal ausgeblasen haben. Wenn wir uns vornehmen, uns nicht nur oberflächlich zu ändern und die besonderen Eigenschaften unserer Hochsensibilität ernsthaft entwickeln zu wollen, darf es keinen Vorbehalt geben, und in keinem Winkel unseres Hinterkopfes darf die Hoffnung lauern, eines Tages normal sein zu können. *An der Stelle muss Eigenwille uneigennütziger Bereitwilligkeit weichen.*

Die Lebensgeschichte dieses Mannes bringt junge hochsensible Menschen vielleicht auf die Idee, dass sie wie er aus eigener Willenskraft am Normgehabe der Gesellschaft teilnehmen könnten, bis zu einem Zeitpunkt, an dem sie dann beginnen, ihre Hochsensibilität zu leben. Wir zweifeln daran, dass das viele vollbringen, denn keiner will wirklich hochsensibel sein und als vermeintlicher Schwächling in einer von Leistungszwang und Konsumverhalten getriebenen Gesellschaft gelten. Kaum einer wird den Zeitpunkt erleben, an dem er herausfindet, ob er es geschafft hat, weil er dann nämlich schon das dem nicht hochsensiblen Menschen eigentümliche, oberflächliche

Denken erworben hat. Krankheit als Auslöser für Rückbesinnung und Reorientierung ist dann nur noch eine Frage der Zeit. In unserem Kreis gibt es einige, die dreißig Jahre oder noch jünger sind. Sie hatten nur ein paar Jahre Unsinn gemacht und waren dennoch genauso hilflos wie jene, die zwanzig Jahre lang in Trug und Schein gelebt haben. Die meisten von uns waren doch wahrhaftige Blender.

Einer Studie der WHO aus dem Jahre 2016 zufolge, konsumierten weltweit 2,3 Milliarden Menschen im Alter ab 15 Jahren regelmäßig in einem ihre Gesundheit schädigendem Ausmaß Alkohol.

Von Nomophobie – der Trennungsangst von Internet und Handy – sind geschätzte 70 Prozent aller Internet- und Smartphone-Nutzer betroffen, was, in Zahlen ausgedrückt, in etwa 2,5 Milliarden Menschen betrifft.

Depressive Störungen gehören zu den häufigsten und hinsichtlich ihrer Schwere am meisten unterschätzten Erkrankungen. Schätzungen zufolge litten im Jahr 2019 weltweit inzwischen zirka 350 Millionen Menschen unter einer Depression und Angststörungen. Depressionen oder affektive Störungen zählen laut Weltgesundheitsorganisation weltweit zu den häufigsten Volkskrankheiten. Viele Betroffene klagen anfangs über allgemeinen Leistungsabfall und diffuse körperliche Beschwerden, über Appetitverlust und Schlafstörungen. Hinzu treten Freude- und Interessenverlust, allgemeine Lustlosigkeit und Entscheidungsunfähigkeit. Manche wiederum beklagen eher Gefühle von Gleichgültigkeit als eine besondere Traurigkeit, einige fühlen sich auch innerlich unruhig und getrieben und leiden unter Ängsten.

Durch einen Mangel an Bewusstsein über das Prinzip von Ursache und Wirkung erlebten viele von uns unspezifische Reaktionen auf familiäre und oder gesellschaftliche Konflikte sowie auf Unter- oder Überforderung. Viele von uns wurden von Angehörigen seelisch und psychisch kranker Eltern und Angehöriger selbst zu Betroffenen, weil niemand uns den Unterschied zwischen notwendiger Unruhe und beispielsweise ADHS, zwischen extremem Piercing und Selbstverletzung, zwischen Gesundheitswahn und Ess-Störungen, zwischen experimentellem Konsum und Suchtverhalten, zwischen Erschöpfung und Depression, zwischen Herausforderungen und Befürchtungen, zwischen Furcht und Angst, zwischen Ritualen und Zwängen, zwischen Brauchtum und Missbrauch, zwischen Scham und Schuld, zwischen Religiosität und Spiritualität, zwischen Hochsensibilität und Nichthochsensibilität erklären konnte.

Vor allem Kinder brauchen unsere Begleitung, ganz gleich, ob sie hochsensibel sind oder nicht. Denn sie sind empfindsam, empfindlich und empfänglich. Jugendliche im Umbruch ringen um Orientierung. Sie brauchen Beistände, die ihnen das Erleben seelischer Krisen als Chancen zur Entwicklung ihrer Sensibilität erklären. Diese Entwicklung beginnt bereits im Kleinkindalter und setzt sich bis ans Lebensende fort. Dabei dürfen wir nicht daran festhalten, uns auf die ersten Jahre der Entwicklung zu fixieren. Das ist immer problematisch und zieht durchwegs schwerwiegende Folgen nach sich.

So kamen wir zum Glauben, dass Änderung und Weiterentwicklung in jeder Lebensphase möglich sind, weil Erkrankungen und phasenweise Störungen nie monokausal, endgültig oder irreversibel, sondern durchwegs als Stationen und sinnvolle Prozesse wesentlicher, menschlicher Entwicklungen anzusehen sind. Wir lernten Selbsthilfe und

Bewusstwerdung als Früherkennung zu schätzen, durch die sich die allgemeinen Heilungschancen unterschiedlichster Erkrankungen drastisch erhöht hatten. So führte für uns das Erkennen der Krankheit einerseits sowie die Bewusstwerdung über die eigene Veranlagung mit Hochsensibilität andererseits zu einer Art neuen Bewusstseins, durch das wir uns von seelischen Nöten und Gefühlen der Sinn- und Orientierungslosigkeit zu befreien vermochten.

Um sinnverloren zu sein, muss man nicht unbedingt lange Zeit und eine Menge an Dummheiten begangen haben, so wie viele von uns. Das trifft vor allem auf Frauen zu. In Zeiten, in denen die Weiblichkeit und Femininität, die Zärtlichkeit und Sanftmut durch Kaltblütigkeit und Demütigung verletzt zu werden droht, steigen gerade Frauen mit Hochsensibilität gleich voll in Abwehrverhalten ein und legen dadurch Eigenschaften an den Tag, die auf den ersten Blick mit Hochsensibilität so gar nichts mehr zu tun haben. Solche Frauen steigen dann oftmals gleich voll ins Suchtverhalten ein und sind in wenigen Jahren in einem seelischen Zustand, aus dem es anscheinend kein Zurück mehr gab. Manch Hochsensible wären dann beleidigt, würde man sie in den Fällen als Kranke bezeichnen – und sind trotzdem erstaunt, wenn sie merken, dass sie ihr schädigendes und gekränktes Verhalten nicht einstellen können.

Wir erkennen unter Jugendlichen eine große Anzahl potenzieller Kranker, weil wir selbst mit den ersten Anzeichen von Bewusstseinsverlust über Hochsensibilität vertraut sind. Darum geben wir unser Bestes, sie zur Einsicht zu bringen. Wenngleich dies keine einfache Übung ist. Wer das noch nicht versucht hat, darf es gerne einmal probieren. Was dabei in jedem Fall hilft, ist, nicht weiter zur Beschämung beizutragen, sondern durch wissenschaftlich begründete Aufklärung und entsprechende, altersgemäße Literatur auf das mögliche Vorliegen von Hochsensibilität hinzuweisen und sie als eine Art natürliche Veranlagung im menschlichen Organismus symbolisch und verstandesgemäß fassbar und begreiflich zu machen. Sehr gut eignet sich das gemeinsame Lesen von Märchen, anhand derer wir den Bezug zu den Anteilen unserer eigenen Innenwelt herstellen dürfen. Figuren wie die Prinzessin beispielsweise dienen der Veranschaulichung von Hochsensibilität, sowohl mit ihren positiven wie auch negativen Gefühlen dar. Frösche hingegen verkörpern zumeist Eigenschaften wie Scham und Ekel, die sich durch Wandlung in den langersehnten Mut verändern. Es ist von enormer Wichtigkeit, den betroffenen Hochsensiblen die Bedeutung ihrer Veranlagung für das menschliche und schöpferische Kollektiv klarzumachen. Wie auch immer wir das anstellen. Den Anfang machen wir bei uns selbst. Denn dadurch lernen Kinder, ihre Hochsensibilität für einen sinnvollen Zweck einzusetzen und uns in der Güte nachzuahmen.

Wenn wir zurückblicken, wird uns klar, dass wir viel zu lange mit unserer Hochsensibilität im Verborgenen geblieben sind, auch dann noch, als wir schon über den Punkt hinaus waren, an dem wir uns noch aus eigener Willenskraft als Hochsensible hätten outen können. Wenn irgendeiner daran zweifelt, ob er über diesen gefährlichen Punkt schon hinaus ist, dann lass ihn versuchen, ein Jahr lang ohne *„seine Droge“*, *„sein Verhalten“*, *„sein Steckenpferd“*, *„sein Interessensgebiet“* oder *„seinen Fachbereich“* auszukommen. Sollte er bereits so weit von sich selbst entfernt sein, dass er sich nur mehr an äußere Werte klammert und durch irgendwelche Substanzen und Aktivitäten erfüllen muss, gibt es kaum eine Erfolgschance. In der Zeit, in der wir selbst noch sinnverloren, wenngleich auch nicht zwecklos, herumgeirrt waren, blieben wir gelegentlich über kurze Zeiträume sanftmütig und hatten so unsere Lichtblicke, ehe wir wieder verhärteten und uns stumpfsinnigem Verhalten hingaben.

Selbst wenn du in der Lage bist, für eine längere Zeit deiner Hochsensibilität entsprechend zu leben, bist du nicht gefeit davor, aus Unwissenheit darüber und durch Unachtsamkeit zu erkranken.

Wir meinen, dass wenige, an die dieses Buch gerichtet ist, überhaupt einen längeren Zeitraum in dem Bewusstsein gelebt haben, mit Hochsensibilität begabt zu sein und sie für die Gemeinschaft aller Geschöpfe einzusetzen bereit waren. Auch wenn viele das von uns gedacht hatten. Bei näherer Betrachtung erkannten wir, dass wir immer mit Erwartungen an die Welt herangetreten waren. Wir durften erkennen, dass die meisten von uns ihre Umwelt für das Erreichen eigener Ziele zum reinen Selbstzweck missbraucht hatten. Denn jeder Hochsensible, der diese Gabe nicht als Schutzeinrichtung einer natürlichen Vorsehung annehmen und schätzen gelernt hat, glaubte, seine Feinheit würde entweder einen Makel oder aber einen besonderen Vorteil gegenüber anderen Menschen darstellen. So wurde es uns unmöglich, Fehler als situationsbezogene Missgeschicke anzunehmen, mit dem natürlichen Bedürfnis, hernach Wiedergutmachung leisten zu wollen. Vielmehr bezogen wir jedes Fehlverhalten und Missgeschick auf uns selbst, als Folge unserer gefühlten und beschämenden Andersartigkeit, die in unserem Wesen zu liegen schien. Dadurch entwickelte sich eine krankmachende Scham. Der Wunsch, in solchen Situationen zu verschwinden, sich zu verstecken, sich aufzulösen, mündete in Selbsttäuschung,

Erfindergeist, manipulativem Verhalten, einem Geflecht aus Lügen und dem tiefsitzenden Drang, sich einfach in Luft aufzulösen. Wir wurden vom Zwang ergriffen, dass ICH alles gut und perfekt machen müsste. Wir wurden überheblich stolz, und so wurde uns die innere Sehnsucht nach der Erreichung des Besten zum unerfüllbaren Wunsch nach Dominanz, Unterwerfung und Besserstellung. Der Drang zum Perfektionismus scheiterte kläglich, weil wir unsere eigene Vollkommenheit verkannt hatten.

Erst durch die Reflexion mit Gleichgesinnten und durch das aufrichtige Eingeständnis unseres Fehlverhaltens, lenken wir den Fokus wieder darauf, Lob und Anerkennung als situationsbezogen anzunehmen. Dadurch lernen wir, Fehler und Kritik ebenso auf Situationen bezogen zu erkennen und als konstruktive Kritik für sinnbezogene Entwicklung zu nutzen. Daraus erwachsen authentischer Stolz, Dankbarkeit und der Wunsch, die guten Taten zu wiederholen, indem wir schrittweise immer mehr Eigenschaften unserer besonderen Veranlagung zutage fördern und ans Licht bringen. Zum Wohle aller. Der Dark-Faktor als Grundlage unserer Fehlentwicklung wird durch das neu gewonnene Bewusstsein über Spiritualität als siebten Sinn vom Licht der Erkenntnis durchflutet. Ab diesem Moment können wir uns als wesentlicher Teil der Natur einer Gesamtschöpfung zugehörig fühlen.

Diejenigen, die aus einer Sucht kommen und jede willentliche Kontrolle über ihr Leben verloren haben, stehen vor der Frage, wie man überhaupt ein sinnvolles Leben beginnen und mit dem krankhaften Verhalten aufhören kann. Die Antwort lautet: *durch Bereitwilligkeit*.

Wir nehmen hier einmal an, dass der betroffene Leser mit der Selbstschädigung aufhören will. Ob jemand ohne spirituelle Grundlage aufhören kann, hängt davon ab, wie weit er seine Entscheidungsfähigkeit schon verloren hat, und ob er seine Hochsensibilität leben möchte oder nicht. Viele von uns glaubten, einen starken Charakter zu haben. Da war ein ungeheuer großes Verlangen, für immer und ewig ein besserer Mensch zu werden. Es war uns jedoch nicht möglich. Ebenso wie wir uns nicht vorstellen konnten, bis ans Lebensende, ohne das jeweilige Suchtmittel, auszukommen. Wir kennen diese bislang rätselhaften Kennzeichen der psychischen Krankheit – diese absolute Unfähigkeit, wie groß die Notwendigkeit und der Wunsch auf Veränderung auch gewesen sein mögen.

Wie können wir unseren Lesern helfen, aus eigener Überzeugung die Entscheidung zu treffen, ob sie zu uns gehören?

Der Versuch, die eine oder andere Eigenschaft von Hochsensibilität bei sich selbst zu erkennen und sie demnach in seinem gewohnten Umfeld wie dem Arbeitsplatz oder der Familie bewusst einzusetzen, kann dabei helfen. Aber wir glauben, dass wir den leidenden Hochsensiblen und vielleicht auch der gesamten medizinischen und wissenschaftlichen Zunft eine noch größere Hilfe anbieten können. Deshalb werden wir einige der geistigen Zustände beschreiben, die dem Sinnverlust vorausgehen, denn dort scheint offensichtlich die Wurzel des Problems zu liegen.

Was geht in einem Hochsensiblen vor, der – bereits von einer Krankheit betroffen – immer wieder das hoffnungslose Experiment mit dem Normalsein wiederholt? Freunde, die ihn zur Vernunft bringen wollen, sind verblüfft, wenn er geradewegs wieder in altes Fehlverhalten zurückkehrt, obwohl ihn das letzte Ereignis an den Rand der Arbeitslosigkeit, der Scheidung oder des Bankrotts gebracht hatte.

Warum macht er das? Was denkt er sich dabei?

Unser erstes Beispiel ist ein Freund, den wir Jim nennen wollen. Der Einfachheit halber bleiben wir weiterhin im Bereich der Suchterkrankungen, konkret beim Alkoholismus. Dieser Mann hat eine liebenswerte Frau und eine Familie. Er hatte eine erfolgreiche Automobilvertretung geerbt. Er wurde im Krieg ausgezeichnet. Er ist ein guter Verkäufer. Jeder mag ihn. Er ist intelligent und – soweit wir es beurteilen können – normal, abgesehen von einer nervösen Veranlagung. Bis zu seinem 35. Lebensjahr trank er keinen Alkohol. Dann begann er zu trinken. Innerhalb weniger Jahre wurde er, wenn er betrunken war, so gewalttätig, dass er eingewiesen werden musste. Zur Sicherheit aller Beteiligten. Als er die Anstalt verließ, kam er mit den Freunden der Anonymen Alkoholiker in Kontakt.

Sie sagten ihm, was sie vom Alkoholismus wussten und welche Lösung sie gefunden hatten. Er machte einen Anfang. Seine Familie wurde wieder zusammengeführt, und er fing an, als Verkäufer in dem Geschäft zu arbeiten, das er durch seine Trinkerei verloren hatte. Eine Zeit lang ging alles gut. Aber er vernachlässigte sein spirituelles Leben. Zu seiner eigenen Bestürzung war er einige Male hintereinander wieder betrunken. Jedes Mal arbeiteten sie mit ihm und untersuchten genau, was sich ereignet hatte. Er gab zu, dass er wirklich Alkoholiker war und sich in einem besorgniserregenden Zustand befand. Er war sich darüber im Klaren, dass ihm ein neuer Gang in die Anstalt bevorstand, wenn er so weitermachte. Hinzu kam, dass er seine Familie verlieren würde, die er ehrlich liebte. Trotzdem betrank er sich wieder. Die Freunde baten ihn, ihnen genau zu erzählen, was passiert war. Hier ist die Geschichte:

„Am Dienstagmorgen kam ich zur Arbeit. Ich erinnere

mich, dass es mich störte, für ein Unternehmen Verkäufer sein zu müssen, das mir einmal selbst gehört hatte. Ich hatte eine kleine Auseinandersetzung mit dem Chef, es war aber nichts Ernstes. Daraufhin entschloss ich mich, einen Interessenten für ein Auto zu besuchen. Unterwegs wurde ich hungrig, also hielt ich an einer Gaststätte. Ich hatte nicht die Absicht zu trinken. Ich wollte nur ein Sandwich essen. Ich hoffte auch, hier vielleicht einen Kunden für ein Auto zu finden. Dieses Lokal war mir seit Jahren bekannt. Während der Monate, in denen ich trocken war, hatte ich dort oft gegessen. Ich setzte mich an einen Tisch, bestellte ein Sandwich und ein Glas Milch. Immer noch kein Gedanke ans Trinken. Ich bestellte noch ein Sandwich und entschied mich für ein weiteres Glas Milch.

Plötzlich kam mir der Gedanke, ein Whiskey in meiner Milch könnte mir bei meinem vollen Magen nicht schaden. Ich bestellte einen Whiskey und schüttete ihn in die Milch. Ich hatte das dumpfe Gefühl, nicht sehr vernünftig zu handeln, beruhigte mich aber durch den Zuspruch einer inneren Stimme, dass ich ja den Whiskey nicht auf leeren Magen trinken würde. Der Versuch lief so gut, dass ich noch einen Whiskey bestellte und ihn wieder in die Milch schüttete. Das schien mir nichts auszumachen – und so versuchte ich noch einen."

So fing für Jim wieder eine Reise in die Anstalt an, weil die Gewohnheit von sinnbetäubendem Verhalten stärker gewesen war, als die Bereitschaft, über Ärgernisse, Gedanken und Gefühle zu reden. In der Anstalt drohte ihm die Verwahrung, damit der Verlust der Familie und der Anstellung. Ganz zu schweigen davon, wie schlecht es ihm geistig, seelisch, körperlich und psychisch immer nach dem Trinken ging. *Er wusste viel über sich selbst als Alko-*

holiker. Dennoch wurden alle Gründe für das Nichtrinken einfach beiseitegeschoben zugunsten der verrückten Idee, Whiskey zu trinken, wenn er ihn nur mit Milch mischte. Wie man es auch immer definieren will, früher nannten die AA Freunde solcherlei Begebenheiten reinen Wahnsinn.

Heute wissen wir, dass Menschen, die sie sich solche Ärgernisse und zwischenmenschliche Konflikte ganz ehrlich nicht zu Herzen nehmen, kaum irgendeine Suchtproblematik entwickeln. Unserer Ansicht nach aus dem einfachen Grund, weil sie sich ihrer Veranlagung mit Hochsensibilität und über ihre Spiritualität als siebten Sinn nicht bewusst werden konnten. Erst durch die Störung der Verhaltensmuster und die Bewusstwerdung über die eigene Vcranlagung mit Hochsensibilität kann ein solcher Mangel an Selbsteinschätzung, an der Fähigkeit, reflektiert zu denken, entstehen. So ist es auch wichtig, Menschen darauf zu sensibilisieren, dass legale Substanzen nicht ungefährlich wären, nur weil sie erlaubt sind, und dass man sogar von Tätigkeiten wie Glücksspiel oder Arbeit abhängig, aber auch nach Verhaltensweisen wie Streit und Lügen süchtig werden kann.

Vielleicht meinst du, dies seien extreme Fälle. Doch für uns als gebrandmarkte Hochsensible sind solcherlei Lebensgeschichten nicht weit hergeholt, denn diese Art von unbewusstem, naivem und gutgläubigem Denken ist für jeden Einzelnen von uns noch in heutiger Zeit charakteristisch.

Die Freunde von Jim haben, mehr als er selbst, über die Konsequenzen nachgedacht. Immer erkannten sie dasselbe, eigenartige geistige Phänomen: Ihr vernünftiges Denken war automatisch begleitet von einer irrsinnig lächerlichen Ausrede für den ersten Schluck. Vernunft konnte sie nicht im Zaum halten, weil die Scham über die eigene Empfindlichkeit und Verwundbarkeit zu schwer wog. Der Irrsinn siegte. Am nächsten Tag fragten sie sich ehrlich und allen Ernstes, wie das hatte passieren können.

Heute wissen wir es besser, weil sie auf Grund ihrer Hochsensibilität keine wirksamen biologischen Filter gegen toxische Einflüsse aller Art in ihrem Hirn aufweisen. Das ist auch der Grund, weshalb durch die Einnahme mancher Medikamente mittlerweile kontrolliertes Trinken möglich sein soll. Weil dadurch in den entsprechenden Hirnarealen der Hochsensiblen ein künstlicher Filter zwischengeschaltet wird, der das Suchtgedächtnis sozusagen ausschaltet. Doch ist das tatsächlich eine sinnvolle und vernünftige Lösung, um einen Hochsensiblen zu seiner Bestimmung hinzuführen und ihm ein Leben, seiner Begabung entsprechend, zu ermöglichen? Die einzig wirksame und nachhaltige Methode ist gründliche Psychohygiene durch Psychoedukation und die Motivation des Betroffenen, sich selbst mit all seinem Sinnesgaben anzunehmen. Dazu gehört die Schaffung einer Atmosphäre, in welcher der Leidgeprüfte die schambehafteten Erlebnisse und Empfindungen aussprechen darf. Nach eigenem Ermessen, in eigener Geschwindigkeit sowie völlig kostenlos, anonym und vertraulich.

Wir wissen, dass wir uns bei manchen Gelegenheiten absichtlich betäubten, was wir mit Nervosität, Schüchternheit, Ärger, Sorgenmachen, Depressionen, Eifersucht oder aus ähnlichen Gründen rechtfertigten. Aber selbst, wenn es so angefangen hatte, war uns immer zu spüren gegeben worden, dass unsere Rechtfertigung für die Dummheit sinnlos und wenig erfüllend war, im Licht dessen, was nachher immer eintrat. Auch wenn wir vorsätzlich und absichtlich zu trinken anfingen – so sehen wir es heute –, fehlte bei uns jede ernsthafte und nützliche Einsicht in die schrecklichen Konsequenzen unseres Handelns. Bis zu dem Tag, an dem uns die Gewissheit erreichte, mit Hochsensibilität begabt zu sein.

Wir hatten nicht gelernt, was es heißt, hochsensibel zu sein. Niemand hatte uns beigebracht, diesen wunderbaren Sinn und all seine Fähigkeiten bewusst, wertschätzend und löblich auszuleben. So waren wir schon von Kindheit an zumeist überfordert von all den Informationen, die auf uns einprasselten. Oder wir fühlten uns aufgrund unseres übermäßigen Bedürfnisses an herzlicher Zuneigung, Geborgenheit und Zuwendung oft alleingelassen oder schlimmstenfalls sogar vernachlässigt. Niemand hatte uns je gelernt, Hochsensibilität als sinnvolles Geschenk der Schöpfung anzunehmen, sondern es wurde vielmehr versucht, uns darauf zu trainieren, wie andere Menschen zu funktionieren und eben unsensibel und abgehärtet zu erscheinen. Immerzu wurden wir als schwierig und anstrengend wahrgenommen, von anderen in deren typischen Denk- und Verhaltensschemata gepresst oder nach eingefahrenen Wertmaßstäben beurteilt. Alles, wonach wir uns im Innersten unseres Wesens so sehr gesehnt hatten, war doch einfach nur als freier und eigenständiger Mensch geliebt, wahrgenommen, angesehen und in der gleichen Würde wie unsere Mitmenschen behandelt zu werden. Aus dem natürlichen Bedürfnis nach Liebe und Zuneigung erwuchsen uns Verliebtheit und Vernachlässigung. Durch unseren ausgeprägten Sinn für Gerechtigkeit fühlten wir uns in einer von Manipulation und durch Narzissmus gezeichneten Gesellschaft der Intrigen, Verblendung und Machenschaften einfach nicht mehr wohl, weil es dem Prinzip der ursächlichen Harmonie in uns zuwiderlief.

Wir entwickelten die Tendenz, andere zu beschützen, an Stellen, wo es nicht erforderlich ist oder sogar kompromisslose Klarheit angebrachter gewesen wäre. Also waren die meisten von uns selbst zu Abtrünnigen geworden. Niemand erkannte unsere versteckten Hilferufe nach Selbstverständnis, die sich dadurch äußerten, dass wir unsere eigene Empfindsamkeit auf andere übertrugen und uns für den Schutz irgendwelcher Streitparteien stark machten, so wie wir uns eigentlich für uns selbst Schutz gewünscht hatten.

Wir wurden zu Altruisten und selbstlosen Weltverbesserern, denen es in Wirklichkeit schwerfiel, echte Freundschaften und Bindungen einzugehen und in der Gelassenheit des einfachen Seins Frieden und Geborgenheit zu finden. So leben wir heute in einem System von Autisten, die uns durch die Errungenschaften technologischen Fortschritts lediglich aufzeigen, wonach sie sich im Wesentlichen so sehr sehnen.

Wir Hochsensiblen taten es ihnen gleich, weil wir uns im Innersten genauso verloren fühlten wie sie selbst. Wir hatten nicht erkannt, dass wir nicht alles, was die Mehrheit an Vergnügungen und Unterhaltungen zu brauchen scheint, mitmachen sollten. Wir mussten bitter erfahren, wohin uns die süßen Verlockungen gebracht hatte. Durch zu viele schlechte Erfahrungen und Enttäuschungen waren viele von uns zu Menschenhassern geworden, weshalb sie sich misstrauisch aus der Gemeinschaft der Menschen zurückzogen und die Isolation suchten. So fanden sie sich mit dem Opferdasein ab, oder aber sie wurden zu interessensüchtigen Extremisten, mit dem hasserfüllten Bedürfnis, der Menschheit das zurückgeben zu müssen, was ihnen selbst angetan wurde. Denn was einst als Mobbing zwischen Menschen, Geschlechtern, Rassen und Kulturen begann, mündet heute in Terrorattacken gegen alles andere, was der eigenen Gruppierung, Gefühlsgesinnung oder Unterschiedlichkeit zuwiderläuft.

Die Tatsache, dass alles so gekommen ist, ist nicht länger unsere Schuld, lieber Freund. Doch es liegt ab jetzt in deiner eigenen Verantwortung, es zu ändern. Es ist nicht leicht, aus diesem Teufelskreislauf auszusteigen. Aber es ist möglich, wenn du den einfachen Weg dieses Programms gehst. Schritt für Schritt. Schicht für Schicht. Alles, was du dafür mitbringen musst, und das ist *das einzige Muss,* ist deine *Bereitwilligkeit.* Deine dahingehende Bereitschaft, dich regelmäßig mit Gleichgesinnten auszutauschen, darüber zu reden, was dich wirklich bewegt und hernach einfach an deiner Entwicklung dranzubleiben. Einen Tag nach dem anderen, jeden Tag aufs Neue. Nur für diese 24 Stunden.

Wenn eine psychische Erkrankung im Vordergrund steht, dann erscheint es in erster Linie zweckmäßig, dich zu Beginn mit einer Selbsthilfegruppe und oder mit Fachexperten in Verbindung zu setzen, die dir ein bestimmtes Grundwissen über die Form und Symptomatik deiner konkreten Erkrankung vermitteln können. Bevor du fragst, hör einfach mal zu. In einer der bestehenden Zwölf-Schritte-Gruppen bist du gewiss gut aufgehoben. Es gibt mittlerweile 32 verschieden Themenbereiche, die sich jede für sich mit einzelnen Problembereichen erkrankter Hochsensibler befasst.

Parallel dazu ist es sinnvoll und zweckmäßig, dich mit den Eigenschaften deiner Hochsensibilität auseinanderzusetzen und dich in deren Entwicklung zu üben.

Diese beiden Möglichkeiten dienen dir sozusagen ab sofort als linker und rechter Handlauf bei der Gratwanderung, bei dem, was wir als ein sinnvoll gelebtes Leben bezeichnen. Und damit dein Weg nicht holprig vorwärtsgeht, haben wir dir das Zwölf-Schritte-Programm modifiziert, sozusagen als Stiegenaufgang aus der Hölle in den Himmel auf Erden.

Unsere unterschiedlichsten Krankheiten und deren Symptome waren die Türöffner, die uns den Eingang zu unserem tiefergelegenen Sinnreichtum eröffnet haben. Sie stellten den natürlichen Ast unseres Stammbaumes dar, auf dem wir saßen, bevor wir uns selbst helfen konnten, hinabzuklettern, indem wir die Leiter der Zwölf-Schritte nutzten. Wir hatten erkannt, dass uns die Flucht auf den Baum der Krankheit von Natur aus ermöglicht wurde, damit wir nicht in der Überschwemmung der Reizüberflutung ertrinken müssen. Wir schnitten diese Äste nicht einfach wie Mistelzweige ab, sondern lernten sie zu begreifen, ehe wir sie loslassen durften, um wieder sicheren Boden unter den Füßen zu erlangen.

Wir hatten erkannt, dass Hochsensibilität bei uns durch einen unbewusst geführten Lebensstil und durch Missachtung unserer besonderen Bedürfnisse zur Vulnerabilität entwickelt hatte, vom Segen zum Fluch, vom Tugend- zum Sündhaften, von der Güte zum Boshaften. Jede Art von Reizen und Einflüssen auf unseren Organismus änderte unseren Stoffwechsel, der den natürlichen Fluss des Lebens sowie uns selbst als wandelnde Filtersysteme im Endeffekt völlig zu zerstören drohten. Wir sahen in der bewussten Fokussierung auf unsere Hochsensibilität und durch die Reflexion der Erlebnisse aus unserer Vergangenheit die Chance, durch das gegenständliche Programm eingetretene Fehlregulationen aufzuspüren und damit unseren gesamten Organismus, den Stoffwechsel sowie das natürliche Zusammenwirken von Körper, Geist und Seele zu harmonisieren.

Indem wir uns unsere Gefühlswelt im Begriff der Hochsensibilität fassbar machten, nutzten wir sie als wirksamen Schutzfilter zur Erreichung höchstmöglicher Gesundheit, die wir als einen Zustand vollkommenen körperlichen, geistigen, seelischen und sozial-emotionalen Wohlbefindens schätzen. Gesundheit bedeutet für uns nicht länger allein das Fehlen von Krankheit und Gebrechen.

Hochsensibilität ist in keiner Weise Krankheit oder Gebrechen, keine Wunde und kein Makel. Sie ist im wesentlichen Sinn die Blume des Lebens innerhalb der Gemeinschaft der Menschen. So war den meisten von uns schon mal ein guter Start möglich, um die Dreiheit von Körper, Geist und Seele durch die Konzentration auf den wesentlichen Sinn im Zentrum des Menschen wieder in Einklang zu bringen.

Dann gibt es unter uns die sogenannten High-Sensation-Seeker. Bei ihnen besteht ein unbewusster Zwang, sich sinnlichen Extremerfahrungen auszusetzen. Sie sehen es so, dass sie dadurch von Natur aus auf ihren tieferliegenden Sinnreichtum aufmerksam gemacht und zur Bewusstseinsgewinnung angeregt werden sollen. Denn wer empfindet, der findet. Wer nicht hören will, wird fühlen. Um wieder den augenscheinlichen Vergleich anzustellen, möchten sie an dieser Stelle aber selber gerne zu Wort kommen:

Wir verhalten uns so absurd und unverständlich, wie jemand, der den Tick hat, achtlos über die Straße zu gehen. Einfacher von der Hand geht es uns mit dem ersten Schluck Alkohol, der ersten Dosis stimulierender Drogen oder eben mit dem Kick zum Extremen als Türöffner zum Urempfinden, wie wir es hier einmal benennen wollen. Der Weg zur Einsicht ist eine Gratwanderung. Für den HSS ist es ein Nervenkitzel, kurz vor einem schnell fahrenden Fahrzeug beiseite zu springen. Trotz gut gemeinter Warnungen macht ihm das einige Jahre Vergnügen. Bis zu diesem Zeitpunkt würde man ihn als Narren bezeichnen, der eine merkwürdige Auffassung von Spaß hat. Dann verlässt ihn das Glück, und er wird mehrmals hintereinander leicht verletzt. Wenn er so wäre, was die Mehrheit unter normal versteht, würde man erwarten, dass er es bleiben lässt. Kurz darauf wird er wieder angefahren und erleidet diesmal einen Schädelbruch. Wer standhaft mit dem Kopf durch die Wand möchte, kann eben einmal damit rechnen, dass er eine weiche Birne bekommt. Kaum aus dem Krankenhaus entlassen, wird er von einer Straßenbahn angefahren und bricht sich den Arm. Er verspricht, mit seinem irrsinnigen Verhalten auf der Straße für immer aufzuhören, bricht sich aber nach ein paar Wochen beide Beine.

So geht dieser *Unsinn* jahrelang weiter, begleitet von einer körperlichen, seelischen sowie geistigen Achterbahnfahrt der Gefühle, stetig begleitet von seinem Versprechen, beim nächsten Mal vorsichtiger zu sein oder die Straße ganz zu meiden. Schließlich kann er nicht mehr arbeiten, seine Frau lässt sich von ihm scheiden, und er ist neben der Peinlichkeit und Lächerlichkeit auch noch der Selbstbeschämung preisgegeben. Er versucht alles, um sein irrsinniges Zwangsverhalten auf der Straße aus dem Kopf zu bekommen. Er lässt sich in eine Anstalt einweisen in der Hoffnung, dort Besserung zu finden. Am Tag der Entlassung rennt er vor ein Feuerwehrauto und bricht sich das Kreuz. Nein, nicht das Rote. So ein Mann ist doch völlig verrückt und scheint einfach nicht mehr bei Sinnen zu sein. Oder sollten wir besser sagen, dass ihn seine Eigenwilligkeit daran hindert, die Wirklichkeit seines extremen Verhaltens einzusehen?

Dieses Beispiel klingt vielleicht zu weit hergeholt. Aber ist es das wirklich? Wir, die wir durch ein Übermaß von weltlichen Reizen durch die Mangel gedreht worden sind, haben zugegeben, dass dieses Bild genau auf uns zutrifft. Denn oben das angeführte Beispiel betrifft einen verhaltensbezogenen Zwang, aufgrund derselben Ursache, wie es bei Vorliegen von substanzbezogenen Süchten der Fall ist. Mit dem feinen Unterschied, dass durch Substanzen unsere anderen Sinne betäubt werden und wir herumirren wie Hühner, denen der Kopf abgeschlagen wurde. Wir brauchen nur das oben beschriebene, irrsinnige Verhalten im Straßenverkehr durch Substanzmissbrauch ersetzen. So intelligent und schlau wir vielleicht in anderer Beziehung waren – wenn es um Substanzen ging, waren wir auf eine seltsame Weise verrückt. Das ist eine harte Sprache. Aber ist es nicht die Wahrheit?

Manche werden denken: *„Ja, was ihr sagt, ist wahr, aber es stimmt nicht ganz. Zugegeben, einige dieser Symptome sind bei uns vorhanden, aber so extrem wie ihr sind wir nicht gewesen. Wir werden auch kaum soweit gehen. Nach dem, was ihr uns gesagt habt, kennen wir uns so gut, dass solche Dinge nicht wieder vorkommen können. Wir haben durch unser Trinken nicht alles in unserem Leben verloren. Wir haben es auch bestimmt nicht vor. Außerdem haben wir genau diesen Menschen unsere Sicherheitssysteme und technologischen Errungenschaften zu verdanken. Vielen Dank für die Information!“*

Auf einen High-Sensation-Seeker mag das alles zutreffen. Die können ihr Verhalten oder ihren Konsum einschränken oder ganz aufhören, auch wenn sie im Augenblick leichtsinnig und intensiv zulangen. Womöglich haben sie körperlich und geistig noch keinen solchen Schaden erlitten wie jene, die durch Substanzmissbrauch bereits geschädigt sind. Oder sie haben einen Weg gefunden, der es ihnen ermöglicht, nach solcherlei Extremerfahrungen wie Risikosport, ständiger Kick-Suche oder durch andere Sehnsuchtserfüllungen, sich komplett zurückzuziehen. Dann spricht man auch oftmals von sehr erfolgreichen Menschen, weil sie es als Betroffene geschafft haben, beide Anteile in ihrem Leben zu verwirklichen. Doch kann sich die Mehrheit von uns das wirklich leisten, sich nach einiger Zeit solchen *Verhaltens*, das immer zu Erschöpfung und starker Nervosität führt, auch eine entsprechende Auszeit zu nehmen? Kann das der wirkliche Sinn und Zweck dieser natürlichen Veranlagung sein? Nach heutiger Meinung der High-Sensation-Seeker unter uns, trifft das mit an Sicherheit grenzender Wahrscheinlichkeit nicht zu.

Daher wirken HSS auf ihr Umfeld zumeist gespalten. Sie selbst haben nur einen sehr schmalen Bereich eines optimalen Erregungsniveaus, wie es beispielsweise von Spitzensportlern und Hochleistungsakteuren vorgegeben wird. Doch kann es nicht sein, dass uns diese Sonderform der Hochsensiblen nicht ebenfalls einfach nur auf den tieferen Sinn hinweisen möchte, der diesem extremen Verhalten zugrunde liegt? Wozu – wenn nicht ausschließlich zur Selbstbefriedung und -erfüllung – soll solch ein extremes, selbstschädigendes und fremdgefährdendes Verhalten dem Menschen als natürliches Wesen sich als dienlich erweisen? Für höhere Einschaltquoten? Für das Ankurbeln von Tourismus, Wirtschaft und Geldmarkt?

Menschen, die bereits einmal von einer Sucht betroffen waren, werden nur schwer in der Lage sein, mit dem schädigenden Verhalten aufzuhören, sobald sie auch nur einmal wieder damit begonnen haben. So wie es das Sprichwort besagt: *Wenn man einmal Blut geleckt hat, kommt man nicht mehr davon weg.*

Durch Fehlererkenntnis allein wird so ein Mensch nie in der Lage sein, mit diesem Leistungsstreben aufzuhören. Weil es heute nicht als Fehler definiert ist, finanziell, gesellschaftlich und medial erfolgreich zu sein. Ausnahmen bestätigen diese Regel. Das ist der Kernpunkt, den wir immer und immer wieder herausstreichen möchten, um den Uneinsichtigen unter uns zu eröffnen, was wir selbst durch bittere Erfahrungen schmerzhaft erfahren mussten. Obwohl uns die Verlockung am Anfang ebenso süß gemundet hat, wie gegebenenfalls auch ihnen. Darum üben wir uns im Zwölf-Schritte-Programm in der Königsdisziplin.

Ehe wir zu einem weiteren Beispiel kommen, möchten wir an dieser Stelle folgende Fakten erwähnen:

Hochsensibilität wurde den meisten von uns bereits in der Kindheit zum Problem gemacht. Die wenigsten von uns erhielten dafür von ihren Eltern und anderen sogenannten Respekts-, Autoritäts- oder Bezugspersonen Rückhalt oder Lob. So lernten wir sehr früh, Hochsensibilität für uns zu behalten. Aus dem Segen einer Begabung wurde ein Fluch. Die meisten wussten nicht, wie man am besten mit uns umgeht, wenn wir bei jeder Kleinigkeit so überaus emotional und oftmals gereizt reagierten, im positiven wie im negativen Sinne. Sie hielten unser Verhalten für übertrieben, versuchten, es aus einfacher Hilflosigkeit und Ratlosigkeit einzudämmen, damit es nicht beschämend oder peinlich ist. Sie wollten uns in einer Zeit technologischen

Fortschrittes einfach *lebens-tauglich* machen und hernach im Zaum halten.

Die wenigsten unserer Eltern spiegelten uns unsere zarte Gefühlswelt wider. Sie hielten das für unmöglich und unpassend, weil in einer von Konsum- und Leistungsverhalten bestimmten Gesellschaft die Ausbildung rationaler und intellektueller Fähigkeiten höher wertgeschätzt wurde. Auch wenn sich das mittlerweile geändert haben sollte, gibt es immer wieder solche Entwicklungsphasen innerhalb menschlicher Gemeinschaften. Das macht es den hauptsächlich leidtragenden Kindern und Erwachsenden im weiteren Verlauf schwer, ihre Gefühle und Gedanken zu benennen und von den Empfindungen anderer zu unterscheiden.

Erschwerend kommt hinzu, dass erwiesenermaßen immer zumindest einer der Elternteile selbst ein hochsensibler Mensch ist, der aus der Unmöglichkeit und Aussichtslosigkeit heraus, die eigene Begabung gesund und förderlich erleben zu dürfen, zu einem verhärteten und sinnverlorenen Älteren geworden ist. Viele konnten und durften sich einfach nicht mit ihrer besonderen Gabe auseinandersetzen, weil sensibel zu sein, nicht normal zu sein bedeutete und als Störfaktor empfunden wurde. Sie unterdrückten die mit ihrer Hochsensibilität verbundenen Eigenschaften, so wie es auch schon von ihren Eltern verlangt und über Generationen weitergegeben wurde. Und so ist es ja noch heute der Fall: wie viele Menschen kennt jeder von uns allein in seinem persönlichen Umfeld, der durch die Angehörigkeit zu einer Gruppe, durch Teilnahme an kriegerischen Handlungen, durch seine explizite Berufswahl, durch körperlichen, seelischen oder psychischen Missbrauch oder seinen weichen Kern durch eine harte Schale zu verbergen versucht. Doch diese Art von Ignoranz und Angstmacherei verletzt vor allem das sensible Kind und ermutigt es dazu, selbst so *cool* zu erscheinen, wie solcherlei Idole oder Vorbilder. Viele nehmen dann von daheim Reißaus, weil sie in ihrem Umfeld niemals ein Gefühl von Heimat entwickeln durften, sich als hochsensibel Beseelte niemals in ihren eigenen Körpern einfinden und daraus entfalten durften. Wie viele der augenscheinlich Hartgesottenen jedoch dahinter sensibel sind, erkennen wir dann nur zu oft an traurigen Fällen von Suizid und oder schweren Erkrankungen und Schicksalsschlägen der Betroffenen. Denn die Natur findet immer einen Weg, sich freizumachen.

So wissen vor allem spirituell veranlagte und gutgläubige Kinder nicht, dass erwachsene Menschen ihre Gefühle und Gedanken oftmals verleugnen, obwohl sie es spüren können. Das Kind lernt, sich selbst zu misstrauen, und wird sehr früh enttäuscht. Bei mangelnder Aufklärung und nicht sinnbezogener Begleitung geraten Kinder dadurch in Konflikt mit ihrer eigenen, tiefsinnigen Wahrnehmung, vor allem dann, wenn ihre Mitmenschen ihre feinen Antennen überrennen, bagatellisieren oder schlimmstenfalls sogar verneinen oder als völligen Schwachsinn hinstellen. Dies führt bereits im Kleinkindalter zu einer mangelhaften Entwicklung des Selbst, mit der Folge von tiefsitzender Unsicherheit in Bezug auf die eigene Veranlagung sowie auf die Entwicklung der eigenen Hochsensibilität, was sich in ungesunder Scham dann zeigt. Sie lernen ihrer Wahrnehmung zu misstrauen und möchten sie lieber wegmachen, als zu entwickeln.

Aufgrund ihrer ausgeprägten Beobachtungsgabe scannen sie ihre Umwelt, vor allem ihre Mitmenschen, und beginnen, deren Verhalten und Gepflogenheiten zu kopieren und nachzuahmen. Obwohl sie hochsensibel begabt sind, beginnen sie, sich wie Menschen ohne Hochsensibilität zu geben oder, besser gesagt, wie Hochsensible, die sich nicht trauen, ihre Hochsensibilität zu zeigen. Sie beobachten, wie andere sind, die nicht so tief erleben, und lügen dann, um sich anzupassen. Dadurch glauben sie, nicht den Schmerz der Andersartigkeit empfinden zu müssen. Da dies jedoch nicht lange durchgehalten werden kann, wird dann mit betäubenden Mitteln, Substanzen und Verhalten experimentiert, die einerseits einen Schutzfilter aufbauen, um seine eigene Welt entwickeln zu können, und andererseits andere davon abstößt, ihnen zu nahe zu kommen. Sie behelfen sich damit, sich nach anderen zu orientieren, solange der Überlebensinstinkt noch schwerer wiegt als der Wunsch nach Selbstaufgabe. Sie versuchen sich darin, das Leben nach dem Vorbild derer, die nicht zu den Hochsensiblen gehören, zu bewältigen und verlieren sich dabei leider zu oft selbst in dieser Nachahmung.

Jeder unserer Leidenswege ist ein Beispiel für dieses klägliche Scheitern, als Ergebnis einer Aneinanderreihung naturverachtender, menschenunwürdiger und zutiefst verletzender Erlebnisse. Hochsensible Kinder sind anfälliger als ihre Altersgenossen, vor allem in Bezug auf traumatische Reaktionen, wie beispielsweise seelischen, körperlichen oder geistigen Missbrauch in ihrer Kindheit. Es manifestieren sich dissoziative Mechanismen, die oftmals als Träumerei der Betroffenen verharmlost oder aber gegenteilig als ADHS oder Vulnerabilität pathologisiert werden. Die *„gesunde Watschn“* diente einstmals dazu, völlig überreizte, hochsensible Kinder aus dem Störungszustand auf den Boden der Realität zurückholen. Wir wollen das an dieser Stelle einmal als die ersten Versuche von Skills

Trainings dahingestellt lassen. War das nicht der Fall, freuten sich die Eltern, dass das Kind sich *endlich beruhigt* und *ausgepowert* hatte. Doch in Wirklichkeit war das betroffene Kind lediglich in einen tiefen Schlaf, in eine Art der Bewusstlosigkeit gefallen.

Durch diese Weise von Missbrauch durch andauernde und immer wiederkehrende Reizüberflutung stellt sich bei Betroffenen oftmals ein Mechanismus ein, der sie im weiteren Verlauf ihres Lebens dazu veranlasst, einen lebensbewältigenden Persönlichkeitsanteil zur Schau zu stellen, der ihre Hochsensibilität und wirkliche Identität solange verbirgt, bis sie, von der Anstrengung und der andauernden Selbstverleugnung völlig erschöpft, zusammenbrechen und überflutet werden von den verletzenden Erlebnissen.

An dieser Stelle eröffnet sich dem Weisen der Sinn und Zweck von Kunstfiguren, sogenannter Star-Persönlichkeiten, aber auch die Symbolkraft von Heiligen und Religionsstiftern wie Jesus von Nazareth, dessen Anhänger bekanntlich als Christen weltweit dazu aufrufen, den Weg ihres Idols als Erlöser der Menschheit nachzuahmen.

Grundsätzlich entspricht es auch der Natur hochsensibler Menschen, dass sie andere nicht verletzen wollen. Da Kinder klarerweise auch weniger Kraft haben als Erwachsene und ein noch unbedingtes Bindungsempfinden zu ihren erwachsenen Bezugspersonen in sich tragen, beginnen sie damit – Mädchen öfter als Buben –, sich selbst zu verletzen. Als hochsensible Menschen sind sie mit einem ausgeprägten Gerechtigkeitssinn ausgestattet, der aber den weltlichen Machenschaften und dem realen Weltgeschehen nicht mehr standhält. Sie pflegen dann entweder einen Rückzug in ihre Innenwelt, in der sie sich eine Wahrheit aufbauen, in der es ihrer Sicht nach gerechter zugeht als in der Gemeinschaft, die sich Gesellschaft nennt. Die führt – im besten Fall für die Gesellschaft – zu weiterer Entfremdung, Verwahrlosung und Isolation. Im schlimmsten Fall kommt es dann zum Ausbruch aufgestauter Verletzungen. Bereits ein kleiner Funke kann dann die Bombe zum Explodieren bringen, wie etwa die Aufforderung: „Zeig doch mal, was du kannst!" *„Zeig doch mal, wer du wirklich bist!"*.

Von der Farce bis zum Alptraum bleibt hier ein Handlungsspielraum für Betroffene und deren Umfeld offen. Vom kaltherzigen und brutalen Erleben eines Hochsensiblen enttäuscht, sehen sie sich von geliebten Menschen mit Sprüchen wie *„Das Leben ist anders!"*, hilflos sowie sozial- und emotional vernachlässigt, zurückgelassen.

Dieses Buch möchte der derzeitigen Gesellschaft und allen noch folgenden Generationen als mahnendes Andenken in Erinnerung bleiben, in Zeiten, in denen einzelne Menschen durch den Mangel an Bewusstsein erneut Gefahr laufen, den Bezug zu ihrem wesentlichen Sinn und dadurch die Chance für ein artgerecht gelebtes Leben zu verlieren. Wir möchten Menschen aller Empfindsamkeitsstufen ansprechen. Denn erst aus dem Verständnis füreinander erwächst die Chance, dass wir als eine Menschheit ein neues Bewusstsein für Menschlichkeit entwickeln. Dieses friedvolle Miteinander wird von aufrichtiger Selbst- und Nächstenliebe getragen sein. Ehe wir ihn vergessen, jetzt aber zu unserem Freund:

Fred ist Teilhaber eines Wirtschaftsprüfers. Er hat ein gutes Einkommen, ein schönes Heim, ist glücklich verheiratet und Vater von vielversprechenden, fast erwachsenen Kindern. Er hat eine solch gewinnende Persönlichkeit, dass er sich überall Freunde macht. Wenn es je einen erfolgreichen Geschäftsmann gab, so ist es Fred. Offensichtlich ist er eine beständige, ausgeglichene Persönlichkeit. Doch er ist Alkoholiker (die Substanz Alkohol kann hier durch jedes x-beliebige Mittel ersetzt werden, wie z. B. Tranquilizer).

Zum ersten Mal sahen ihn die Freunde im Krankenhaus, wo er sich vom *großen Zittern* nach einem Burn-out erholte. Es war seine erste Erfahrung dieser Art, und er schämte sich sehr. Er war weit davon entfernt, zuzugeben, dass er Alkoholiker war. Er redete sich ein, ins Krankenhaus gekommen zu sein, um seine Nerven zu beruhigen. Wie viele von uns kennen dieses Gefühl der Scham, sich selbst als von etwas abhängig zu fühlen und sich und anderen einzugestehen, das eigene Leben, ganz ohne dieses Mittel, nicht mehr im Griff zu haben? Und wie viele von uns können es nur zu gut nachempfinden?

Ja nicht einmal die Ärzte hatten erkannt, dass sich die übermäßige Nervosität und Angst bereits als Suchtfolgeerkrankung entwickelt hatte, basierend auf dem langjährigen Substanzmissbrauch wegen der eigenen Schüchternheit. Der Arzt jedoch gab Fred ernsthaft zu verstehen, dass es möglicherweise schlimmer um ihn stand, als er sich vorstellte. Einige Tage lang war er wegen seines Zustandes bedrückt. Er entschloss sich, ganz mit dem Trinken aufzuhören. Der Gedanke, das vielleicht nicht zu schaffen, kam ihm angesichts seines Charakters und seiner Stellung gar nicht in den Sinn. Fred wollte es nicht wahrhaben, Alkoholiker zu sein, noch weniger wollte er zugeben, dass zur Lösung seines Problems ein spirituelles Heilmittel vonnöten war.

Sie erzählten ihm, ohne damals noch von Hochsensibilität gewusst zu haben, was sie über Alkoholismus wussten.

Er war interessiert und gab zu, einige dieser Symptome zu haben. Aber er war weit davon entfernt, sich einzugestehen, dass er sich nicht selbst helfen konnte. Denn wie sollte jemand sich selbst helfen können, wenn er nicht wusste, was ihn von den sogenannten normalen Menschen im Wesentlichen unterscheiden würde? Er war davon überzeugt, dass diese erniedrigende Erfahrung und sein neu erworbenes Wissen ihn für den Rest seines Lebens nüchtern halten würden. Selbsterkenntnis würde alles in Ordnung bringen.

Eine Zeitlang hörten die Freunde nichts mehr von Fred. Eines Tages erzählte man ihnen, dass er wieder im Krankenhaus sei. Diesmal war er sehr wackelig. Er ließ sie wissen, dass er sie dringend sehen wollte. Die Geschichte, die er ihnen erzählte, war sehr aufschlussreich. Hier war jemand, der absolut davon überzeugt war, dass er mit dem Trinken aufhören müsse, jemand, der keine Entschuldigung für sein Trinken hatte, der glänzendes Urteilsvermögen und Entschlusskraft in allen sonstigen Dingen an den Tag legte und der trotzdem wieder flach lag. Lassen wir ihn selbst erzählen:

„Ich war sehr beeindruckt von dem, was ihr mir über Alkoholismus gesagt habt, und habe wirklich nicht daran geglaubt, dass ich jemals wieder trinken würde. Ich konnte schon euren Gedanken über diesen spitzfindigen Irrsinn folgen, die dem ersten Schluck vorausgehen. Ich vertraute aber darauf, dass mir so etwas nicht passieren könnte, nach allem, was ich gelernt hatte. Ich nahm für mich in Anspruch, noch nicht so weit zu sein, wie die meisten von euch. Normalerweise konnte ich meine anderen Probleme bewältigen. Und deshalb wollte ich auch da erfolgreich sein, wo ihr meines Erachtens versagt habt. Ich meinte, einen berechtigten Anspruch auf Selbstvertrauen zu haben

– und dass es lediglich eine Frage des Trainings meiner Willenskraft, meiner Charakterstärke und meiner Wachsamkeit sei, nicht zu trinken.

Mit dieser Einstellung ging ich meinen Geschäften nach und eine Zeit lang ging alles gut. Ich hatte keine Schwierigkeiten, alkoholische Getränke abzulehnen, und machte mir Gedanken darüber, ob ich nicht vielleicht nur einer einfachen Sache zu viel Gewicht beigemessen hatte. Eines Tages reiste ich nach Washington, um einem Regierungsbüro einen Rechnungsbericht vorzulegen. Während dieser Zeit der Trockenheit war ich vorher schon einmal unterwegs gewesen, sodass dies nichts Neues für mich war. Körperlich fühlte ich mich prima. Ich hatte auch keine schwerwiegenden Probleme oder Sorgen. Mein Geschäft ging gut, ich war zufrieden – und meine Partner waren es auch. Der Tag ging zu Ende, ohne Wolke am Horizont.

Ich ging in mein Hotel und zog mich gemächlich zum Essen um. *Als ich die Schwelle des Speisesaals betrat, kam mir der Gedanke, dass es doch ganz nett wäre, ein paar Cocktails zum Essen zu trinken. Das war alles. Nichts weiter.* Ich bestellte einen Cocktail und mein Essen. Dann bestellte ich noch einen Cocktail. Nach dem Essen entschloss ich mich zu einem Spaziergang. Als ich zum Hotel zurückkehrte, kam mir der Gedanke, dass ein Whisky-Soda vor dem Zubettgehen nicht schlecht wäre. Also ging ich an die Bar und trank einen. Ich erinnere mich, in dieser Nacht noch einige mehr getrunken zu haben – und viele mehr am nächsten Morgen. Ich erinnere mich dunkel, in einem Flugzeug nach New York gesessen und bei der Landung anstelle meiner Frau einen freundlichen Taxifahrer gefunden zu haben. Mit dem fuhr ich ein paar Tage herum. Ich weiß kaum, wohin wir fuhren, was ich sagte und was ich tat. Das Nächste, woran ich mich erinnere, war das Krankenhaus, mit unerträglichen geistigen und körperlichen Qualen.

Als ich wieder klar denken konnte, rekonstruierte ich den Abend in Washington sorgfältig. *Ich war weder auf der Hut gewesen, noch hatte ich versucht, gegen das erste Glas anzukämpfen. Diesmal hatte ich überhaupt nicht an die Konsequenzen gedacht.* Ich hatte so *unbewusst* mit dem Trinken angefangen, als wären die Cocktails Limonade gewesen. Auf einmal erinnerte ich mich, was meine Freunde mir gesagt und wie sie mir prophezeit hatten, dass für mich – befangen im substanzabhängigen Denken – Stunde und Ort kämen, da ich wieder trinken würde. Man hatte mir gesagt, dass die Barriere, die ich mir aufgebaut hatte, eines Tages einem unbedeutenden Anlass zum Trinken nicht standhalten würde. Nun gut, genau das war passiert; *mehr noch: Alles, was ich über Alkoholismus gelernt hatte, war mir überhaupt nicht in DEN SINN gekommen.*"

Welchen Sinn ahnte unser Freund Fred an dieser Stelle, zu dem er wohl besser eine Verbindung hätte aufbauen sollen?

„Von diesem Augenblick an wurde mir mein alkoholisches Denken bewusst. Ich sah ein, dass Willenskraft und Selbsterkenntnis gegen ein solch merkwürdiges geistiges Vakuum nicht helfen konnten. Ich hatte nie Verständnis für Leute, die sagten, ein Problem hätte sie hoffnungslos überwältigt. Jetzt kannte ich das. Es war wie ein Schlag ins Gesicht.

Zwei Anonyme Alkoholiker besuchten mich. Sie grinsten, was mir nicht besonders gefiel, und fragten mich, ob ich mich als Alkoholiker betrachte und ob es mir dieses Mal wirklich reiche. Ich konnte beiden zustimmen. Sie überhäuften mich mit Beweisen, dass das alkoholische Denken, das ich in Washington gezeigt hatte, ein hoffnungsloser Zustand war. Sie zählten Dutzende von Fällen aus eigener Erfahrung auf. Der letzte Funke Hoffnung, aus eigener Kraft nüchtern zu bleiben, wurde dadurch erstickt.

In groben Zügen erläuterten sie mir die spirituelle Lösung und das praktische Programm, mit dem Hunderte ihr Problem mit Erfolg angegangen waren. Obgleich ich nur auf dem Papier zu einer Kirche gehörte, waren ihre Empfehlungen vom Verstand her nicht schwer zu fassen. Das Programm war vernünftig, verlangte aber striktes Handeln. Das hieß, dass ich einige lebenslang gehegte Auffassungen über Bord zu werfen hatte. Das war nicht leicht, wenngleich aber einfach. Denn alles, was ich dazu brauchte, war ich selbst und meine dahingehende Bereitschaft, mich von falschen Vorstellungen und Annahmen loszusagen. Als ich mich entschlossen hatte, das durchzustehen, hatte ich im gleichen Augenblick das seltsame Gefühl, dass ich nicht mehr so schwer an meiner Erkrankung zu tragen hatte. Das hat sich tatsächlich bewahrheitet.

Genauso wichtig war die Entdeckung, dass die tiefgreifenden spirituellen Grundsätze alle meine Probleme lösen würden. Seitdem bin ich zu einer zufriedeneren und – wie ich hoffe – auch nützlicheren Lebensweise gelangt. Meine frühere Lebensart war auf keinen Fall schlecht, aber die schönsten Augenblicke von damals würde ich nicht gegen die schlechtesten von heute eintauschen wollen. Ich möchte nicht dahin zurück, selbst wenn ich könnte.“

Die Geschichte von Fred spricht bei allen Lesern für sich selbst, die an Alkoholmissbrauch leiden. So hoffen wir, dass sie bei weltweit einigen Milliarden Menschen, die diese Substanz missbräuchlich verwenden, auch ankommen mag. Zumindest bei all jenen von ihnen, denen es mit dieser oder irgendeiner anderen Substanz ähnlich erging, vor allem ähnlich in Bezug auf die Unwissenheit über ihre besonderen Bedürfnisse durch ihre Veranlagung mit Hochsensibilität.

Fred hatte nur den Anfang der Talfahrt erlebt. Doch viele von uns waren noch viel tiefer gesunken, bevor sie wirklich anfangen konnten, ihre Probleme zu lösen, indem sie sich voll und ganz auf die Entwicklung ihrer Begabung einließen.

Viele Psychiater, Psychologen, Ärzte und Wissenschaftler stimmen mittlerweile mit unserer Ansicht überein, dass die aussichtlose Lage von Hochsensiblen auf der ganzen Welt erkennen lässt, dass die vorherrschende Flut von Informationen und Reizen das – für einen natürlichen Organismus wie den menschlichen – allgemein erträgliche Maß, bereits überschritten hat. Sie pflichten uns bei, dass Krankheiten lediglich als Stationen in einem umfangreichen, natürlichen Regenerationsprozess zu begreifen sind. Viele von uns waren dermaßen hoffnungslose Fälle, denen allem Anschein nach nur noch „Gott" helfen konnte. Obwohl viele von uns keine religiösen Menschen waren, haben sie durch die Erkenntnis über Spiritualität als siebten Sinn und bewusst gelebte Hochsensibilität als deren Schutzeinrichtung, einen liebevollen Umgang mit sich selbst und anderen gelernt.

Im Vertrauen auf Spiritualität als Geschenk einer sinngebenden Schöpfung haben wir neuen Mut gewonnen und daraus Kraft geschöpft, uns selbst und anderen zur Genesung verhelfen zu wollen, fern jeder Sekte, Religion, Konfession, Partei, Organisation oder Institution.

Durch Einsicht, mit dem Fokus auf unsere Veranlagung

als von Natur gegebenen Sinn, wurde es uns möglich, die eigene Spiritualität als unversiegbare Quelle und Ursache für Heilung wiederzuentdecken. Wir erkannten, dass in Zeiten der Reizüberflutung keiner von uns einen wirksamen geistigen Filter als Schutz gegen Schädigungen aller Art hatte, außer ein momentanes Wachbewusstsein.

So haben wir auch erkennen dürfen, dass kein einziger Mensch ein anderes menschliches Wesen zu Einsicht, Bewusstwerdung und Sinnbewusstsein zwingen kann. Jemand, dem die Voraussetzungen dafür in die Wiege gelegt wurden, kann diese Instanz nur für sich selbst empfinden lernen. Jenen, die sie nicht mitgegeben wurde, brauchen sie auch nicht zu entdecken. Die Verantwortung liegt allein bei den Hochsensiblen, allen mit einer natürlichen Lebensweise voranzugehen. Erst dann wird ihnen das Ansehen und die Aufmerksamkeit der Mehrheit wieder als empfindbares Zeichen von Nächstenliebe zuteilwerden. Ja, erst dann kommt uns dieses Geschenk der Schöpfung als natürliche Schutzeinrichtung zugute.

Im Vertrauen auf Hochsensibilität als sinnvolle Begabung des Menschen haben wir bei uns selbst den Anfang gewagt. Was wir aus all den unterschiedlichen Lebens- und Leidensgeschichten von uns und unseren Mitmenschen gelernt haben, ist, dass, wenn uns erst einmal eine Krankheit aufgrund der Missachtung und Unwissenheit über unsere Hochsensibilität erwachsen war, nur mehr die Zuwendung zu unserer Spiritualität aus den Fängen der Krankheit erlösen konnte.

Die Folgen unserer Empfindlichkeit dienten uns als Wegweiser zu uns selbst, und unser Schicksal schien uns als Angebot der Natur zu sein, um das Leben von da an als empfindsame Wesen zu gehen, und unseren Teil zu einem friedfertig lebenden Miteinander aller Geschöpfe beizutragen. Wir wollten Hochsensibilität nicht länger als wissenschaftlichem Phänomen nur willkürlich Glauben schenken, sondern erkannten darin vielmehr ein dem Selbstschutz dienendes Filtersystem, das uns von nun an unter dem Licht neuen Bewusstseins als Quelle einer gesunden und natürlichen Lebenseinstellung dienen sollte.

Wenn die Wissenschaft vom Menschen bestimmt ist, zumeist als auswegloser Versuch, sich selbst zu erklären, dann kann auch Spiritualität uns als empfindbares Zeichen eines verstandesmäßig begreiflichen Sinnes zu unserer eigentlichen Bestimmung als Mensch zurückführen. In diesem Sinne hörten wir damit auf, uns an die Errungenschaften des Intellekts zu klammern, um in diesem wackeligen Turm von fadenscheinigen Erklärungen Sicherheit zu finden. Vielmehr richteten wir die Konzentration auf die Quelle unserer inneren Werte und durften dadurch der unüberschaubaren Kompliziertheit des Menschen auf der Suche nach sich selbst ein Ende setzen.

Jeder von uns ist der Anfang einer neuen Lebensgeschichte, in dessen Wesen sich das *Not-wendige* durchgesetzt hat. Mit der Begeisterung für unsere Hochsensibilität haben wir die Verkettung aller Umstände natürlichen Lebens zu durchschauen gelernt. Aus dem Empfinden bewusst gelebter Selbstliebe heraus wollen wir seitdem Brücken bauen und Pionierarbeit leisten, auch wenn wir selbst und die vor uns geborenen Generationen vielerorts zum Scheitern verurteilt waren und dadurch ihre Hochsinnigkeit zum schambehafteten Makel der menschlichen Art wurde. Wir sind allesamt Menschen, die aus den eigenen Fehlern ihrer Unwissenheit gelernt haben, und aus Bewusstseinsbildung und Schuldbekenntnis in Bezug auf das eigene Fehlverhalten Wiedergutmachung leisten wollen. An uns selbst, an unseren Mitmenschen und in unserer Umwelt. Wir hörten damit auf, in einem psychologisch konstruierten Geisteszustand zu existieren und begannen damit, uns wieder auf das Wesentliche in Menschen und Natur zu konzentrieren.

Kapitel Vier

Wir Agnostiker und Atheisten

In den vorhergehenden Kapiteln hast du einiges über Hochsensibilität, Vulnerabilität, Resilienz und Suchtkrankheit erfahren. Wir hoffen, dass wir den Unterschied zwischen einem Hochsensiblen und einem Nichthochsensiblen klargemacht haben. Wenn du konkret feststellen möchtest, ob du zur Gruppe der Hochsensiblen gehörst, kannst du womöglich durch die Auswertung des HSP-Tests von Dr. Elaine N. Aron mehr Klarheit und Gewissheit darüber erlangen.

Um konkrete Anhaltspunkte für Hochsensibilität zu erhalten, hat sie einen einfachen Fragebogen zusammengestellt. Dabei solltest du jedoch darauf achten, dass du auch an die Zeit deiner Kindheit denkst, bevor du noch damit begonnen hattest, dein die Hochsensibilität verleugnendes Verhalten zu trainieren. Bei Unsicherheiten kannst du auch jemanden fragen, der glaubt, dich gut zu kennen. *Wichtig ist auch, dass du nicht gleich ein einziges Nein als „ich bin es nicht" deutest, sondern dass du das Gleichnis – wenn auch nur in einem Punkt – für deine Einschätzung als Grundlage zur Entwicklung von Hochsensibilität heranziehst.* Einige der Fragen möchten wir an dieser Stelle als

Anregung und Impuls anführen. Mach dort, wo die Aussage zutrifft, einfach ein Kreuz in den Kreis:

- ❍ Bist du leicht durch starke sensorische Einflüsse überwältigt?
- ❍ Hast du eine Neigung, schmerzempfindlich zu sein, z. B. Zahnarzt, Spritze?
- ❍ Hast du ein reiches, komplexes Innenleben?
- ❍ Stören dich laute Geräusche, wenn du sie nicht kontrollieren kannst?
- ❍ Fühlst du dich oft nervlich erschöpft, sodass du dich auflösen möchtest?
- ❍ Erschreckst du leicht?
- ❍ Macht es dich nervös, viele Dinge in kurzer Zeit erledigen zu müssen?
- ❍ Nervt es dich, wenn Menschen zu viele Dinge gleichzeitig von dir wollen?
- ❍ Bemühst du dich sehr, alles richtig zu machen und nichts zu vergessen?
- ❍ Reizt es dich, wenn um dich herum viel los ist?
- ❍ Bringen dich Unregelmäßigkeit und Veränderung im Leben durcheinander?
- ❍ Empfindest du es als unangenehm, wenn zu viel auf einmal passiert?
- ❍ Stören dich intensive Reizmomente wie Laute oder chaotische Szenen?
- ❍ Hast du bei Konkurrenz o. Beobachtung Angst, schlechter zu sein als sonst?

Die Schwierigkeit an der Sache mit den herumschwirrenden Fragebögen ist leider, dass sich sehr viele von uns, die sich zwischenzeitlich als sehr ausgeprägt hochsensibel und spirituell veranlagte Menschen entpuppt haben, in den Lebensphasen von geistiger Umnachtung niemals als solche erkannt hätten. Das war auch der Grund, weshalb sie den Glauben in irgendeine göttliche Existenz abgelehnt und von der Abwesenheit einer Macht in der Außenwelt überzeugt waren. Dadurch hatten sie jedoch den meisten von uns den Vorteil gegenüber, dass sie dem Zentrum ihrer wesentlichen Begabung bereits näher gewesen waren. Dabei wurde uns klar, dass sich die Entwicklung spirituell und hochsensibel veranlagter Seelen fern jeder Religions- oder Konfessionszugehörigkeit immerzu an den natürlichen Prinzipien des Lebens orientiert. Und das war und ist eine gute Basis, sich selbst wiederzufinden.

So möchte dieses Buch auch all jenen dienen, die nicht erst den Weg einer Glaubensrichtung gehen mussten, um hernach durch neues Bewusstsein im Hafen ihrer Hochsensibilität einen Ankerplatz für Wohlbefinden und neue Lebensfreude zu finden. Wenn wir es einmal soweit geschafft hatten, ging es lediglich mehr darum, ob sich der Einzelne als kranker oder gesunder Hochsensibler oder Nichthochsensibler mit anderen Menschen darüber austauschen wollte. Dieses Problem von Differenzierung durften wir lösen, indem wir uns das einheitliche Ziel aller Zwölf-Schritte-Gruppen vor Augen führten: *Einheit – Dienst – Genesung*. Was auf unsere Erkenntnisse umgemünzt so viel bedeutet, wie sich als Menschheit im Dienst der Schöpfung auf *einen* gemeinsamen Weg der Genesung zu machen.

Wenn du öfter mal das Gefühl hast, dein Leben mehr schlecht den recht meistern zu können, dann bist du wahrscheinlich ein Betroffener. Wenn das der Fall ist, leidest du möglicherweise unter den Folgen der Unwissenheit über deine Hochsensibilität, was sich unserer Ansicht nach nur durch ein geistiges Erwachen und eine gelassene Herangehensweise zum Positiven verändern kann.

Wir Agnostiker waren uns ein Leben lang unsicher, ob es einen „*Gott*“ oder sogar mehrere Götter gibt. Viele Agnostiker haben lange über diese Frage nachgedacht. Die meisten sind zu dem Ergebnis gekommen, dass sie auf ihre Frage nach einem oder mehreren Schöpfern der Welt oder anderen höheren Wesen niemals eine Antwort finden würden. Viele von uns wurden deshalb krank oder suchten weiterhin verbissen danach, irgendwo da draußen in den Weiten des Weltalls irgendwelche Zeichen von Leben zu finden.

Für einen, der sich als Atheist oder Agnostiker fühlt, scheint eine spirituelle Erfahrung unmöglich zu sein. Wenn er bei dieser Meinung bleibt, bedeutet das seinen Untergang, besonders dann, wenn er die Hochsensibilität als besonderes Schutzprinzip und Spiritualität nicht als von Natur gegebenen Sinn anzunehmen lernt. Das ist auch der Grund, warum es Agnostiker oder Atheisten gibt: sie ahnten schon jeher, dass die Quelle jener Eigenschaften, die manchen Menschen von Natur her in die Wiege gelegt scheint, nicht außen zu finden sein könnte. Dennoch ist es wesentlich, dass sie sich auf ihre eigene Spiritualität bewusst besinnen, auch wenn die Entscheidung zwischen weiterem Selbstversagen oder einem Leben auf spiritueller Grundlage in den seltensten Fällen leicht zu treffen ist. Was dabei helfen kann ist Psychoedukation als Versuch, die Hochsensibilität als Essenz von natur- und geisteswissenschaftlichen Fakten dem Sinn entsprechend nach so zu übersetzen, dass sie zum Schutz des menschlichen Organismus dient, wenngleich sie auch nicht allen Menschen innewohnt oder gleich zugänglich erscheint.

Ab diesem Zeitpunkt ist es einfacher denn je, uns den wesentlichen Sinn und Hochsensibilität als Schutzeinrichtung wieder ins Zentrum unseres Bewusstseins zu rufen und diesen Instanzen die notwendige Aufmerksamkeit und das erforderliche Ansehen zu schenken.

Zu Anfang gehörte etwa die Hälfte aller Freunde zu eben dieser Gruppierung. Einige von uns versuchten zunächst, die Entscheidung zu umgehen. Wider besseres Wissen hofften wir, keine Hochsensiblen zu sein. Aus den einfachen Gründen, dass wir darunter einerseits die übermäßige Verwundbarkeit verstanden und uns andererseits dafür als vermeintliche Schwächlinge zu schämen gelernt hatten. Ab einem gewissen Zeitpunkt hatten wir eine spirituelle Lebensgrundlage zu finden – oder es war aus.

Vermutlich wird es dir auch so ergehen. Kopf hoch! Der Zwang nach Selbstverwirklichung wird dem Bedürfnis nach Selbstempfindsamkeit weichen. Ungefähr die Hälfte von uns glaubt, Atheist oder Agnostiker zu sein, und viele von uns definieren sich auch heute noch als Nichthochsensible. Unsere Erfahrung zeigt, dass sie beim Vorliegen einer Krankheit nicht zu verzagen brauchen.

Wenn lediglich Anstandsregeln oder eine bessere Lebensphilosophie genügen würden, mit Erkrankungen und Vulnerabilität fertig zu werden, wären viele von uns, vor allem die Süchtigen, wieder genesen. Es war eine Gnade erkennen zu dürfen, dass solche Regeln und Philosophien uns nicht retten konnten, wie auch immer wir es versuchten. Wir konnten uns noch so sehr wünschen, moralisch zu sein und in der Philosophie Trost zu finden; Tatsache war, wir konnten das mit ganzer Macht wollen, aber die *not-wendige* Kraft war nicht da. Unsere geistigen und physiologischen, ja unsere vom Willen beherrschten menschlichen Kraftquellen, reichten nicht aus, sie versagten vollkommen.

Mangel an Kraft und gefühlte Unvollkommenheit, das war unser Dilemma. Wir hatten eine Kraft zu finden, durch die wir leben konnten – und es hatte *eine Macht, größer als wir selbst,* zu sein. Aber wo und wie sollten wir diese Kraft finden?

Darum geht es in diesem Buch. Sein wichtigstes Anliegen ist, dich eine Kraftquelle finden zu lassen, die mächtiger ist als dein Ego und die deine Probleme lösen wird. Das heißt, wir haben ein Buch geschrieben, von dem wir annehmen, dass es sowohl einen spirituellen als auch einen moralischen Anspruch hat. Und das bedeutet selbstverständlich auch, dass wir über *„Gott und die Welt"* im wesentlichen Sinn ihrer Bedeutung sprechen werden. Dabei ergeben sich für die Agnostiker und Atheisten Schwierigkeiten. Oft sprechen wir mit einem neuen Freund und erleben, wie seine Hoffnung wächst, während wir über seine Probleme als Hochsensible sprechen und ihm von unserer Gemeinschaft erzählen. Aber sein Gesicht wird lang, wenn wir von spirituellen Angelegenheiten reden, besonders dann, wenn wir das Wort *„Gott"* erwähnen. Wir haben etwas auf den Tisch gebracht, von dem unser Freund glaubt, er hätte es geschickt umgangen oder völlig ignorieren können.

Wir können es ihm nachempfinden, weil wir als Hochsensible auch empathisch veranlagt sind. An dieser Stelle sollten wir uns auch bemühen, mitfühlend zu sein. Was dir dabei helfen kann, ist, an die Stelle des Wortes *„Gott"* einfach den Begriff *„Hochsensibilität"* zu setzen.

Auch wir hatten diese tiefsinnigen Zweifel und Vorurteile. Einige von uns waren antireligiös eingestellt oder reagierten sogar extremistisch in Bezug auf Menschen, die eine andere Anschauung von *„Gott"* vertraten als sie selbst. In anderen wiederum rief das Wort *„Gott"* eine Vorstellung wach, mit der jemand versucht hatte, sie während ihrer Kindheit zu beeindrucken, zu beeinflussen oder zu maßregeln. Vielleicht lehnten wir diese bestimmte Vorstellung genau deshalb ab, weil sie uns aufgrund unserer ersten Erfahrungen unzugänglich und sogar widerwärtig erschien. Wir bildeten uns ein, dass wir mit dieser Zurückweisung den *„Gottesgedanken"* völlig aufgegeben hätten. Uns beunruhigte und verstimmte die Idee, dass der Glaube und die Abhängigkeit von einer Macht, wie sie uns von Religionen und deren Anführern als im *Jenseits* befindlich Glauben gemacht werden wollte, etwas Schwaches oder gar Feiges wären. So erwuchs uns die Hochsensibilität zur eigenen Unzulänglichkeit. Jede ihrer doch so wundervollen Eigenschaften, Wesenszüge und Fähigkeiten wurden uns zu einer Art Hinderungsgrund für tiefsinnige Entwicklung. *„Gott"* und seine Ikonen erwuchsen uns in ihrer veranschaulichen Form zur religiösen Zwangsgewalt. Wir schauten mit tiefem Misstrauen auf diese Welt voller streitender Menschen, verheerender Machtsysteme, sich bekriegender Glaubensrichtungen und bemitleidenswertem Elend. Oftmals empfanden wir es so, als ob wir das Leid dieser Welt auf den eigenen Schultern ertragen müssten. Argwöhnisch betrachteten wir jene, die von sich behaupteten, gläubig zu sein. Wie konnte ein höheres Wesen *überhaupt* existieren, mit all dem, was der Mensch im Glauben an es zu tun vermochte? Hätte ein *lebendiger „Gott" überhaupt* mit solchen Kreaturen, wie wir welche waren, etwas zu tun haben wollen? Und wer konnte ein höheres Wesen *über-haupt* begreifen?

Und dennoch empfanden wir uns in bestimmten Momenten, etwa wenn wir von einer sternenklaren Nacht beeindruckt, vom Anblick der natürlichen Schönheit ergriffen waren, in den Worten eines stillen Gedanken wieder: *„Wer hat das alles geschaffen?“*

Gefühle von tiefreichender Dankbarkeit und Anmut durchfluteten uns. Dennoch waren solche Augenblicke nur flüchtig und auch schon bald wieder vergessen.

Ja, das waren die Gedanken und Erfahrungen von uns Agnostikern und Atheisten. Doch wir können dich schnell beruhigen. Sobald wir die Vorurteile überwinden und unsere Bereitschaft ausdrücken konnten, an *Hochsensibilität als eine Macht, größer als wir selbst*, zu glauben, kamen wir vorwärts, obwohl es uns allen unmöglich war, diese Macht, die uns *„Gott“* zu sein schien, umfassend zu erklären oder zu verstehen. Seit langen Zeiten wollte die Menschheit wissen, ob es eine kosmische Ordnung und eine höhere Intelligenz gibt, die wir *„Gott“* nennen. Für früher geborene Völker aller Kulturen war die Existenz ihres *„Gottes“* real, eben nur so real, wie sie einen solchen mit ihrem tieferliegenden Sinn empfinden konnten. Für die Agnostiker und Atheisten unter uns stand sie jedoch immerzu außerhalb jeglichen Verständnisses. *Durch die Begrifflichkeit der Hochsensibilität dürfen und können wir sie uns schlussendlich im naturwissenschaftlichen Verständnis glaubhaft begreiflich machen.*

Sehr zu unserer Beruhigung entdeckten wir, dass wir die Vorstellung, die andere von einer göttlichen Instanz hatten, nicht zu teilen brauchten. Unsere eigene Interpretation und Erinnerung, so verschwommen und unzureichend sie anfangs auch gewesen sein mag, genügte, um ihr näherkommen und eine Verbindung zu ihr herstellen zu dürfen.

Sobald wir die mögliche Existenz einer schöpferischen Intelligenz, den Geist des Universums – als Grundlage des Lebens – anerkannten, bemächtigte sich unser ein neues Empfinden von Kraft und Führung, vorausgesetzt, dass wir auch sonst noch andere, einfache Schritte machten. Wir erkannten, dass diese Macht es denen, die sie suchten, nicht zu schwer machte. Für uns ist die Sphäre des Spirituellen weit, unermesslich, allumfassend; nicht abweisend, vorurteilend, bevormundend und nie verschlossen denen, die aufrichtig danach suchen. Auch wenn sie nicht von allen Menschen empfindbar scheint, so glauben wir, dass das Vertrauen und der Glaube in Sie dennoch für alle offen steht.

Wenn wir also mit dir über *„Gott"* sprechen, meinen wir darunter deine eigene Empfindung von Ihm, niemals irgendeine konkrete Vorstellung. Denn jede Art der Vorstellung könnte womöglich schon dazu führen, dass sich dadurch der natürlichen Entwicklung deiner Hochsensibilität wieder nur eine Figur in den Weg stellt, also deinem wirklichen Begeisterungsvermögen und Potenzial *vorstellt*.

An dieser Stelle sei auch noch erklärt, dass *„Gott"* ursprünglich einer Hieroglyphe, dem sogenannten Henkelkreuz oder Anch, als Versuch einer bildhaft symbolischen Darstellung eines Menschen, entspringt. Eines Menschen, der seine Arme von sich streckt. Es setzt sich aus den Wortstämmen *Anch, Lot, Iku und Ot* zusammen und bedeutet dem Sinn nach so viel wie: *Das geerbte Wissen als Herausforderung anzusehen und sich selbst entdecken zu wollen, die darin enthaltene Essenz des Wesentlichen freizusetzen, um es weitergeben zu dürfen.* Dem Zwecke nach steht *„Gott"* also als sprachliche Formulierung dafür, sich *die Kreuzung von Spiritualität und Menschlichkeit im Wesentlichen* durch einen Begriff verstandesmäßig fassbar zu machen. In der Mythologie des alten Orients symbolisiert das Taukreuz diese Erkenntnis menschlicher Vollendung. Wir in unserem Sprachverständnis benutzen dafür eben einmal das Wort „*Hochsensibilität*". Die Zeit ist reif, Licht ins Dunkel zu bringen, indem wir damit beginnen, unseren bislang im Verborgenen gehaltenen Sinnreichtum zu entfalten.

Wenn du das begreifen kannst oder, besser gesagt, empfinden möchtest, dann bist du auf dem besten Weg, dich selbst zu finden. Dieses Buch möchte dich darauf hinweisen, dass dein Leben selbst dich dazu veranlassen möchte, eine Höhere Macht nicht länger außen zu suchen, sondern diese in dir selbst empfindbar zu machen. So wie jeder von uns es selbst lernen durfte. Weil wir dies jedoch aus Unwissenheit nicht erkennen konnten, lebten viele von uns ihr Leben in Übermut, Hochmut, Verzweiflung, Sinnverlorenheit, innerer Desorientierung und Sühne. Darum wollen wir dir hier unsere persönlichen Zugänge eröffnen und dir die eigenen Erlebnisse zugänglich machen, durch die du die Botschaften und Lehren unserer lebenden und gewesenen Artgenossen als sinnreiche Erkenntnisse neu einsehen und sie für deine eigene Entwicklung bewusst einsetzen kannst.

So wie im Fall des „*Gottes Wort*" trifft das auch auf andere religiöse Ausdrücke in diesem Buch zu. Bitte lass dich nicht länger davon täuschen oder abbringen, deine Entwicklung und Entfaltung voranzutreiben. Auch wenn du Vorurteile gegen religiöse Formulierungen hast, lass dich dadurch nicht davon abhalten, ehrlich zu hinterfragen, was der jeweilige Begriff in seiner Definition zu bedeuten hat, und andererseits offenherzig danach zu reflektieren, was er für dich persönlich im Wesentlichen bedeutet.

Uns genügte das zunächst, um dem Sinn in unserem Leben schrittweise näherzukommen und mit der Entwicklung unserer Hochsensibilität zu beginnen. Damit konnten wir unsere erste bewusste Verbindung zu *„Gott, wie wir Ihn empfanden“* herstellen. Später ertappten wir uns dabei, dass wir viele Dinge akzeptierten, die vorher völlig außerhalb unserer Reichweite zu sein schienen. Das war Wachstum; wenn wir uns entfalten wollten, sollten wir an irgendeiner Stelle anfangen. Und weil wir uns die längste Zeit unseres Lebens vorne und hinten nicht auskannten, begannen wir ganz einfach in der Mitte. So gebrauchten wir unsere eigene Sichtweise, wie unvollkommen sie auch gewesen sein mag.

Wir brauchten uns nur eine kurze Frage zu stellen: *„Glaube ich oder bin ich zumindest bereit zu glauben, dass es eine Macht gibt, die größer ist als mein Ego?“* Sobald einer von sich sagen kann, dass er das glaubt oder bereit ist zu glauben, versichern wir ihm hoch und heilig, dass er auf dem Weg der Genesung ist. Es hat sich bei uns wiederholt erwiesen, dass auf dieser einfachen Basis ein wunderbarer Aufbau errichtet werden kann. *(vgl. Anhang Fünf „Die spirituelle Erfahrung“)*

Das waren großartige Neuigkeiten für uns, denn wir hatten gemeint, wir könnten uns keine spirituellen Grundsätze zu eigen machen, ehe wir nicht viele Glaubensdinge akzeptierten, die uns unannehmbar erschienen. Wenn andere uns ihre spirituelle Auffassung nahebrachten, wie oft sagten wir uns dann insgeheim: *„Hätte ich bloß, was er hat! Ich bin sicher, es würde klappen, wenn ich nur so glauben könnte wie er. Aber ich kann die vielen Glaubens-*

artikel, die für ihn so klar sind, nicht als ganze Wahrheit annehmen.“ Musst du auch nicht, weil wir heute wissen, dass dies aufgrund fehlender Erkenntnisse keinem Einzigen von uns möglich zu sein schien.

So ist es tröstlich zu erfahren, dass wir dennoch als Einheit auf einer viel einfacheren Ebene anfangen konnten. Denn auch wenn wir an einer Vorsehung zweifeln oder „*Gott*“ aus unserem Leben verbannt haben: Gewiss ist es schon ein angenehmeres Leben, wenn wir unsere Sehnsüchte zum Stillstand bringen, allerlei Krankheiten durch Medizin heilen und einfach in alter Manier, mit dem einzigen Unterschied, dabei körperlich gesund zu sein, durch den Tag leben.

Aber die augenscheinlichen Umstände weisen eindeutig darauf hin, dass die Erfüllung eines egoistischen, individualistischen Selbstzwecks nicht unserer wesentlichen Bestimmung im Hinblick auf eine schöpferische Gesamtheit, auf ein universelles Kollektiv, entsprechen kann. Und was war und ist denn mit den Erkenntnissen, die wir von Menschen in Rauschzuständen kennen? Sind bekanntlich nicht Menschen, die vom Leben offensichtlich gebrochen zu sein schienen, dadurch der Wirklichkeit ein Stück weit nähergekommen, als all jene von uns, denen dieses Tor als Chance zur Selbsteinsicht verwehrt geblieben war?

Wir sind abseits all unserer unterschiedlichsten Glaubensbekenntnisse und Weltanschauungen zur Einsicht gelangt, dass wir als Einheit Mensch noch heute damit beginnen müssen, uns der Empfindsamkeit und Verträglichkeit allen natürlichen Lebens angemessen zu verhalten. Und bis das so weit ist, gilt es für jeden Einzelnen von uns, daran zu arbeiten. Wenn wir uns bemühen, können wir das erreichen. Abgesehen davon, ob der Einzelne diesen Zustand absoluter Harmonie dann zum gegebenen Zeitpunkt in vollem Bewusstsein erleben darf oder nicht: Sein Einsatz und sein Engagement werden zumindest jenen Generationen im Geiste wertschätzender Erinnerung erhalten bleiben, denen er durch seinen Mut zur Veränderung gegenüber Verantwortung gezeigt hat. Es ist die Verpflichtung all jenen Generationen gegenüber, die uns noch folgen werden. Daher zunächst zurück zu unseren Anfängen.

Abgesehen von unserer offensichtlichen Unfähigkeit, vieles auf Treu und Glauben anzuerkennen, standen uns oft Eigensinn, Überempfindlichkeit und unbedachtes Vorurteil im Weg. Viele von uns waren so gereizt und empfindlich, dass sogar eine beiläufige Erwähnung geistlicher Belange sie sofort in Angriffslaune und Harnisch brachte. Diese Denkweise hatten wir aufzugeben, wollten wir leben. Obwohl sich einige von uns sträubten, gab es keine großen Schwierigkeiten, solche Gefühle über Bord zu werfen. Angesichts dessen, was unser empfundenes Leid angerichtet hatte, waren wir bald spirituellen Dingen gegenüber so aufgeschlossen, wie wir es anderen Dingen gegenüber schon immer sein konnten. In dieser Hinsicht trug schwere Krankheit eine große Überzeugungskraft in sich, die sogar die Starrsinnigsten und Hartnäckigsten von uns eines Besseren belehren konnte. Sie hatten uns im wahrsten Sinn des Wortes gezeigt, *„wo Gott wohnt“*, und zwangen uns schließlich zu vernünftigem Denken. Manchmal war das ein langwieriger Vorgang; wir hoffen nur, dass niemand anderer so lange voller Vorurteile ist, wie es einige von uns glaubten, sein zu müssen.

Der Leser mag immer noch fragen, warum er an eine Macht, größer als er selbst, glauben soll. Wir meinen, dass es gute Gründe dafür gibt. Einige davon wollen wir uns einmal ansehen: Der praktische Mensch von heute pocht auf Fakten und Resultate. Gleichwohl akzeptiert das Moderne bereitwillig alle möglichen Theorien, wenn sie nur auf Fakten gegründet sind. Beispielsweise gibt es zahlreiche Theorien über Elektrizität und andere Energieformen, an denen niemand auch nur annähernd zweifelt. Warum diese Bereitwilligkeit? Weil wir eigentlich nicht erklären können, was geschieht, wenn wir am Schalter drehen, obwohl wir sensorisch wahrnehmen, dass etwas damit veranlasst wird. Vor allem auch was.

Heutzutage vertraut jeder in vielerlei Hinsicht dem Augenschein, ohne dass es für alles eines sichtbaren Beweises bedarf. Doch zeigt die Wissenschaft nicht zugleich, dass der sichtbare Beweis zugleich der schwächste ist? Ständig zeigt sich bei Erforschung der materiellen Welt, dass der äußere Anschein nicht der inneren Wirklichkeit entspricht. Dafür ein Beispiel:

Der einfache Stahlträger besteht aus einer großen Anzahl von Elektronen, die mit unheimlicher Geschwindigkeit umeinander wirbeln. Diese winzigen Körper gehorchen genauen Gesetzen, die für die ganze materielle Welt gültig sind. Die Wissenschaft lehrt uns. Wir haben keinen Grund, daran zu zweifeln. Wenn uns jedoch die vollkommene logische Annahme präsentiert wird, dass es hinter der materiellen Welt und dem materiellen Leben, so wie wir es sehen, eine allmächtige, führende, schöpferische Intelligenz gibt, meldet sich in uns sofort Widerspruch. Wir gehen emsig daran, uns zu beweisen, dass es nicht so ist. Wir lesen dicke Bücher und ergehen uns in windigen Streitereien, in der Annahme, das Universum brauche keinen „*Gott*“ zu seiner Erklärung. Wären unsere Behauptungen wahr, so würde sich daraus ergeben, dass alles Lebendige aus dem Nichts entstand, es keine tiefere Bedeutung hat und im Nichts endet.

Anstatt uns selbst als intelligente Einheit „*Gottes*“ einer sich immer weiter entwickelnden Schöpfung zu betrachten, wollten wir Agnostiker und Atheisten glauben, dass unser menschlicher Intellekt das letzte Wort, das A und O, der Anfang und das Ende von allem war. Ziemlich anmaßend und überheblich, nicht wahr?

Wir, die wir diesen unsicheren Pfad gegangen sind, bitten dich, alle Vorurteile außen vor zu lassen, sogar die gegen die bestehenden Religionen. Wie auch immer die menschlichen Unzulänglichkeiten der verschiedenen Religionen sein mögen, aus Erfahrung wissen wir, dass der Glaube Millionen von Menschen Sinn und Richtung gegeben hat. Gläubige Menschen haben eine schlüssige Vorstellung, worum es im Leben geht. Wir hatten überhaupt keine. Wir machten uns einen Spaß daraus, religiöse Überzeugungen und Praktiken anderer in spöttischer und höhnischer Weise zu zerpflücken. Dabei haben wir nicht zur Kenntnis genommen, dass viele spirituell gesinnte Menschen aller Rassen, Hautfarben und Bekenntnisse einen Grad von Stabilität, Zufriedenheit und Nützlichkeit zeigten, den wir selbst besser hätten anstreben sollen.

Stattdessen sahen wir die Schwächen dieser Leute – und manchmal benutzten wir ihre Unzulänglichkeiten als Grund für Pauschalverurteilungen. Wir sprachen von Intoleranz, waren aber selbst intolerant. Uns entgingen die Wirklichkeit und Schönheit des Waldes, weil wir uns an der vermeintlichen Hässlichkeit einiger seiner Bäume stießen. Nie schenkten wir der spirituellen und hochsensiblen Seite des Lebens ein freies Geleit. Weil wir selbst gelernt hatten, die sensiblen Eigenschaften unserer Gesamtheit als hässlich zu empfinden. Wenn wir unsere Lebensgeschichten erzählen, ergibt es sich, dass wir uns auf unterschiedlichen Wegen dem Glauben an die Macht genähert und uns nach und nach als Hochsensible entpuppt haben, als menschliche Ausformulierung genau dieser spirituellen Macht, die größer ist als wir selbst. Ob uns ein gewisser Weg oder eine Vorstellung zusagt, macht dabei kaum einen Unterschied. Die Erfahrung hat uns gelehrt, dass wir uns über den Weg nicht zu sorgen brauchen, wenn wir nur das Ziel im Auge behalten. Mit diesem Buch und den darin nachempfindbaren Erkenntnissen sind das Fragen, die jeder Einzelne von nun an für sich selbst beantworten kann.

So durften auch wir uns alle in einem Punkt auffallend einig werden. Jeder Einzelne hat Zugang gefunden zu einer Macht in sich, größer als er selbst, und das Wundervollste daran: er glaubt an Sie. Wir entdeckten diese Macht in unserer Hochsensibilität, und Sie hat in jedem Fall das Wunderbare, das menschlich Unmögliche, vollbracht. Wie es ein berühmter amerikanischer Staatsmann ausdrückte: „*Das Ergebnis zählt*."

Hier ist die Rede von weltweit Milliarden von Menschen, die mitten im Leben stehen und bislang nichts von ihrem Glück wissen. Ihrer Begabung stellt Risikofaktor und Heilungspotenzial zugleich dar. Wir Leidgeprüften als lediglich ein kleiner Teil von ihnen bekennen freimütig, dass, seit wir begonnen haben, an eine Höhere Macht zu glauben, seit wir eine bestimmte Einstellung zu dieser Macht haben und einige ganz einfache Dinge tun, in unserer Art zu leben und zu denken, ein Bewusstseinswandel stattfand. Zusammenbruch und Verzweiflung vor Augen und angesichts des totalen Verfalls ihres Menschseins, fanden wir eine neue Macht, fanden Frieden, Glück und einen neuen Lebenssinn: *unsere Spiritualität als siebten Sinn*. Das geschah bald, nachdem wir ganzen Herzens einige einfache Bedingungen erfüllt haben. Vor allem aber, dass wir unsere Hochsensibilität als Schutzmechanismus erkannt haben und bereit wurden, ihre Eigenschaften zu sensibilisieren und entwickeln.

Einst durcheinander und verwirrt durch die scheinbare Sinnverlorenheit ihrer Existenz, sind sie heute ein Beweis für die tieferliegenden Gründe, warum sie sich im Leben so schwertaten. Sie zeigen auf, wie die Verwandlung – die Entfaltung – über sie gekommen ist. Wenn viele Tausende sagen können, dass das Bewusstsein über ihre Hochsensibilität und der ihr zugrunde liegenden Spiritualität als sichtbares Zeichen der *„Gegenwart Gottes“* heute die wesentlichste Tatsache in ihrem Leben ist, dann ist jeder von ihnen ein überzeugender Grund, dass man ihnen Glauben schenken sollte. Oder besser gesagt, dass der Hochsensible sich selbst wieder Glauben schenken sollte. Sie selbst gelten als menschliche Beispiele derer, die den Lichtschalter in sich betätigt haben, damit das Licht ihres Lebens von innen heraus für uns alle sichtbar wird. Die Antwort auf die Frage, wer oder was nun die Energiequelle zwischen Ursache und Wirkung dieses Prozesses war oder ist, darfst du an dieser Stelle in dir selbst suchen und finden.

Unsere Art hat in den letzten hundert Jahren mehr materiellen und technologischen Fortschritt erreicht als in den Tausenden von Jahren davor. Die Gründe dafür sind allgemein bekannt. Historiker, die sich mit der Geschichte des Altertums beschäftigen, sagen uns, dass die Menschen jener Tage so intelligent waren wie die Besten von heute. Dennoch war der materielle Fortschritt in früherer Zeit äußerst langsam. Der Geist moderner wissenschaftlicher

Untersuchungen, Forschungen und Erfindungen war nahezu unbekannt. Im materiellen Bereich war der menschliche Geist gefesselt durch Aberglauben, Tradition, Dogmen und vielerlei fixe Ideen. Zeitgenossen von Columbus war die Vorstellung einer runden Erde geradezu absurd. Andere wieder hätten Galilei fast hingerichtet wegen seiner astronomischen Ketzerei.

Wir fragten uns Folgendes: Sind nicht einige von uns genauso voreingenommen und unvernünftig in spirituellen Dingen, wie es unsere Vorfahren in materiellen Dingen waren? Selbst vor noch nicht allzu langer Zeit hatten amerikanische Zeitungen Angst, den Bericht über den ersten erfolgreichen Flug der Gebrüder Wright bei Kitty Hawk zu drucken. Waren denn nicht alle Flugversuche zuvor fehlgeschlagen? Landete nicht Professor Langleys Flugmaschine auf dem Grunde des Potomac-Flusses? War es nicht so, dass die besten mathematisch begabten Gehirne bewiesen hatten, dass der Mensch niemals würde fliegen können? Hatten die Menschen nicht gesagt, dass *„Gott"* dieses Vorrecht den Vögeln vorbehalten hätte? Nur dreißig Jahre später war die Eroberung der Luft fast eine alte Geschichte, und Flugreisen waren eine Selbstverständlichkeit. Mit Errungenschaften wie dem Telefon, der Television, dem Internet und der drahtlosen Kommunikation verhielt es sich ähnlich, wenn nicht noch rasanter fortschreitend.

Auf den meisten Gebieten hat unsere Generation eine totale Befreiung des Denkens miterlebt. Zeige einem Kind in der Schule auf dem Smartphone den Artikel über Pläne, ferne Galaxien zu erreichen, und es wird sagen: *„Wann geht es los?"* Ist es nicht bezeichnend für unser Zeitalter, mit welcher Leichtigkeit wir alte Ideen gegen neue austauschen und in welcher Geschwindigkeit wir bereit sind, unbrauchbar gewordene Theorien und Praktiken auszuwechseln gegen neue Erfindungen, die funktionieren?

Wir fragten uns, warum wir bei unseren wesentlichen Problemen nicht die gleiche Bereitschaft aufbringen konnten, unsere Ansicht zu ändern. Wir hatten Probleme mit zwischenmenschlichen Beziehungen, wir konnten unsere Gefühlswelt nicht kontrollieren. Wir waren eine Beute für Trübsal und Depressionen, wir konnten für unseren Lebensunterhalt nicht sorgen, wir hatten ein Gefühl der Nutzlosigkeit, wir waren voller Furcht, wir waren unglücklich, wir waren unzufrieden und ohne Zuversicht und Hoffnung. Es schien, dass wir keine echte Hilfe für andere Leute sein konnten. War nicht eine grundsätzliche Lösung dieser heillosen Irritationen schon längst überfällig und viel wichtiger als ein Filmbericht über den Mondflug? Selbstverständlich.

Als wir sahen, wie andere ihre Probleme durch einfaches Vertrauen auf den Geist des Universums lösten, hörten wir angesichts unseres eigenen, übermächtigen Missempfindens damit auf, die Hochsensibilität und Spiritualität als *„Zeichen, Hand und Stimme Gottes"* zu bezweifeln. Unsere Ideen versagten, doch die Idee dessen, was uns mit dem Wort *„Gott"* auszudrücken gelang, wirkte.

Der fast kindliche Glaube der Wright-Brüder, eine Maschine bauen zu können, die fliegt, war die Antriebskraft für das Gelingen. Ohne diesen Glauben wäre nichts erfolgt. Die Antriebskraft für das Gelingen unserer Entfaltung ist die Wiederentdeckung des kindlichen Vertrauens in jene Eigenschaften, die wir heutzutage mit dem Begriff der Hochsensibilität zu fassen imstande sind. Ohne dieses Vertrauen wird die Liebe versiegen und der Mensch von der Bildfläche der Schöpfung verschwinden. Ebenso wie alle

Errungenschaften und Erfindungen seines Intellekts. Wir Agnostiker und Atheisten hielten an dem Gedanken fest, dass wir aus eigener Kraft unsere Probleme lösen könnten. Als uns andere zeigten, dass die *„Macht Gottes“* in den Eigenschaften der Hochsensibilität und als Spiritualität in ihnen wirkt, kamen wir uns wie die Leute vor, die darauf bestanden hatten, dass die Wrights nie fliegen würden.

Logik ist eine große Sache, uns gefiel sie und gefällt sie noch. Nicht zufällig wurde uns die Kraft gegeben, logisch zu denken, die Kraft, die Wahrnehmung unserer Sinne zu überprüfen und Schlüsse zu ziehen. Das ist eine der großartigsten menschlichen Eigenschaften. Wir agnostisch Orientierten waren nicht zufrieden mit einer Lehre, die sich nicht vernünftig begreifen und deuten lässt. Wir hatten Schwierigkeiten, zu erklären, warum wir unseren jetzigen Glauben für vernünftig hielten, warum wir es für vernunftgemäßer und logischer ansahen zu glauben, als nicht zu glauben, warum wir sagen, dass unser früheres Denken unklar und verworren war, als wir unsere Hände im Zweifel erhoben und riefen: *„Wir wissen es nicht.“*

Heute wissen wir es, und dennoch mussten wir erst krank werden, am Boden zerstört und in unserer Empfindsamkeit verwüstet durch selbst herbeigeführte Krisen, als Opfer einer Veranlagung, die wir nicht hinauszögern und der wir nicht ausweichen konnten. Aus Scham im Boden versunken, waren wir dazu angehalten, uns furchtlos der Frage zu stellen, ob *„Gott“* alles ist oder ob Er nichts ist. Es gibt einen *„Gott“*, oder es gibt keinen. Welche Entscheidung sollten wir treffen? Die Antwort lautete: wir selbst sind es in keinem Fall, wenngleich auch seine Göttlichkeit in jedem von uns zu empfinden war.

An diesem Punkt angekommen, wurden wir unausweichlich vor die Glaubensfrage gestellt. Wir konnten uns weder an der Frage noch an der Antwort vorbeimogeln. Wir mussten lernen, *biologisch* zu denken. Einige von uns waren bereits auf der Brücke der Vernunft weiter zu dem ersehnten Ufer des Innermenschlichen gegangen. Die Umrisse und die Verheißungen des Neulands brachten Glanz in müde Augen und frischen Mut in erlahmte Seelen. Freundliche Hände streckten sich zum Willkommen entgegen. Wir waren dankbar, dass uns die Vernunft soweit geführt hatte. Aber irgendwie zögerten wir noch, das Ufer zu betreten. Wahrscheinlich hatten wir uns auf dieser letzten Meile zu sehr auf die Vernunft verlassen und wollten nur ungern diese Stütze aufgeben.

Das war nur verständlich, hatten wir doch seit Kindestagen gelernt, das Natürliche unserer Veranlagung zu verdrängen und verleugnen sowie uns unserer Empfindsamkeit als Makel einer Andersartigkeit gegenüber zu verschließen. Die alten Schatten unserer Kindheit drohten erneut aufzustehen, und so war es auch natürlich, dass wir etwas vorsichtiger darauf zugehen und nochmals intensiv darüber nachdenken wollten. Waren wir doch durch eine bestimmte Art von Einflussnahme und Missbrauch dorthin gebracht worden, wo wir jetzt standen. Wir hatten das Vertrauen in die Eigenschaften unserer Hochsensibilität verloren, und jetzt drohte uns auch der Verlust unserer Fähigkeit zu denken! War Denken nicht bereits eine Art von Glauben, aber… oder… aber… *Aber-Glauben?* Ja! Wir waren gläubig, kniefällig vor dem Götzen der intellektuellen Vernunft. Wie auch immer, wir entdeckten, dass der Glaube zu allen Zeiten Bestandteil unseres Lebens gewesen war. Jetzt war es endlich raus!

Wir entdeckten auch, dass wir Götzendiener gewesen waren und auf der Suche nach dem Licht einfach nur falschherum gestanden hatten. Und was für eine geistige Gänsehaut uns das beschert hatte! Hatten wir nicht, so oder so, Menschen, Gefühle, Dinge, Geld und uns selbst angebetet? Und dann, aus edlerem Beweggrund heraus, den Sonnenuntergang, den See, das Meer oder eine Blume andächtig betrachtet? Wer von uns hatte nicht irgendetwas oder irgendjemanden geliebt? Was hatten diese Gefühle, diese Liebe, diese Anbetung mit reiner Vernunft zu tun? Wenig oder gar nichts, wie wir endlich einsahen. Es war der leidige Versuch, die mit unserer Hochsensibilität zusammenhängende Zärtlichkeit im Alltag zu unterdrücken und sie vor anderen, ja sogar vor uns selbst, zu verbergen, zu verleugnen. Aus Angst und Scham, dafür als Schwächlinge und Weichlinge verspottet zu werden und deshalb auf der Strecke zu bleiben, nicht mit den Fortschritten unserer Zeit mithalten zu können. Ja, das war der Stoff, aus dem unser Leben geschneidert war. Bestimmten diese unterdrückten Gefühle schlussendlich nicht die Richtung unseres Daseins? Man konnte unmöglich sagen, wir hätten keine Fähigkeit zum Glauben, zur Liebe und zur Verehrung. In dieser oder jener Form hatten wir hauptsächlich aus dem Glauben gelebt.

Stell dir ein Leben ganz ohne Glauben vor. Gäbe es nur die reine Vernunft, wäre das kein Leben. Natürlich glaubten wir an die Erscheinungen des Lebens. Immerhin war es da, obgleich wir es nicht in dem Sinn fassen konnten, wie man begreifen kann, dass die kürzeste Entfernung zwischen zwei Punkten die Gerade ist. Konnten wir nach der ersten Gewissheit unserer Hochsensibilität, nach dem ersten Empfinden unserer Spiritualität, noch immer sagen, dass dies alles nichts anderes gewesen war als eine Anhäufung von Elektronen, aus dem Nichts entstanden, ohne Bedeutung, auf dem Weg ins Nichts? Natürlich konnten wir das nicht sagen. Selbst die Elektronen scheinen es besser zu wissen, jedenfalls nach Meinung der Physiker.

Also sahen wir, dass die Vernunft nicht alles ist. Außerdem ist der Verstand, wie er von den meisten von uns benutzt wird, nicht unbedingt zuverlässig, auch wenn er von den besten Köpfen stammt. Weil wir immer nur das sehen, worauf wir den Fokus und unser Ansehen richten. Und das wiederum hängt davon ab, wo unser Interesse liegt. Sozusagen wird es entweder durch innere oder äußere Reize erweckt. In Zeiten, in denen es dem Menschen innerweltlich gutgeht, ist sein Zustand ausgeglichen. Wenn es dem Menschen innerweltlich schlecht geht, richtet er das Interesse auf äußerc Werte. Was grundsätzlich gut ist, um sich in der Natur umzusehen, woran es im Inneren mangelt. Doch was, wenn es aus irgendeinem Grund von irgendwelchen Leuten für die Linderung der seelischen Schmerzen von Menschen weniger gute Gründe gibt als für deren Aufrechterhaltung durch die Bereitstellung von Suchtersatz? Dann müssen Bedingungen geschaffen werden, die das Interesse der Vernunft und des Verstandes gezielt nach außen lenken, um die Betroffenen vom wesentlichen Schmerz abzulenken. *„Gott“* im Außen, Alkohol auf dem Tisch, Soap im Fernsehen, App am Smartphone, Windows am Bildschirm etc. Wie Immanuel Kant es bereits für sich definierte, vereinigt sich alles Interesse von Vernunft, das spekulative wie auch das praktische, in den folgenden drei Fragen:

1. Was kann ich wissen?
2. Was soll ich tun?
3. Was darf ich hoffen?

Wie war das noch mit den Menschen, die bewiesen hatten, dass der Mensch nie fliegen kann?

Wir jedoch sahen eine andere Art Flug, eine spirituelle Entfaltung als Befreiung von der materiellen Welt. Wir sahen Menschen, die über ihre Probleme hinauswuchsen. Sie sagten, *„Gott“* habe diese Dinge möglich gemacht – und wir lächelten nur. Wir hatten spirituelle Befreiung durch die Entfaltung von Hochsensibilität gesehen, wollten uns aber einreden, es wäre nicht wahr.

In Wirklichkeit hielten wir uns selbst zum Narren, denn tief im Inneren eines jeden Menschen steckt die *Spiritualität als siebter Sinn*. Es mag durch Elend, Prunk, Selbstverwirklichung oder Anbetung anderer Dinge verdeckt sein, aber in irgendeiner Form ist es vorhanden. Und diese Form nennen wir heutzutage Hochsensitivität, in besonderen Fällen empfindbar als der *„Draht nach Oben“* oder *der „Draht zur Schöpfung“*. Unabhängig davon, ob ein Mensch damit veranlagt ist oder nicht, es empfinden kann oder nicht: Die Macht, der wir das Geschenk des Lebens verdanken, diese Macht, größer als wir selbst, und das wunderbare Wirken dieser Macht im menschlichen Leben sind für uns unumstößliche Tatsachen und sichtbarer Beweis dafür, dass es sie gibt. Und diese Tatsachen sind so alt wie die Menschheit selbst.

Schließlich sahen wir ein, dass Hochsensibilität und Spiritualität als Geschenke irgendeiner Art von *„Gott“* ein Teil unserer menschlichen Natur waren, genauso wie die vertraute Empfindung, die wir einem Freund entgegenbringen, oder ein vertrautes Lächeln. Manchmal war es schwierig, furchtlos nach *„Gott“* zu suchen, aber Er war da. Er war eine Realität wie wir. Wir empfanden in als Gewahrsein in uns selbst.

Letzten Endes kann Er sich nur dort wiederfinden. So war das mit uns.

Wir können den Boden nur ein wenig ebnen. Wenn unsere Aussage hilft, Vorurteile zu beseitigen, sie dich in die Lage versetzt, empathisch zu denken und dich darin bestärkt, in deinem Inneren bereitwillig zu suchen, dann kannst du, wenn du das möchtest, uns auf dieser breiten Straße begleiten. Unser Interesse an materiellen Dingen wich unserem Interesse für Hochsensibilität als Teil menschlicher Natürlichkeit. Wenn Sehnsüchte aufflammten, stillten wir sie, indem wir uns mit der Hochsensibilität und ihren Eigenschaften beschäftigten. Mit dieser Einstellung kannst du nicht fehlgehen. Dabei wirst du dir sicher deines Glaubens bewusst.

In diesem Buch wirst du über die Erfahrungen eines Mannes lesen, der glaubte, er wäre ein Atheist. Seine Geschichte ist so interessant, dass einiges davon jetzt erzählt werden sollte. Sein Sinneswandel war dramatisch, überzeugend und bewegend.

Unser Freund war der Sohn eines Geistlichen. Er besuchte eine konfessionelle Schule, wo er gegen das, was er als Übermaß an religiöser Erziehung empfand, rebellierte. Jahre danach wurde er von Kummer und Enttäuschung verfolgt. Bankrott, Irrsinn, tödliche Krankheit, Selbstmord – diese Katastrophen in seiner engsten Familie verbitterten und bedrückten ihn. Nachkriegsernüchterungen, immer schwerer Substanzmissbrauch, drohender geistiger, psychischer und körperlicher Zusammenbruch brachten ihn an den Rand der Selbstzerstörung.

Eines Nachts während eines Krankenhausaufenthaltes kam ein Alkoholiker auf ihn zu, der ein spirituelles Erlebnis gehabt hatte. Aus unserem Freund brach es erbittert hervor: *„Wenn es einen Gott gibt, so hat er bestimmt nichts für mich getan!“* Aber später, als der Patient wieder allein in seinem Zimmer war, stellte er sich die Frage: *„Ist es möglich, dass all die gläubigen Menschen, die ich kannte, Unrecht haben?“* Während er über die Antwort nachgrübelte, fühlte er sich, als sei er in der Hölle. Dann, wie ein Donnerschlag, vernahm er eine Stimme, die alles andere verdrängte:

„Wer bist du, dass du zu behaupten wagst, es gibt keinen Gott?“

Dieser Mann erzählte, dass er aus dem Bett taumelte und auf die Knie fiel. Unmittelbar darauf war er von der Überzeugung überwältigt, dass *„Gott“* gegenwärtig ist. Mit der Macht einer großen Flutwelle strömte es über ihn und durch ihn hindurch. Die Barrieren, die er im Laufe der Jahre aufgebaut hatte, wurden hinweggeschwemmt. Er fühlte die Anwesenheit unversiegbarer Kraft und Liebe, er hatte das besagte Ufer betreten. Zum ersten Mal empfand er sich dem kollektiven Bewusstsein der Schöpfung zugehörig und mit ihm verbunden.

Damit war der Grundstein für unseren Freund gelegt. Auch spätere Schicksalsschläge konnten ihm nichts anhaben. Er musste ab diesem Zeitpunkt nicht mehr trinken oder sich anderweitig betäuben. Seine Krankheiten waren ihm genommen. Sie verschwanden in dieser Nacht. Von wenigen Augenblicken der Versuchung abgesehen, ist bei ihm der Gedanke an Betäubung nie wiedergekehrt. Wenn überhaupt, dann überkam ihn jedes Mal ein großer Widerwille. Offensichtlich konnte er nicht mehr trinken, auch wenn er gewollt hätte. Eine höhere Intelligenz in sich selbst hatte ihn genesen lassen.

Ist das nicht eine Wunderheilung? Eigentlich war es

ganz einfach. Durch die Umstände, den Tod vor Augen, wurde er bereit zu glauben. Demütig vertraute er sich seinem Schöpfergeist an – er hatte seinen ganz persönlichen Weg gefunden.

Genauso hat „*Gott*" uns in Form von Hochsensibilität und Spiritualität seinen Anteil als Möglichkeit zur Genesung in die Wiege gelegt. Diesem Mann kam die erleuchtende Bewusstwerdung in einem Moment. Bei einigen von uns geht es langsamer. Aber Sie ist zu allen gekommen, die Sie ehrlich finden wollten.

Als wir uns Ihr näherten, offenbarte uns sich „*Gott*".

KAPITEL FÜNF

Wie es funktioniert

Selten haben wir jemanden scheitern sehen, der den Weg eines Zwölf-Schritte-Programmes gewissenhaft gegangen ist. Darum haben wir uns dazu aufgerufen gefühlt, die originalen Zwölf-Schritte der Anonymen Alkoholiker für Menschen mit Hochsensibilität, die noch unter ihrer Begabung leiden, zu adaptieren, selbstverständlich mit Genehmigung der AA World Service, mit Sitz in New York, sowie nach Rücksprache mit den Freunden der gemeinsamen Dienstkonferenz im deutschsprachigen Raum, um das vorliegende Buch auf Basis des *„Blauen Buches“* der AA umzuschreiben.

Was genau ist jetzt aber ein Zwölf-Schritte-Programm? Wenn du dich ausführlich mit dem Thema psychische Krankheit, Vulnerabilität im Allgemeinen oder aber auch mit psychosomatischen Beschwerden befasst, wirst du mit deinem Latein irgendwann am Ende sein. So sind wir auf das Zwölf-Schritte-Programm gestoßen. Dieses Programm hat seinen Ursprung im Selbsterleben von Betroffenen, die an unterschiedlichen Störungen des menschlichen Organismus litten oder an Einschränkungen der natürlichen und einwandfreien Funktionalität von Körper,

Geist und Seele litten. Die Zwölf-Schritte wurden von den Gründern der Gemeinschaft der Anonymen Alkoholiker, von William Griffith Wilson und Robert Holbrook Smith, genannt Bill und Bob, in den 1930er-Jahren ausgearbeitet. Die Schritte enthalten ein lebensveränderndes Programm, das auch von den Angehörigen der Betroffenen nachvollzogen werden kann, weil durch Erkrankungen die gesamte Familie und das Umfeld des Hauptleidtragenden in Mitleidenschaft gezogen werden. Dieses Programm hat sich in den vergangenen Jahrzehnten millionenfach bewährt, und viele Fachkliniken haben es als Grundlage für ihre Therapiemaßnahmen übernommen. Doch damals hatte die Gewissheit über Hochsensibilität als genetische Veranlagung des Menschen im Bereich sozial-emotionaler Intelligenz noch nicht das Bewusstsein der Menschen erreicht, ebenso wenig wie die Tatsache, dass der darunter liegende *siebte Sinn der Spiritualität* nicht länger eine Frage des Charakters oder des Willens der Betroffenen ist. Das vorliegende Zwölf-Schritte-Programm befasst sich mit dem Missverständnis über Hochsensibilität als zweckmäßig sinnvolle Selbstschutzeinrichtung der Natur und mögliche Ursache der Leiden von Menschen in gesundheitlichen Krisen, unabhängig von der konkreten Erkrankung.

Ist das Programm religionsgebunden? Nein. Im ersten Moment erscheint es religiös, zumal Begriffe wie *„Gott“*, *„innere Allmacht“*, *„Gebet“* und oder *„Meditation“* auftauchen. Deine Auslegung darfst du individuell für dich selbst finden, weil das Ziel ohnehin für uns alle dasselbe ist. Die meisten Menschen, die anfangen, mit und in den Schritten zu leben und sich an den Begriffen stören, wählen Ersatzbegriffe – denn all die Schritte sind auch ohne jegliches Religionsbekenntnis anzuwenden. Es sind einfache Empfehlungen, durch die der Betroffene und alle anderen Interessierten wieder lernen können, die eigenen Empfindungen bewusst für wahr zu halten und ernst zu nehmen sowie diese, ihrer Natur, entsprechend zu entwickeln. Denn hochsensible Menschen haben keinen organisch wirksamen Filter gegen toxische Einflüsse aller Art. Sie selbst sind sozusagen Frühwarnsystem unserer Art. Die Anzahl der Schad- und Störfaktoren, die mittlerweile den Alltag unserer Gesellschaft beherrschen, haben schon lange das Limit des für den natürlichen Organismus des Menschen Erträglichen überschritten. So sind auch bereits viele Menschen von Leid, Krankheit und Degeneration betroffen, die nicht mit Hochsensibilität veranlagt sind. Auch sie sollen und dürfen sich für die Anwendung des vorliegenden Programmes entschciden, wenn sie das möchten. Wer bislang viel kämpfen und viele Schlachten verlieren musste, kann jetzt kapitulieren und sich als Gewinner des inneren Krieges fühlen. Durch das Programm wird unter anderem der Sinn für Spiritualität sowie das Bewusstsein über Hochsensibilität als Schutzmechanismus und Geschenk einer – wie auch immer erahnten Vorsehung –, also das Selbstvertrauen in die Eigenschaften der eigenen Veranlagung, gestärkt. Ganz klar ist das vorliegende Programm nicht der einzige Weg, der einen Hochsensiblen oder einen durch die Unwissenheit darüber Erkrankten, zu neuer Lebensfreude, Regeneration und größtmöglichem Wohlstand gelangen lässt. Bekanntlich führen viele Weg nach Rom. Ebenso viele führen zu uns selbst. Wir sind zum Glauben gekommen, dass das vorliegende Programm einer der direktesten Wege ist, um sich selbst als hochsensibler und oder spirituell veranlagter Mensch in einem Heilszustand wiederzufinden.

Nicht zur Genesung werden diejenigen gelangen, die sich nicht ganz in dieses einfache Programm einbringen können oder wollen. Meistens sind es Menschen, die aus mangelnder Bereitwilligkeit heraus sich selbst und anderen gegenüber nicht ehrlich sein können. Solche Unglücklichen gibt es. Es ist nicht ihre Schuld. Es scheint, als seien sie so geboren, ohne die Begabung, tiefgründiger in sich selbst vordringen und einsehen zu können. Sie sind von Natur aus nicht in der Lage, eine Lebensweise anzunehmen und für sich zu entwickeln, die eine absolute Reflexion verlangt. Ihre Genesungschancen liegen unter dem Durchschnitt. Womöglich sind es all jene, die bereits – abgesehen von der Veranlagung mit Hochsensibilität –, von Krankheit und Sinnverlust betroffen sind.

Darüber hinaus gibt es Menschen, die unter ernsten Störungen in ihrem Denken, Handeln und Fühlen leiden. Sie leiden unter extremen Verhaltens- und Persönlichkeitsstörungen. Dennoch sind viele von ihnen unter uns genesen, wenn sie die Fähigkeit haben, ehrlich zu sein und bereitwillig an sich zu arbeiten.

Unsere Lebensgeschichten offenbaren, wie wir waren, was geschah und wie wir heute sind. Wenn du dir darüber klar geworden bist, dass du das haben möchtest, was wir heute besitzen – und wenn du willens bist, den ganzen Weg zu gehen, um es zurückzubekommen – dann bist du auch bereit, dafür gewisse Schritte zu tun. Vor manchen Schritten scheuten wir zurück. Wir dachten, wir können einen einfacheren, bequemeren Weg finden. Aber das ging nicht. Ernsthaft und eindringlich bitten wir dich, von Anfang an furchtlos und gründlich zu sein. Sowohl in Bezug auf vorliegende Erkrankungen wie auch im Hinblick auf deine mit Hochsensibilität in Verbindung stehenden Eigenschaften und Besonderheiten. Einige von uns hatten versucht, an alten Vorstellungen festzuhalten: Das Resultat war gleich null, bis wir kapitulierten.

Denk daran, dass wir es mit den Giften der Menschheit zu tun haben, die der *Hochsensibilität* als *Blume des Lebens* das Licht auslöschen möchten. Sie sind verschlagen, trügerisch, mächtig! Ohne Hilfe ist es viel zu schwer für uns. Aber es gibt eine Macht, die alle Kraft hat, uns zu heilen – und das ist die Natur im Menschen selbst, sprich: „Gott“. Magst du ihn jetzt finden. Halbe Sachen nützen nichts. Wir standen am Wendepunkt. Hingebungsvoll und anmutig baten wir um Schutz und Hilfe. Hier sind die Schritte, die wir gegangen sind und die als das Zwölf-Schritte-Programm zur Genesung empfohlen werden:

Die Zwölf Schritte

1. Wir gaben zu, dass wir unsere Sensibilität verdrängt und dadurch am wesentlichen Sinn unseres Lebens vorbeigelebt haben.

2. Wir kamen zu dem Glauben, dass eine Macht – größer als wir selbst – Regeneration bewirken und uns unsere Gesundheit wiedergeben kann.

3. Wir haben uns entschlossen, unseren Willen und unser Leben der Vorsehung – wie wir sie verstehen – anzuvertrauen.

4. Wir machten eine gründliche und furchtlose Selbstreflexion in unserem Leben.

5. Wir gestehen uns selbst und einem anderen Menschen gegenüber die genaue Natur unseres Verhaltens ein.

6. Wir wurden völlig bereit, die besonderen Eigenschaften unserer Hochsensibilität Schritt für Schritt zu entwickeln.

7. Anmutig erbat ich, dass die Entfaltung unseres Sinnreichtums alle Makel von uns nimmt.

8. Ich machte eine Liste aller Personen, denen ich Schaden zugefügt hatte und wurde willig, ihn bei allen wiedergutzumachen.

9. Indem ich mein unmittelbares Verhalten der Natur und den Menschen gegenüber änderte, mache ich durch Mitgefühl und Sanftmut alles wieder gut, wo immer es möglich ist.

10. Wir setzen die Reflexion fort, und wenn ich Unrecht habe, gebe ich es sofort zu.

11. Durch Gebet und Besinnung stärke ich täglich die bewusste Verbindung zu Gott – wie ich ihn empfinde. Ich bitte ihn nur, dass er sich mir offenbart und mir die Kraft gibt, mich eigenverantwortlich zu entfalten.

12. Nachdem wir durch diese Schritte ein spirituelles Erwachen erleben durften, geben wir die Botschaft an unsere Mitmenschen weiter und praktizieren ihre Prinzipien in allen unseren Angelegenheiten.

Viele von uns riefen aus: *„Was sind das für Vorschriften! Das schaffe ich nie!“* Sofort machten sie sich durch Wortklauberei auf die Fehlersuche, in der Hoffnung, einen für sie annehmbaren Ausschließungsgrund zu entdecken, mit dem sie ihr bisheriges Glaubenskonstrukt aufrechterhalten wollten.

Sei nicht so mutlos. Keiner von uns war in der Lage, diese Prinzipien anfänglich auch nur annähernd zu begreifen. Wir sind keine Heiligen. Es kommt darauf an, dass wir willens sind, anhand geistes- und naturwissenschaftlicher Grundsätze aus der Mitte unserer Veranlagung heraus zu wachsen. Die Prinzipien, die wir aufstellten, sind unser Leitfaden, der durch Entwicklung zur Stabilisierung führt. Wir streben eher nach spiritueller Entfaltung durch die Entwicklung unserer Hochsensibilität als nach der Erreichung irgendwelcher unrealistischer Ziele. Regeneration erfolgt über Generationen. Wir sind nur eine davon.

Unsere Beschreibung des Hochsensiblen, das Kapitel *„Wir Agnostiker und Atheisten“* und unsere Lebensgeschichten offenbaren drei wesentlich Erkenntnisse:

1. Dass wir Hochsensible sind und unser Leben nicht mehr meistern konnten.
2. Dass wahrscheinlich keine willentliche Macht uns von unseren Leiden befreien konnte.
3. Dass die Natur es tun konnte und würde, wenn wir Sie zu empfinden und Ihr zu vertrauen bereit waren.

Als wir das begriffen hatten, waren wir beim *Dritten Schritt* angelangt. Darin steht, dass wir den Entschluss fassten, unseren Willen und unser Leben der Vorsehung, wie jeder von uns sie verstand, anzuvertrauen. Was meinten wir damit – und wie gehen wir vor?

Zunächst haben wir uns davon zu überzeugen, dass ein Leben, das von Eigenwillen, Intellekt und Ego gesteuert wird, kaum von empfindbarem Reichtum erfüllt sein kann. Mit dieser Einstellung kommen wir fast immer mit irgendetwas oder irgendjemandem in Konflikt, selbst wenn unsere Beweggründe gütig sind. Die meisten Menschen versuchen, durch ihre eigene Antriebskraft zu leben und träumen davon, irgendwann damit Erfolg zu haben. Oder eben das zu erreichen, was sie persönlich bislang unter *„Erfolg“* verstehen. Dabei verwechseln sie Erfolg mit Anerkennung, Ansehen oder Besserstellung. Denn Erfolg im eigentlichen Sinn bedeutet lediglich, ein positives Ergebnis einer Bemühung erreicht zu haben.

Jeder *verhält* sich wie ein *Schau-spieler*, der zwar die ganze Vorstellung mit anderen bestreiten will, dabei jedoch – vor allen anderen – selbst am meisten glänzen möchte. Er versucht ständig, die Beleuchtung, das Ballett und die Szenerie sowie den Rest der Schauspieler nach seinem Kopf zu arrangieren und sich im Licht des Scheinwerfers und im Beifall der Zuseher zu baden. Wenn man seine Arrangements nur so lassen würde, wenn die Leute nur das täten, was er wollte, wäre die Vorstellung ein voller Erfolg. Jeder, er selbst eingeschlossen, wäre zufrieden. Das Leben wäre wunderbar. Beim Versuch, dieses alles zu arrangieren, mag der Schauspieler manchmal gute Eigenschaften seiner Hochsensibilität zeigen. Vielleicht ist er freundlich, rücksichtsvoll, geduldig und großzügig, vielleicht sogar bescheiden, uneigennützig und sogar empathisch. Er kann aber auch gemein, egoistisch, eigennützig und unehrlich, manipulativ und hinterlistig sein. Er wird aber, wie alle Hochsensiblen, wahrscheinlich unterschiedliche, oft gegensätzliche Charakterzüge haben.

Was aber geschieht gewöhnlich? Die Aufführung läuft nicht sehr gut. Er fängt an zu glauben, dass er vom Schicksal nicht richtig behandelt wird. Er beschließt, sich noch mehr anzustrengen. Bei nächster Gelegenheit wird er noch anspruchsvoller oder nachgiebiger – je nachdem. Die Darstellung gefällt ihm immer noch nicht. Selbst wenn er zugibt, dass es auch ein wenig an ihm liegen könnte, ist er dennoch davon überzeugt, dass die anderen mehr Schuld am eigenen Versagen haben. Er wird ärgerlich, entrüstet und bedauert sich selbst. Er beginnt, sich in Selbstmitleid zu baden und sich für jede einzelne seiner Fähigkeiten und jeden seiner Wesenszüge zu hassen.

Was ist sein Grundproblem? Ist er nicht in Wirklichkeit gerade dann selbstsüchtig, wenn er versucht, freundlich zu sein? Ist er nicht das Opfer von Selbsttäuschung, wenn er meint, *„Gott und der Welt“* Befriedigung und Glück für sich abzuringen, wenn er es nur richtig anstellt? Ist es für alle anderen Mitspieler klar, welche seine wahren Absichten sind? Führt sein Vorgehen nicht dazu, dass es ihm die anderen heimzahlen wollen, indem sie ihm die Show stehlen? Stiftet er nicht auch in seinen besten Augenblicken eher Unruhe als Frieden?

Unser Schauspieler ist ichbezogen, und: er ist hochsensibel. Nur wissen das weder er selbst noch seine Kollegen, von denen vermutlich auch noch einige andere hochsensibel sind, dies aber ebenso wenig als Schutzeinrichtung der Natur haben annehmen lernen dürfen. Solch ein Mensch sich benimmt wie ein wohlhabender Ruheständler, der im Winter im Sonnenschein Floridas über die schlechte Lage und die Kaltherzigkeit der Nation klagt; wie der Geistliche, der die Sünden des 21. Jahrhunderts bejammert und sich selbst im stillen Kämmerlein an den Ministranten vergeht; wie Politiker und Weltverbesserer, die sicher sind, dass sich eine ideale Gesellschaft verwirklichen ließe, wenn nur der Rest der Welt nach ihren Vorstellungen mitmachen würde; wie der Gesetzlose, der meint, die Gesellschaft habe ihm Unrecht getan. Und nicht anders benimmt sich der Alkoholiker unter den Hochsensiblen, der durch substanz- und verhaltensbezogene Sucht alles verloren hat und zuletzt womöglich auch noch eingesperrt worden ist. Wenn wir auch noch so widersprechen: sind die meisten von uns nicht permanent mit sich selbst beschäftigt, mit ihrem Groll und Selbstmitleid, mit den eigenen Verletzungen ihrer besonderen Empfindsamkeit beschäftigt?

Egoismus – Narzissmus – Ichbezogenheit. Das, glauben wir, ist die Krankheit unserer Zeit. Die Wurzel ist unseres Erachtens die Unwissenheit über die hochsensible Veranlagung einer Vielzahl von uns Menschen. Getrieben von allen möglichen Formen der Furcht, Angst, Selbsttäuschung, von Egoismus, Scham und Selbstmitleid, treten wir unseren Mitmenschen wie gereizte Tiere auf die Füße – und sie schlagen zumindest ebenso gereizt zurück. Hin und wieder verletzen sie uns, ohne dass wir es anscheinend provoziert haben. Aber unweigerlich stellt sich heraus, dass wir irgendwann in der Vergangenheit ichbezogene Entscheidungen getroffen haben, die uns im späteren Leben verwundbar gemacht haben. Hochsensibilität erwuchs zur Vulnerabilität, der Segen einer Begabung zum Fluch und das natürliche Bedürfnis gelebter Spiritualität wurde uns durch Auferlegung von Religiosität bereits in Kindestagen zur Bürde.

Wir glauben, dass wir unsere Schwierigkeiten als menschliches Kollektiv im Wesentlichen selbst geschaffen haben, wenngleich auch nicht jeder für sich alleine.

Sie erwachsen aus uns selbst – oder besser gesagt, aus der Unzulänglichkeit unserer ureigenen Veranlagungen mit Spiritualität als siebten Sinn und der Unwissenheit über Hochsensibilität als zweckmäßige Schutzeinrichtung zur Erhaltung unserer natürlichen Harmonie.

Der Alkoholiker ist ein extremes Beispiel für einen Menschen, dessen Eigensinn mit ihm durchgeht, obwohl er das meistens nicht zugibt. Aus heutiger Sicht ganz einleuchtend, weil er natürlich mehrfach von Scham betroffen ist, und andererseits durch das Lösungsmittel Alkohol jedoch auch oftmals Mut geschöpft hat, seine Empfindungen auszudrücken. Vor allem haben wir Suchtkranken unter den Hochsensiblen uns zuerst von dieser Form des Verhaltens zu befreien, ehe wir wieder damit beginnen können, unsere Hochsensibilität zu entfalten. Wir *müssen es* – oder die Krankheit bringt uns um! Mit Spiritualität als *„Gottes-Gen“* selbst wird es gelingen. Ohne *„Gottes Hilfe“* scheint es meist unmöglich, von dieser krankhaften Ichbezogenheit wegzukommen und sich in Selbstempfindsamkeit einzufinden.

Viele von uns hatten moralische und philosophische Überzeugungen in Hülle und Fülle, aber wir konnten nicht danach leben, obwohl wir es gern wollten. Ebenso wenig konnten wir unsere Selbstsucht wesentlich reduzieren, wie sehr wir es auch wünschten oder es aus eigener Kraft versuchten. Wir waren auf *„Gottes Hilfe“* angewiesen, im Vertrauen auf unsere Hochsensibilität als Zeichen und Geschenk seiner Liebe. Für uns bedeutete die Gewissheit darüber und das Erlernen einer ihrer Zartheit entsprechenden Lebensweise das Allheilmittel im Zentrum unseres Selbst. Doch allein den Fokus auf unsere willentlichen Ziele gerichtet, verleitete sie uns eben nur zur Selbstsucht. Es schien ein endloses Hin und Her zu sein, ähnlich der Frage, was zuerst gewesen ist: das Huhn oder das Ei.

Das ist das Wie und Warum. Zuallererst hörten wir damit auf, den *„lieben Gott“* außen zu suchen und auf *„Teufel komm raus“* mit uns selbst und anderen Versteck zu spielen. Es funktionierte nicht. Als Nächstes beschlossen wir, dass von jetzt an *„Gott“* in diesem Drama des Lebens unser Produzent sein sollte. Er ist der Chef – und wir handeln in *„Seinem Sinne“*. Unsere Aufführung wird an seine Uraufführung angepasst, die sich erst durch die Entfaltung der mit unserer Hochsensibilität im Wesentlichen in Zusammenhang befindlichen Werte und Fähigkeiten erkenntlich zeigen und empfindbar machen wird. Spiritualität scheint uns die sinnvolle Kommunikationsverbindung zwischen uns und unserer Schöpfung zu sein. Und wir alle, ob spirituell und oder hochsensibel oder nicht, fühlen uns ihr zugehörig als ihre Kinder. Die meisten guten Ideen sind einfach und passen auf ein Blatt Papier. Und diese Auffassung war der Schlussstein des neuen Triumphbogens, durch den hindurch wir nach einem Leben in einfachen Zwölf-Schritten zur Freiheit gelangten.

Als wir uns ernsthaft zu dieser Lebenseinstellung bekannt hatten, folgten alle möglichen bemerkenswerten Dinge. Wir hatten eine neue Vertrauensinstanz; Sie war allmächtig. Sie gab uns das, was wir brauchten, wenn wir zu Ihr standen und die für unser Leben vorgesehene Bestimmung gut ausführten. Auf dieser Vertrauensbasis ließ das Interesse an unserer Selbstverwirklichung, unseren großen Plänen und exzentrischen Vorhaben immer mehr nach. Wir brauchten nicht mehr verbissen nach etwas zu suchen, weil es sich uns bereits im Innersten unseres Wesens offenbart hatte. Zunehmend interessierten wir uns dafür, was wir durch die Eigenschaften unserer Begabung der menschlichen Gemeinschaft und dem Leben beisteuern konnten. Sobald wir die neue Kraft der Spiritualität in uns spürten, sobald wir uns an den Eigenschaften unserer Hochsensibilität und dem daraus resultierenden Seelenfrieden erfreuten, sobald wir entdeckten, dass wir dem Alltag mit all unserem Sinnreichtum aufrichtig und ehrlichen entgegengehen konnten, sobald wir uns *„Gottes Gegenwart"* in uns selbst bewusst wurden, verloren wir unsere Angst vor dem Heute sowie die Furcht vor dem Morgen. Weil wir aus den Missverständnissen, der Scham und den Fehlern des Gestern gelernt hatten. *Wir waren wiedergeboren durch ein neues Bewusstsein.*

Jetzt waren wir mitten beim *Dritten Schritt* angekommen. Viele von uns sagten zur *Vorsehung, wie wir sie verstanden: „Gott, ich gebe mich in Deine Hand, richte mich auf und tu mir nach Deinem Willen. Erlöse mich von den Fesseln meines Egos, damit ich Deinen Willen besser erfüllen kann. Nimm meine Schwierigkeiten hinweg, damit der Sieg über sie als Zeugnis Deiner Macht, Deiner Liebe und Deiner Führung gelten möge vor den Menschen, denen ich helfen möchte und der Natur, der ich zu dienen habe. Möge ich alles immer in Deinem Sinne tun!"* Bevor wir diesen Schritt taten, haben wir gut nachgedacht und uns geprüft, ob wir dazu bereit waren, sodass wir uns schließlich ohne Einschränkung und Vorbehalt im vollen Bewusstsein über unsere Hochsensibilität in der Mitte der Vorsehung, im Zentrum unserer Spiritualität, einfinden konnten.

Wir fanden es wünschenswert und sinnvoll, diesen spirituellen Schritt mit einem verständnisvollen Menschen zu tun, vielleicht unserer Frau, dem besten Freund, unserem

Kind oder einem vertrauten Begleiter. Allerdings ist es vernünftig, darauf zu achten, in welchen Bereichen, mit welchen Menschen es angesagt ist, und wo vorerst besser noch nicht. Das schützte uns vor neuerlichen Verletzungen, und so erkannten wir, dass es oftmals zweckmäßiger war, unserer Spiritualität und Hochsensibilität allein gegenüberzutreten, als mit jemandem darüber zu sprechen, der nicht das Verständnis dafür aufbringen konnte. Natürlich war die Wahl der Worte jedem selbst überlassen, solange zum Ausdruck kam, dass wir uns Ihr rückhaltlos anvertrauten. Das war erst ein Anfang. Wenn dieser jedoch aufrichtig, offenherzig, andächtig und anmutend gemacht wurde, war eine starke Wirkung in den meisten Fällen sofort spürbar. Je nach Konfessionszugehörigkeit bezeichneten viele von uns diese Empfindungen als Momente der Erleuchtung, als Satori, als das Erwachen des Christusbewusstseins oder mit anderen, ähnlichen Begriffen.

Zunächst stürzten wir uns voller Eifer in die Arbeit. Wir begannen mit einem inneren Hausputz, etwas, das viele von uns bis dahin noch nie versucht hatten. Unser Entschluss, uns dem, was wir mit dem Wort *„Gott“* zu begreifen versuchten, anzuvertrauen, war ein lebenswichtiger und entscheidender Schritt. Er konnte jedoch nur dann wirksam werden, wenn darauf sofort die echte Anstrengung folgte, den Dingen, die uns den Weg versperrten, ins Auge zu sehen und uns von ihnen zu lösen. Sucht und andere Erkrankungen waren dabei nur die Auslöser und Symptome, Missachtung von Hochsensibilität und die Verdrängung unserer Spiritualität aus unserer Mitte die Ursache. So konnten wir also bis zu den inneren Voraussetzungen vordringen und die Eigenschaften unserer Veranlagung neu einsehen lernen.

Aus diesem Grund begannen wir mit einer persönlichen Inventur. *Das war der Vierte Schritt. Wir machten eine gründliche und furchtlose Selbstreflexion in unserem Leben.* Ein Geschäft, das nicht regelmäßig Inventur macht, geht gewöhnlich pleite. Ebenso verdreckt ein Filter, der nicht regelmäßig gepflegt, oder ein Tempel, der nicht regelmäßig gereinigt wird. Die Inventur in Bezug auf das menschliche Leben ist ein Prozess, bei dem Tatbestände festgestellt werden, mit denen sich der einzelne Mensch auseinandersetzen *muss*, insofern er heilen und die Harmonie zwischen den Einheiten Körper, Geist und Seele wiederherstellen möchte. Es geht um eine ehrliche Bestandsaufnahme. Ein Ziel dabei ist, beschädigte Ware festzustellen und sich ohne Bedauern schnell davon loszusagen. Wenn ein Geschäftsinhaber erfolgreich sein will, darf er sich über den wirklichen Wert seiner Ware nichts vormachen. Wenngleich in heutiger Zeit auch mit sehr viel sinnlosem Krempel Geld gemacht wird. Der Dummheit und Sinnverlorenheit des Menschen waren eben bislang keine Grenzen gesetzt.

Genau das Gleiche taten wir mit unserem Leben. Wir machten ehrlich Inventur. Die wesentlichen Instanzen des Menschen, also Körper, Geist und Seele betreffend, und so spricht man von Selbstreflexion. Indem wir unsere gewahre Natur erkannt hatten, suchten wir die Fehler in unserem eigenen Verhalten, die unserem Versagen und unserer Ungewissheit zugrunde lagen. Überzeugt davon, dass das *Ego* in seinen verschiedenen Erscheinungsformen uns immer wieder Niederlagen beigebracht hatte, untersuchten wir nun, wo und wie sich dieses *Ich* gewöhnlich äußert.

Groll ist dabei einer der stärksten Missetäter. Er zerstört mehr Hochsensible, als es andere Dinge tun. Er ist der Ursprung jeder psychischen Erkrankung, neben Scham als der Ursache für seelische Erkrankungen. Viele von uns waren dadurch auch geistig und körperlich krank geworden. Wenn wir die psychische Störung, also unseren Groll überwunden haben, erholen wir uns demnach auch geistig, körperlich und seelisch wieder. Bei der Auseinandersetzung mit unserem Groll machten wir eine Liste von Leuten, Institutionen und Vorschriften, über die wir uns geärgert hatten. Wir fragten uns, warum wir uns geärgert hatten. Meistens fanden wir heraus, dass unsere Selbstachtung, unsere Portemonnaies, unser Ehrgeiz, unsere Erwartungen, unsere persönlichen Beziehungen – einschließlich der sexuellen – verletzt oder bedroht waren. Wir waren gekränkt. Wir waren *fuchsteufelswild*. Dabei entdeckten wir auch das Warum.

Auf unsere Groll-Liste schreiben wir neben jeden Namen die uns zugefügten Kränkungen. Waren es unsere Selbstachtung, unsere Sicherheit, unser Streben, unsere persönlichen oder sexuellen Beziehungen, die beeinträchtigt waren? Wir machten es, wenn möglich, so klar wie in folgendem Beispiel:

ICH BIN VERÄRGERT ÜBER	GRUND:	VERLETZT BEI MIR:
Herrn Meier	Seine Aufmerksamkeiten meiner Frau gegenüber.	Sexualbeziehung Selbstachtung (Scham)
	Erzählte meiner Frau über meine Affäre.	Sexualbeziehung Selbstachtung (Schuld)
	Meier könnte meine Stellung im Büro bekommen.	Sicherheit (Angst)
Frau Müller	Ist eine dumme Gans. Sie hat mich von oben herab behandelt. Ließ ihren Mann wegen Sucht einsperren. Er ist mein Freund. Sie ist eine Klatschbase.	Persönliche Beziehungen Selbstachtung (Angst) (Scham) (Gerechtigkeitssinn)
Meinen Chef	Ist unberechenbar, ungerecht und auf geblasen. Droht, mich rauszuwerfen, weil ich trinke und die Spesenabrechnung fälsche.	Selbstachtung Sicherheit (Angst) (Schuld) (Scham) (Ansehen)
Meine Frau	Versteht mich nicht und nörgelt. Mag Meier gern. Will das Haus auf ihren Namen überschreiben lassen.	Stolz – persönliche sexuelle Beziehungen Sicherheit (Angst) (Scham) (Ansehen)

Wir blickten auf unser Leben zurück. Neben Gründlichkeit und Ehrlichkeit leuchtete uns der Blick auf die Wirklichkeit. Wir erkannt, dass Ehrlichkeit am längsten gewährt hatte, doch nur die Natürlichkeit ewig wirken würde. Wir betrachteten das Ergebnis sorgfältig. Das Erste, was uns auffiel, war, dass diese Welt und ihre Menschen uns oft Unrecht taten. Bis zu diesem Ergebnis kamen die meisten, weiter nicht. Wir schlossen daraus, dass die Menschen uns weiterhin Unrecht taten – und wir blieben gekränkt. Manchmal hatten wir Gewissensbisse, weil wir selbst Unrecht getan hatten – und dann waren wir mit uns selbst im Unreinen. Wie ein verletztes Kind, das sich ohne verständnisvollen elterlichen Begleiter im Stich gelassen fühlte. Je mehr wir kämpften und versuchten, unseren eigenen Willen durchzusetzen, umso schlimmer wurde es. Es war wie im Krieg, der Sieger gewann nur scheinbar. Unser Triumph war nur kurzlebig.

Es liegt auf der Hand, dass ein Leben voll tiefsitzendem Groll nur zu Sinnverlorenheit und Unglück führen kann. Wir vergeuden Stunden, die für uns wertvoll sein könnten, in eben dem Ausmaß, wie wir dies zulassen. Für einen Gekränkten und Traumatisierten aber, dessen Hoffnung im Bewahren und Wachstum einer spirituellen Erfahrung einerseits und der Entwicklung seiner Hochsensibilität andererseits liegt, ist Groll unendlich schwerwiegend. Sogar verhängnisvoll, wie wir meinen. Denn wenn wir solche Gefühle hegen, verschließen wir uns dem Licht des Geistes, unserer gewahren Sanftmut und Zärtlichkeit. Groll entsteht aus der Unfähigkeit, seine wahren Gedanken und Gefühle, die tiefgründigen und komplexen Erkenntnisse aus seinen Wahrnehmungen, verbal zu äußern. *Der Wahnsinn* des Versagens kehrt wieder – und wir verletzen uns erneut. Entweder indem wir als Alkoholiker wieder den ersten Schluck trinken, als Borderliner wieder den ersten Schnitt setzen, als Süchtiger die erste Dosis nehmen. So werden wir entweder zu Depressiven, die durch Repressalien zu Lügnern geworden waren oder zu Schreigespenstern und Attentätern werden. Am schlimmsten sind die Psychopathen unter uns, die einen Mittelweg zwischen Selbstverleugnung und Fremdbeschiss gefunden haben, und alles positiven Eigenschaften von Hochsensibilität, wie beispielsweise die Empathie, ausnützen. Wenn der Betroffene das Warum nicht begreifen lernt, bedeutet das im Endeffekt für ihn, dumm zu sterben. Die Trümmer seines Rachefeldzuges müssen dann in jedem Fall die Angehörigen und Beteiligten wegschaffen.

Wenn wir Hochsensibilität als zweckmäßige Schutzeinrichtung unseres Organismus annehmen, haben wir uns von Gefühlen wie Zorn, Groll und Hass zu befreien, indem wir ihren Sinn und Zweck verstehen lernen. Nörgelei und Verrücktspielen sind nichts für uns, wenn wir erkennen, dass sich darunter durchwegs Scham, Angst, Furcht sowie all deren Ausprägungen befinden. Andere Menschen können sich diesen zweifelhaften Luxus womöglich (noch) leisten, für uns aber, die ihr Erwachen als Anfang einer friedsamen und liebevollen menschlichen Gemeinschaft sehen, ist es Gift. Vor allem dann, wenn wir bereits so tief gesunken waren und an einer schwerwiegenden Erkrankung zu leiden hatten. Wir konnten uns von dem, was wir unserer Umwelt angetan hatten, nicht mehr entschuldigen, ohne echte Wiedergutmachung zu leisten. Wer wir auch zu sein glaubten, und womit wir auch gedacht hatten, etwas berichtigen zu können. Wir hatten damit aufgehört, andere richten oder ändern zu wollen, weil wir dabei genau dasselbe mit ihnen getan hätten, wovon wir uns die längste Zeit befreit sehen wollten. Wir richteten unseren Fokus vielmehr auf die Natur unseres Verhaltens, auf die Zweckmäßigkeit von Hochsensibilität, und bemühten uns, den Sinnhaftigkeit unserer Begabung herauszufinden, sodass wir niemandem mehr einen Anstoß zur Diskussion oder ein ähnliches Ärgernis für andere darstellten. Hausputz war angesagt.

Wir wandten uns wieder der Liste des Vergangenen zu, denn dort war der Schlüssel für die Zukunft. Jetzt waren wir bereit, diese Liste aus einem ganz anderen Blickwinkel anzusehen. Wir begannen zu begreifen, dass die Welt, die Menschen und ihre Reize uns wirklich beherrschten. Durch die Ungerechtigkeiten und Ärgernisse ermächtigten wir sie, uns zu führen. In diesem Stadium hatte das Fehlverhalten anderer – ob eingebildet oder wirklich vorhanden – die Kraft, tatsächlich zu töten. Nämlich unsere sensible Innenwelt und unsere zarten Wesenskerne. Wie konnten wir dem entkommen? Wir sahen ein, dass wir die Gefühle und Gedanken, die uns aus den Einflüssen des Fortschrittes und der Flut an Reizen zu übermannen drohten, in den Griff zu bekommen hatten. Aber wie? Wir konnten sie uns genauso wenig wegwünschen wie eine Krankheit oder wie irgendwelche schädigenden Reize.

Das war unser Weg: Wir wagten bei uns selbst den Anfang. Wir hielten uns vor Augen, dass die Menschen, die uns Unrecht taten, vielleicht selbst seelisch erkrankt waren. Wenngleich wir ihr Wesen und die Art, wie sie uns begegneten und beeinträchtigen, nicht mochten, sahen wir ein, dass auch sie aus Kränkung und Unwissenheit krank geworden waren. Wir baten *„Gott“*, er möge uns dabei helfen, ihnen gegenüber das gleiche Maß an Toleranz, an

Mitgefühl, Verständnis und wohlwollender Gelassenheit aufzubringen, wie wir sie gern einem kranken Freund gewähren würden oder noch mehr: wie wir sie uns selbst von anderen gewünscht hatten. Vor allem in der Zeit unseres Lebens, wo wir noch nicht gewusst hatten, was mit uns los ist und weshalb wir uns so andersartig und fremd in uns selbst fühlten. Durch unsere Einsicht und die Annahme unserer besonderen Empfindsamkeit und im steten Bewusstsein davon, dass wir aus Unwissenheit selbst dadurch empfindlich und verletzlich geworden waren, sagten wir uns im Falle, dass uns jemand beleidigte: *„Das ist ein sinnverlorener Mensch, mein Spiegel. Wie kann ich ihm helfen? Gott, bewahre mich bitte davor, ärgerlich zu werden, und hilf mir dabei, Sanftmut, Mitgefühl und Güte walten zu lassen. Dein Wille geschehe.“*

Wir vermeiden Vergeltung oder Streit, denn auch körperlich kranke oder zu behinderten degenerierte Menschen würden wir nicht so behandeln. Wenn wir es tun, nehmen wir uns die Chance, ihnen zu helfen. Wir würden dadurch an der eigentlichen Eigenschaft unserer Begabung, an unserer Güte, vorbeigehen. Wir können nicht jedem helfen, das ist gewiss. Doch indem wir uns selbst als durch von Natur aus mit Hochsensibilität begabte Menschen erkennen und uns dadurch das Heilmittel für die Krankheiten der Menschheit durch neues Bewusstsein zugänglich machen, kann uns ab jetzt das Vertrauen in das Göttliche unserer eigenen Veranlagung dabei unterstützen, gegenüber jedem Einzelnen eine freundliche und tolerante Haltung einzunehmen. In der Gewissheit, dass wir selbst einmal dort gestanden hatten, wo er sich jetzt womöglich gerade befindet. Wir brauchen uns dabei auch keine Sorgen machen, wenn wir Menschen begegnen, die nichts mit Hochsensibilität anfangen können mangels Veranlagung. Denn Nichthochsensible sind ohnehin nicht dazu verleitet, so zu reagieren wie wir, aus Folge von Gereiztheit, Kränkung, Missbrauch oder Trauma.

Wir kommen wieder auf unsere Liste zurück. Wir beschäftigten uns nicht mehr mit dem, was andere falsch gemacht hatten, sondern suchten offenherzig und aufrichtig nach unseren eigenen Fehlern. Wo waren wir selbstsüchtig, unehrlich, egoistisch, feige oder beschämt gewesen? Obwohl wir nicht immer gänzlich an allem schuld gewesen waren, versuchten wir in diesem Schritt einmal, den Anteil der anderen Beteiligten gänzlich außer Acht zu lassen. Wir begannen zu unterscheiden, wo unsere Schuld war und wo wir uns für etwaiges Verhalten geschämt hatten. Wo lag unsere Schuld? Wo schämten wir uns? Es ging hier um unsere Inventur, um Selbstreflexion, nicht um die der anderen. Wenn wir bei uns Fehler erkannten, schrieben wir sie auf. Schwarz auf weiß führten wir sie uns selbst vor Augen. Wir gaben ehrlich unsere Fehler zu und waren willig, diese Angelegenheiten in Ordnung zu bringen. Auch wenn wir beispielsweise traumatische Erlebnisse aus der Kindheit ans Licht holten, maßen wir dem Fehlverhalten der Erwachsenen nicht mehr so viel Bedeutung zu als jenen Aspekten, weshalb sie so gehandelt hatten. Wir begannen damit, die Natur des Fehlverhaltens zu begreifen. Dadurch vermochten wir plötzlich auch, das Verhalten der Täter zu durchschauen.

Beachte bitte, dass in unserer Tabelle die Worte Angst und Scham in Zusammenhang mit den Schwierigkeiten mit Herrn Meier, Frau Müller, dem Arbeitgeber und der Ehefrau in Klammern gesetzt sind. Diese kleinen Worte berühren jeden Lebensbereich eines Hochsensiblen. Angst ist ein schlechter und brüchiger Faden, obwohl sie den Menschen eigentlich schützen sollte vor weiterem dummen Verhalten und vor Verletzungen durch andere. Das Gewebe unserer Existenz war damit durchzogen. Angst löste eine Kettenreaktion aus, die uns ins Unglück stürzte, das wir unserer Meinung nach nicht verdient hatten. Ebenso die Scham. Dies haben wir bereits eingangs ausführlich erwähnt.

Durch diesen Schritt lernen wir, ein gesundes Schuldbewusstsein für eigene Fehler zu entwickeln, unabhängig davon, was uns selbst seit Geburt an zugefügt wurde. Dadurch lernen wir, Schuld als situationsbezogenes Gefühl zu begreifen, welches durch gefühlte Reue den für unsere Genesung so wichtigen Wiedergutmachungsimpuls auslöst. Im Zuge dessen lernen wir, dass wir uns für Fehler nicht schämen zu brauchen, weil Fehlbarkeit eben nun mal menschlich ist.

Diese Denkweise durften wir lernen, indem wir erkannten, dass Fehlbarkeit nichts im Geringsten mit unserer gefühlten Andersartigkeit durch Hochsensibilität oder Spiritualität zu tun hat. Wir nahmen die Fehler nicht mehr persönlich, weil wir damit angefangen hatten, uns dafür und für Hochsensibilität im Wesentlichen nicht mehr zu genieren, sprich: zu schämen. Wir gestanden uns ein, dass wir – aus welchen Gründen auch immer – die Kugel selbst ins Rollen gebracht hatten, indem wir schon sehr früh damit begonnen hatten, uns für unsere besondere Empfindsamkeit zu schämen und sie mit allen Mitteln zu umgehen. Wenn wir ein Glas umschmissen, schämten wir uns dabei für uns selbst, anstatt den Fehler in unvorsichtigem Verhalten zu erkennen und hernach die richtigen Schlüsse daraus zu ziehen. Die Basis zum Erlernen von gesunder Eigenverantwortlichkeit war somit von klein auf zunichte gemacht worden.

Wir durchleuchteten unsere Ängste gründlich. Wir brachten sie zu Papier, auch wenn wir in Verbindung mit ihnen keinen Groll hegten. Wir fragten uns, warum wir überhaupt Ängste hatten. Hatte uns unser Selbstvertrauen im Stich gelassen, weil wir nicht wussten, dass Hochsensibilität ein wundervolles Geschenk unserer Natur ist? Selbstvertrauen ist eine gute Sache, soweit es tragfähig ist, aber damit war es nicht weit her. Einige von uns hatten einst große Selbstsicherheit, aber sie löste weder das Angstproblem noch ein anderes. Wenn sie uns überheblich machte, wurde alles noch schlimmer. Und dann war da in vielen Fällen noch die Angst vor der Angst, die Furcht. *„Gott sei Dank"* durften wir die Ursache und Quelle dafür lichten und sie in der Verdrängung unserer Hochsensibilität und in der Entrückung von unserer Spiritualität begreifen und fassen lernen.

Wir können uns nicht mehr vorstellen, dass es einen sinnvolleren und einfacheren Weg gibt. Denn wir haben jetzt eine andere Grundlage, nämlich ein neues Bewusstsein und eine sinnbezogene Erkenntnis, warum wir bislang so derart sinnverloren und orientierungslos herumgeirrt sind. Diese Grundlage ist, dass wir in unserer Spiritualität zugleich einen von *„Gott"* gegebenen Sinn erkennen und uns auf Sie als natürlichen Draht zur Schöpfung verlassen dürfen. Wir vertrauen den unendlichen Tiefen unserer Seele und unseres Geistes eher als unserem endlichen Willen. Wir sind auf dieser Welt, um die Rolle zu verkörpern, die uns die Schöpfung und ihre Natur durch die Veranlagung mit Hochsensibilität als Schutzeinrichtung zugewiesen hat. In genau dem Maße, wie wir uns nach bestem Glauben und Gewissen darauf verlassen, dass es für uns so vorgesehen ist. Wir bemühen uns, diesem Sinn und Zweck entsprechend zu verhalten. Durch diese Befähigung fühlen wir uns dazu ermächtigt, Unglück, Chaos und Leid durch Gelassenheit und Mitgefühl zu ersetzen und unserer Umwelt mit diesen Werten zu begegnen, anstatt mit Mitleid, Enttäuschung und Versagen zu reagieren.

Wir rechtfertigen uns nicht länger für unser *„Gottvertrauen“*, für unsere Spiritualität und die Eigenschaften unserer Hochsensibilität.

Wir empfanden Mitgefühl mit jenen, die meinten, dass gelebte Hochsensibilität der Weg der Schwäche sei. Dadurch zeigten wir ihnen, dass die Entwicklung von Hochsensibilität in Wirklichkeit der Weg der Stärke, der Weg der ganzheitlichen Wirksamkeit und Güte alles Natürlichen ist.

Glaube bedeutet nach jahrhundertealten Erkenntnissen Mut. Alle Menschen, die glauben, haben Mut. Mut besteht jedoch nicht darin, die vorherrschenden Gefahren blind zu übersehen, sondern sie reflektiert zu überwinden. Mutige vertrauen auf ihren *„Gott“*, ganz wie sie ihn sehen.

Wir brauchen *„Gott“* nie zu rechtfertigen, ebenso wenig brauchen wir uns noch länger für ihn oder unsere Sensibilität, für unsere Empfindsamkeit oder Verletzlichkeit schämen. Stattdessen lassen wir Ihn durch uns wirken und zeigen, was die Vorsehung vollbringen kann. Wir bitten, unsere Angst von uns zu nehmen und richten unsere Aufmerksamkeit darauf, so zu sein, wie die Schöpfung uns aus dem wesentlichsten Sinn des Menschen ihrer Bestimmung nach gewahren will. Wäre dem nicht so, hätten wir dieses wundervolle Geschenk nicht erhalten.

Wir erkennen, dass wir die Instanz unter den Menschen

sind, die durch ihre Veranlagung die Aufgabe und Pflicht innehaben, die ursprüngliche Harmonie wiederherzustellen und die von Menschen gemachten Probleme als Missachtung des Natürlichen aufzeigen. Dann erst beginnen wir, aus der Angst herauszuwachsen, weil erst durch unsere eigenes Fehlverhalten und Versagen der wesentliche Sinn im Leben erkennbar wurde. Wir können die Opferrolle verlassen und beginnen damit, bewusst Opfer zu erbringen.

Hier einige Ausführungen zum Thema Sexualität: Viele von uns hatten in dem Bereich etwas in Ordnung zu bringen. Vor allem versuchten wir, diese Frage vernünftig anzugehen und nicht in Extreme zu verfallen. Bekanntlich gehen die Meinungen weit auseinander. Die einen beharren darauf, dass Sex eine Begierde niederer Natur sei, eine notwendige Voraussetzung zur Fortpflanzung. Dann gibt es Stimmen, die nach Sex und noch mehr Sex rufen, die die Institution der Ehe beklagen, die glauben, dass die meisten menschlichen Schwierigkeiten auf das Sexuelle zurückzuführen sind. Sie glauben, wir hätten nicht genug oder nicht die richtige Art von Sex. Sie messen ihm in allem Bedeutung zu. Die eine Richtung will dem Menschen keine Würze bei seiner Kost erlauben, die andere möchte uns mit reinem Pfeffer ernähren. Wir möchten nicht Schiedsrichter für *Sexualverhalten* sein. Sexualität ist menschlich, weil natürlich. Was können wir in dieser Sache tun?

Wir betrachten unser eigenes Verhalten der vergangenen Jahre. Wo waren wir selbstsüchtig, unehrlich oder rücksichtslos gewesen? Wem hatten wir wehgetan? Hatten wir auf unverantwortliche Weise Eifersucht, Argwohn oder Verbitterung erweckt?

Wo hatten wir etwas falsch gemacht, was hätten wir

stattdessen tun sollen? Wir schrieben alles nieder und sahen es uns an.

Auf diese Weise beabsichtigten wir, ein gesundes und natürliches Maß für unser zukünftiges Sexualleben zu formen. Wir fragten uns bei jeder Beziehung, ob sie eigennützig ist oder nicht. Wir baten *„Gott“*, unseren Vorstellungen Form zu geben und uns zu helfen, nach ihnen zu leben. Wir erinnerten uns immer daran, dass unser Sexualtrieb *„gottgegeben“* und daher sinnvoll ist, womöglich, um für ständigen Nachwuchs der Hochsensiblen zu sorgen. Oder vielleicht, um Entspannung zu bewirken und lediglich zur Selbstbefriedigung. Oder mochte es sein, dass wir uns durch Orgasmen immer wieder das Gefühl in Erinnerung riefen, wie himmlisch und göttlich unser Leben auf Erden durch entsprechende Stimulation unserer Empfindsamkeit sein konnte? Wer weiß. Der Sexualtrieb sollte weder leichtfertig oder selbstsüchtig genutzt werden, noch sollte er verachtet und verabscheut werden. Nehmen wir ihn einfach als Impuls des Wesentlichen an.

Mancherlei Substanzen oder andere Einflüsse wie Filme waren für viele von uns sexuell so anregend, dass wir dabei übertrieben haben. Chemsex oder Pornosucht in allen Altersklassen seien hier nur als zwei der unzähligen Schlagwörter angeführt. Paare können es gelegentlich kaum fassen, dass der eine, nachdem er womöglich mit dem Konsum einer Droge aufgehört hat, zur Impotenz neigt. Wenn die Ursache dafür nicht verstanden wird, kann es zu einer Störung im Gefühlsleben kommen. Einige von uns mussten diese Erfahrung machen. Sie konnten aber nach einigen Monaten eine viel feinere und innigere Beziehung erleben als früher, weil die Sinne sich wieder erholt hatten. Wenn die Störungen anhalten, solltest du nicht zögern, womöglich auch therapeutische oder ärztliche Hilfe aufzusuchen.

Wie auch immer unser Ideal aussehen mag, wir machen uns bereit, unserem wesentlichen Sinnreichtum entgegenzuwachsen. Dort, wo wir Schaden angerichtet haben, werden wir willens, ihn wiedergutzumachen, vorausgesetzt, dass wir dabei nicht noch mehr Schaden verursachen, uns selbst und oder andere noch mehr verletzen. Mit anderen Worten, wir behandeln sexuelle Probleme wie jedes andere Problem auch. In der Meditation fragen wir, wie wir uns in jedem einzelnen Fall verhalten sollen. Auch dabei werden wir auf einen grünen Zweig kommen. *„Gott“* gibt uns die richtige Antwort, wenn wir sie bereit sind, auch anzunehmen.

Wenn wir die Natur unseres Verhaltens einsehen, wird diese Einsicht eine Neubeurteilung unserer Sexualangelegenheiten zur Folge haben. Rat von anderen ist oft wünschenswert, aber die eigene Empfindsamkeit abseits jeden Gefühls, Gelüstes oder unerfüllter Sehnsüchte sollte die letzte Instanz sein. Halten wir fest, dass einige ebenso verbohrt über Sex denken wie andere leichtfertig. Wir vermeiden deshalb überzogene Urteile oder Ratschläge.

Angenommen, wir erreichen das erstrebte Ideal nicht und stolpern? Bedeutet Beschämung, dass wir uns wieder verletzen werden? Einige meinen, dem wäre so. Und dann noch viel schlimmer als je zuvor. Aber das ist nur die halbe Wahrheit.

Es hängt von uns und unseren Beweggründen ab. Wenn wir bereuen, was wir getan haben, eine gesunde Scham entwickeln und den ehrlichen Wunsch haben, Wiedergutmachung zu leisten und darauf zu vertrauen, dass uns die aufrichtige Äußerung dabei hilft, es besser zu machen, glauben wir, dass uns vergeben wird und wir daraus gelernt haben.

Wenn wir im Gegensatz dazu nicht bereuen und wir mit unserem Verhalten weiterhin anderen wehtun, können wir ganz sicher sein, wieder in alte Fahrwasser zurückzufallen. Die Rechnung dafür zahlen wir zum Schluss allein. Es scheint uns wesentlich, mit möglichen Sexualpartnern noch vor dem ersten Kontakt über schambehaftete Themen zu reden. Aufrichtige und offenherzige Annäherung ist immer vernünftiger als nachträglich getätigte Entschuldigung. Das sind keine Theorien, sondern Tatsachen aus unseren eigenen Erfahrungen.

Zusammenfassend zum Thema Sexualität: Wir bitten ernsthaft um ein richtiges Ideal, um Führung in jeder fragwürdigen Situation, um geistige Gesundheit und um die Kraft, Recht vor dem Unrecht walten zu lassen. Wenn Sexualität eine zu große Belastung wird, bemühen wir uns umso mehr, anderen zu helfen. Wir kümmern uns um ihre Nöte und tun etwas für sie, indem wir sie begleiten und nicht, indem wir übergriffig werden und sie belästigen. Dabei kommen wir auf andere Gedanken und lernen, die gütigen Eigenschaften unsere Veranlagung zu leben. Es beruhigt den übersteigerten Drang nach Selbsterfüllung und sexueller Befriedigung. Diesem nachzugeben, würde ein gebrochenes Herz bedeuten. Oder dadurch noch einige mehr.

Wenn wir bei unserer Inventur sorgfältig waren, haben wir eine Menge niedergeschrieben. Wir haben unseren Groll aufgeschrieben und gründlich unter- sucht auf Scham und Ängste. Nach und nach sahen wir ein, wie nutzlos und verhängnisvoll der Groll ist. Wir begannen, seine furchtbare Zerstörungskraft zu begreifen. Wir lernten Schritt für Schritt, Toleranz, Gelassenheit und guten Willen gegenüber allen Menschen und Ereignissen zu üben, sogar gegenüber unseren Feinden, denn wir betrachteten sie, als seelisch Erblindete, ebenso als Kranke, die uns die längste Zeit als Spiegelbild unserer eigenen Unzulänglichkeiten gedient hatten. Wir machten eine Liste der Menschen, die wir durch unser Verhalten verletzt hatten und wurden willens, die Vergangenheit in Ordnung zu bringen, soweit wir es konnten und vermochten.

In diesem Buch liest du immer wieder, dass Glaube und Gewissheit all das für uns getan haben, was wir selbst nicht für uns tun konnten. Wir hoffen, du bist jetzt davon überzeugt, dass *„Gott, wie wir ihn empfanden"*, alles beseitigen kann, was dich bisher aus Eigenwillen von ihm getrennt hat. Wenn du schon eine Entscheidung getroffen und deine größeren Unzulänglichkeiten festgestellt hast, ist das ein guter Anfang. Wenn das so ist, hast du bereits einige große Brocken der Wahrheiten über dich selbst geschluckt und verdaut.

Kapitel Sechs

In die Tat umgesetzt

Wir haben Inventur gemacht und unser Verhalten reflektiert. Wir haben uns bemüht, eine neue Lebenseinstellung zu finden und ein neues Verhältnis zu unserer Hochsensibilität sowie die Verbindung zu unserem Spiritualitätssinn zu entstören. So durften wir auch die Hindernisse auf unserem Weg entdecken. Wir haben uns gewisse Fehler eingestanden; in groben Zügen haben wir festgestellt, wo unsere Schwierigkeiten liegen und haben unseren Finger auf die schwachen Stellen in unserer persönlichen Inventur gelegt. Wir haben aufgehört, mit dem Finger auf andere zu zeigen. Nun haben wir diese Gewohnheiten und Fehleinstellungen auszumerzen. Das erfordert, dass wir handeln. Uns selbst und einem anderen Menschen gegenüber unverhüllt unsere Fehler zuzugeben, war alles, was zu tun war, sprich: uns zu äußern. Mit der einzigen Bedingung, dass wir das Fehlverhalten mit unserer Unwissenheit über Hochsensibilität als *„Gottes Geschenk"* in Verbindung brachten. Sozusagen gestanden wir uns selbst und einem anderen unsere Makel als missliche Folge daraus ein, es selbst nicht besser gewusst zu haben, bis zu dem Zeitpunkt, indem uns die Gewissheit erreicht hatte. Und in diesem Augenblick wirst du kennenlernen, wie sich Vergebung und Erlösung anfühlen. Damit sind wir beim *Fünften Schritt* in unserem Genesungsprogramm angekommen: *Wir gestehen uns selbst und einem anderen Menschen gegenüber die genaue Natur unseres Verhaltens ein.*

Das alles ist schon schwierig genug, erst recht, wenn wir unser Verhalten mit einem anderen Menschen besprechen. Wir meinen, es sei genug, diese Dinge und mögliche Fehler uns selbst einzugestehen. Das ist zu bezweifeln. In der Praxis ist es üblicherweise so, dass unsere einsame Selbstbewertung nicht ausreicht. Viele von uns hielten es für notwendig, noch viel weiter zu gehen. Wir können uns eher mit dem Gedanken anfreunden, unsere innersten Angelegenheiten mit jemand anderem zu besprechen, wenn wir gute Gründe dafür haben.

Der wichtigste Grund zuerst: Wenn wir diesen lebenswichtigen Schritt überspringen, können wir von selbst- und oder fremdschädigendem Verhalten nicht loskommen. Immer wieder haben Neue versucht, gewisse Dinge aus ihrem Leben weiterhin für sich zu behalten. Um sich diese demütigende Erfahrung zu ersparen, wandten sie sich von durch Aufrichtigkeit und Ehrlichkeit getragenen Äußerungsrunden ab und hin zu einfacheren Methoden. Mit ziemlicher Sicherheit verfielen sie wieder in eigenbrötlerische Gedanken-, Gefühls- und Glaubenswelten und lenkten sich durch andere Möglichkeiten erneut vom Wesentlichen ab. Beide Extreme sind zum Scheitern verurteilt, wenn wir dabei vergessen, dass wir uns die Hochsensibilität und Spiritualität nicht selbst eingeimpft haben. Wir haben der Wahrheit ins Auge zu sehen, wenn wir heilen wollen. Das heißt nicht, dass die Besagten fortgelaufen sind oder nicht willens gewesen seien, an sich zu arbeiten. Ganz im Gegenteil: Da sie im übrigen Programm weitergearbeitet hatten, wunderten sie sich, warum sie wieder rückfällig geworden oder in alte Verhaltensmuster zurückgekehrt waren. Nach unserer Meinung liegt es daran, dass sie ihr inneres Großreinemachen niemals zu Ende geführt haben.

Selbstverständlich ist es so, dass Hochsensible aufgrund ihrer Empfindsamkeit und Reizoffenheit, Sinneseindrücke und Energien über ihre sechs physiologischen Sinne besonders genießen können, wie beispielsweise den Klang berührender Musik, den süßen Duft einer Rose, den köstlichen Geschmack guten Essens, den Anblick eines schönen Sonnenuntergangs, das Gefühl von weicher Wolle und Seide auf der Haut, beglückende Begegnungen mit herzvollen Menschen, die Ruhe und Kraft des Waldes bei einem Spaziergang und noch vieles mehr. Doch was, wenn sie jemand dabei stört oder ihnen die Anforderungen des Alltags in einer von Konsumzwang und Leistungsdruck gemaßregelten Gesellschaft in die Quere kommen? Dann *„Gnade uns Gott"*.

Erst dann, wenn wir unsere besondere Wahrnehmung auf Hochsensibilität als sinnvolle und zweckmäßige Veranlagung für unseren Verstand begreiflich machen und unseren Schuldanteil sowie die reflektierten Ursachen dafür auch bereitwillig einem anderen Menschen gegenüber zugeben, kann das Manifestierte sich auflösen und hernach zu Schall und Rauch werden. Durch Äußerung von Lauten erzeugt sich im Wesentlichen des Menschen eine Basis für Frieden und Stille. Ganz gleich, ob es sich dabei um unseren Anteil als Opfer oder Täter handelt: *Alles muss raus*. Zugegeben, die oben Genannten machten eine beinahe gründliche Inventur, konnten sich aber von einigen der übelsten Artikel in ihrem Lager nicht trennen. Sie meinten, sie hätten ihren Egoismus, ihre Angst und Scham verloren; sie meinten, sie wären gleichmütig, ja sogar demütig geworden. Im Sinne unserer natürlichen Veranlagung entsprechend, haben wir jedoch erst dann genug über Demut, Furchtlosigkeit und Ehrlichkeit gelernt, wenn wir bereit wurden, alle Anteile auf den Waagschalen preiszugeben und Reue zu zeigen. Zu dieser Katharsis und Läuterung gehörte nun mal, sich von den seelischen, geistigen und psychischen Verunreinigungen zu befreien und sie auf diese Weise zu reinigen, sie ohne weiteren Vorbehalt einem anderen gegenüber zu äußern. Die Anonymität hilft uns dabei. Erst wenn wir bereit wurden, unsere ganze Lebensgeschichte zu erzählen, konnten Reue und Demut Einkehr halten. So hat es die Natur im Sinne eines natürlichen Reinigungsprozesses vorgesehen und so erkannten wir auch darin eine grundlegende Notwendigkeit. Und *Not-wendigkeit* heißt eben nun einmal, durch entsprechendes Eingeständnis die Not zu wenden. Was danach kommt, sind dann keine Notwendigkeiten mehr, sondern vielmehr Erfordernisse, um, unserer Hochsensibilität folgend sowie unserer Spiritualität entsprechend, die nachhaltige Genesung einzuleiten. Manche eröffneten sich dabei ihrem Therapeuten, andere wiederum einem Geistlichen, einige aber ihrem Freund aus der Gruppe, einem Angehörigen oder dem Arzt ihres Vertrauens.

Mehr als andere Menschen führt der kranke Hochsensible ein Doppelleben. Er hat sehr viel von einem Schauspieler, wie wir bereits anschaulich zu vermitteln versucht haben. So bestehen die in den Schatten gedrängten Anteile aber auch immer aus Erlebnissen eines Opferdaseins und aus Bestandteilen einer Täterschaft. Der Umwelt hingegen zeigt er sich in seiner Bühnenrolle, nämlich genauso, wie er glaubt Anerkennung, Beifall, Geborgenheit, Wertschätzung und Liebe zu bekommen. So sollen ihn seine Mitmenschen sehen, im Sinne einer Person, sprich als Persönlichkeit. Und wie das Wort Person bereits dem mittelhochdeutsch persōn(e), lateinisch persona, entlehnt ist, bedeutet es nichts anderes als Maske oder die durch diese Maske dargestellte Rolle, der Charakter oder der dahinter verborgene Mensch. Wir befinden uns sozusagen auf einem weltweiten Maskenball. Darum ist es so wichtig, uns die wesentlichen Unterschiede von Hochsensiblen und Nichthochsensiblen in Bezug auf das Vorhandensein der entsprechenden genetischen Möglichkeiten begreiflich zu machen. Denn erst diese Betrachtungsweise durch Unterteilung der Menschheit in diese zwei Hälften eines Ganzen ermöglicht es uns, dass der Verstand es auch fassen kann und wir für uns herausfinden können, welcher Gruppe wir uns zugehörig fühlen.

Als Personen möchten wir ein gewisses Ansehen genießen, aber im Innersten glauben wir zu wissen, dass wir es nicht verdienen, weil wir es so vermittelt bekommen haben. So braucht der Betroffene neue Mittel und Wege, diese Unaufrichtigkeit zu überwinden. Oder im schlimmsten Fall eine Substanz, die seinen Sinn für Gerechtigkeit, Ehrlichkeit, Aufrichtigkeit und dergleichen betäuben und ihn seine wesentlichen Wertigkeiten vergessen lässt. Wir sind zur Einsicht gelangt, dass nicht jene Mitmenschen das Problem sind, die diese Veranlagung nicht haben, sondern jene, die verbissen nach dem Grund suchten, was mit ihnen denn in aller Welt nicht stimmte.

Denn nichts quält einen Menschen mehr als nagende Ungewissheit.

Der Suchtkranke weiß davon ein Lied zu singen. Wenn

all jene nach und nach Gewissheit erlangen und sich selbst zu klären beginnen, ja dann: Halleluja!

Darum ist Gewissheit durch Bewusstwerdung so wichtig. Denn erst dadurch kann der hochsensible Mensch damit aufhören, sich im Wesentlichen als Opfer seiner Veranlagung zu sehen und sich an der Sinnhaftigkeit und schrittweisen Entwicklung seiner Begabung neu zu orientieren lernen, um über seine bisher vermuteten Schwächen hinauszuwachsen und die ihm kraft seiner Natur verliehen Befreiungs- und Erlösungsenergien freizusetzen. Wirkliche Klärung kann nur stattfinden, wenn der Betroffene sein Talent für komplexes Denken, seine detaillierte und ganzheitliche Wahrnehmung, seine große Reizoffenheit, seine oftmals erweiterte Wahrnehmung in Bezug auf seine Begabung mit Intuition, Medialität und Hochsensibilität, seine starken Antennen für Energien und Stimmungen aller Art, sein fantastisch komplexes Innenleben, seine Art, tiefsinniger zu reflektieren und nachzudenken, seine ausgeprägte Ernsthaftigkeit, Gewissenhaftigkeit mit dem Drang zum Perfektionismus sowie sein oftmals übermäßiges Gerechtigkeitsempfinden und Harmoniebedürfnis auf seine genetische Veranlagung mit Hochsensibilität zurückzuführen lernt. Es ist wichtig zu erkennen, dass er sich allein durch diese Veranlagung von der Mehrheit seiner Mitmenschen unterscheidet und dass auf der Ungewissheit darüber sein ganzes Chaos begründet ist. Erst wenn er erkennt, dass das von der Natur als Quelle allen Lebens her einfach so vorgesehen ist, dann kann er damit aufhören, sich selbst als „*Gott*“ zu sehen, wenngleich wir als die Krönung der Schöpfung dem Sinne nach womöglich sogar als „*gottgleich*“ zu betrachten wären. Dennoch: Wir alle sind nur die Beschenkten einer Macht, und wir sind nicht im Geringsten imstande, mit unserem Verstand in ihrer gesamten Komplexität und Ganzheit zu fassen.

Auch wenn du jetzt der Meinung bist, dass die oben erwähnten Merkmale auf dich so ganz und gar nicht zutreffen: Hochsensible haben zumeist gelernt, ihre Gefühle und Gedanken soweit auszublenden und sich von überwältigenden Eindrücken abzuschotten, dass sie sich nicht mehr als solche erkennen würden. Auch wenn nur wenige Kennzeichen zutreffen, diese jedoch umso stärker ausgeprägt sind, ist eine hochsensible Veranlagung möglich. Richte dabei den Fokus auf deine Ahnung, auf eintreffende Geistesblitze oder achte darauf, was du in den nächsten Tagen träumst. Doch Achtung, auch Nichthochsensible können in außergewöhnlichen Belastungssituationen hochempfindlich reagieren. Zur Unterscheidung hilft die Frage: Wie war es früher, als ich noch ein Kind war?

Durch all diese Erkenntnisse und die Arbeit daran dürfen wir schrittweise mit dem Anpassungsverhalten aufhören. Und weil die Gründe so verschieden sind, wie es Menschen gibt, und die Ursache jedoch so einfach zu erkennen ist wie nie zuvor, brauchte es in jedem unserer Fälle ein einfaches Programm für komplizierte Menschen, das die wesentliche Ursache all unserer Probleme in uns selbst zu klären vermochte.

Nun aber wieder zu unserem Schauspieler, der im vorliegenden Fall Alkoholiker ist. Dieser Zwiespalt wird bei ihm noch verstärkt durch das, was er bei seinen Sauftouren, in seinen Rauscherfahrungen, in seinem Zustand der Sinnesbetäubung anstellt. Gewisse Episoden, an die er sich schwach erinnert, ekeln ihn an, wenn er wieder zu Sinnen kommt. Diese Erinnerungen sind ein Albdruck eines Zustandes geistiger Umnachtung. Er zittert bei dem Gedanken, jemand könnte ihn beobachtet haben. So gut er kann, vergräbt er diese Erinnerungen in seinem sogenannten Unterbewusstsein. Er hofft, dass sie nie wieder ans Tageslicht kommen. Er verhält sich wie ein kleines Kind, das glaubt, von den anderen nicht gesehen zu werden, wenn es sich die eigenen Augen zuhält. Er steht aus Scham unter ständiger Angst und Spannung, von den anderen als „Sensibelchen" entdeckt oder entlarvt zu werden. Das treibt ihn hernach dazu, noch mehr betäubende Substanzen und ablenkendes Verhalten nachzulegen.

Viele Psychologen, Psychiater und Therapeuten waren geneigt, uns beizupflichten. Wir haben viel Geld für Untersuchungen und Therapien ausgegeben. Aber nur in wenigen Fällen haben wir uns den Ärzten gegenüber als Menschen fair verhalten. Weder haben wir ihnen die ganze Wahrheit erzählt, noch sind wir ihrem Rat gefolgt. Wir waren nicht bereit, diesen uns zumeist wohlgesonnenen Menschen gegenüber aufrichtig zu sein – und schon gar nicht gegenüber anderen. Zumeist jedoch gegenüber Wildfremden, weil wir dabei noch keine Bindungen aufgebaut hatten.

Aufgrund der Faktenlage ist es kein Wunder, dass die Mediziner eine so geringe Meinung von Suchtkranken, insbesondere von Alkoholikern, und deren Genesungsaussichten haben. Denn viele dachten und denken auch heute noch, Alkoholismus würde auf einer Charakter- oder Willensschwäche beruhen. Dass dies gewiss nicht der Fall ist und dass es sich dabei um ein verhängnisvolles Missverständnis handelt, das auf beiden Seiten Misstrauen und Unverständnis ausgelöst hat, haben wir bereits in unseren Ausführungen umfangreich zum Ausdruck gebracht.

Wenn wir auf dieser Welt lange und glücklich leben wollen, sollten wir gegenüber irgendeinem Menschen vollkommen ehrlich sein. Es ist nur von Vorteil, wenn wir gut überlegen, bevor wir den oder die Menschen auswählen, mit denen wir diesen sehr persönlichen und vertraulichen Schritt tun. Wer von uns zu einer Religion gehört, bei der die Beichte vorgeschrieben ist, muss womöglich und will vielleicht auch zu dem Geistlichen gehen, dessen Pflicht es ist, die Beichte abzunehmen. Doch das birgt neben einer gefühlten Erleichterung auch so einige Gefahren.

Fern jeder religiösen Bindung ist es für uns wichtig zu erkennen, dass wir aufgrund unserer Hochsensibilität das natürliche Bedürfnis haben, Klarheit zu schaffen. Wir haben einen ausgeprägten Gerechtigkeitssinn und ein Gespür für Harmonie und Gleichklang. Wir tun gut daran, mit jemandem zu reden, der sich aufgrund seiner Spiritualität berufen fühlt, sich für das Seelenheil seiner Mitmenschen einzusetzen. Solche Menschen erfassen und verstehen unser Problem oft sehr schnell, wenngleich ihnen aufgrund der ihnen auferlegten Religion leider auch oftmals das Verständnis fehlt, Hochsensibilität als das anzusehen, was sie ist: eine natürliche Schutzeinrichtung einer sinnvollen Schöpfung. Natürlich treffen wir auch dort manchmal jemanden, der weder unsere Veranlagung noch die aus ihrer Missachtung erwachsenen Krankheiten versteht. Wenn wir das dennoch nicht können oder möchten, suchen wir in unserem Bekanntenkreis ein verschwiegenes, verständnisvolles und vertrauenswürdiges Gegenüber. Vielleicht ist aber auch unser Arzt, unser Psychotherapeut oder Psychologe der richtige Mensch hinter der augenscheinlichen Persönlichkeit. Es kann jemand aus unserer eigenen Familie sein, aber wir können nicht in erster Linie unseren Ehepartnern oder unseren Eltern die Dinge unseres entrückten Lebens enthüllen, die sie verletzen oder unglücklich machen würden. Wir haben kein Recht, unsere eigene Haut auf Kosten anderer zu retten. Diesen Teil unserer Geschichte erzählen wir jemandem, der ihn verstehen wird, der aber nicht davon betroffen ist. Grundsätzlich haben wir immer unverblümt gegen uns selbst zu sein und immer gefühlvoll und empathisch gegenüber anderen.

Ungeachtet der Notwendigkeit, sich jemandem mitzuteilen, ist es möglich, dass man sich in einer Lage befindet, in der man keinen passenden Gesprächspartner hat. Wenn das der Fall ist, kann dieser Schritt aufgeschoben werden, jedoch nur dann, wenn wir absolut bereit sind, ihn bei der ersten Gelegenheit nachzuholen. Wir sagen das, weil wir sehr darauf bedacht sind, mit dem richtigen Menschen zu sprechen. Es ist wichtig für die wesentliche Entwicklung, dass er etwas vertraulich behandeln kann; dass er das, was wir vorhaben, versteht und billigt und nicht versucht, unsere Vorsehung zu ändern. Aber wir sollten das nicht als Entschuldigung dafür benutzen, das Gespräch auf die lange Bank zu schieben. So sollten wir uns auch davor hüten, auf das Eintreffen eines Gesprächspartners zu hoffen, den wir durch seine Gutgläubigkeit oder Naivität erneut belügen können. Dieser Schuss würde nach hinten losgehen, ganz nach dem Gesetz der Resonanz, sprich dem Spiegelgesetz, das auch als Karma bezeichnet wird.

Wenn wir uns entschieden haben, wer genau unsere Geschichte anhören soll, vergeuden wir keine Zeit. Wir haben unsere niedergeschriebene Selbstreflexion als Inventurliste und sind auf ein langes Gespräch vorbereitet. Wobei wir der Meinung sind, dass ganz konkret eröffnete Zeitfenster und die Einhaltung der Gesprächszeiten für solcherlei Offenbarungen sehr wichtig sind, um nicht abzudriften oder den Boden unter den Füßen zu verlieren. Wir erklären unserem Gesprächspartner, was wir vorhaben und warum wir glauben, es tun zu müssen. Er sollte wissen, dass es für uns um Leben und Tod geht. Die meisten Menschen, auf die man mit diesem Anliegen zugeht, werden gern helfen; unser Vertrauen ehrt sie. Dennoch ist es wichtig dabei, darauf zu achten, ob wir den anderen damit überfordern oder überrumpeln. Hier scheinen uns schon die wiederentdeckten Eigenschaften unserer Begabung dienlich zu sein, indem wir unsere feinen Antennen gezielt für uns selbst einsetzen, um einerseits im Gespräch die eigenen Belastungsgrenzen, drohende Überreizung und Ähnliches rechtzeitig wahrzunehmen und andererseits mit Mitgefühl und Beobachtungsgabe darauf zu achten, wie es dabei unserem Gegenüber ergehen könnte und ergeht. Wichtig erscheint dabei, sich in seinem Körper fest verankert zu fühlen, bei vollem Bewusstsein und gesammelt zu sein, *sprich: nüchtern und klar.*

Darum ist diese Aufgabe auch erst im Fünften Schritt möglich, weil ein Teil der Vergangenheitsbewältigung schon erledigt und Gewesenes reflektiert sein muss. Die eigenen Bedürfnisse zu erkennen und zu achten und angemessen mit Gefühlen umzugehen, ist bei dieser Arbeit sehr wichtig. *Und bitte:* Wenn du bemerkst, dass dabei Dinge hochkommen, die du nicht imstande bist, alleine zu verkraften oder auszuhalten, zögere keinen einzigen Augenblick damit, auch ärztliche oder therapeutische Hilfe in Anspruch zu nehmen. *In Ausnahmesituationen und dringenden Notfällen wähle einfach für Österreich die 144 oder den europaweiten Notruf 112.*

Die meisten von uns durften so im Lauf der Arbeit im Programm und durch die Nutzung therapeutischer Angebote leichtere Mittel für sich herausfinden, die als Möglichkeiten zur Entspannung Anwendung finden und ihnen als Fertigkeiten und Fähigkeiten, sogenannte Skills, zur Reizbeseitigung und Reduzierung von Spannungszuständen verholfen haben, wie beispielsweise Atemmeditation, gezielte Setzung von Reizimpulsen auf physiologische Sinne und dergleichen.

Wir lernten kraft unseres neuen Bewusstseins, uns darauf zu konzentrieren, was wir mochten, und nicht auf das, was wir befürchteten. Aufrichtig und offenherzig wurden wir bereit, Feinfühligkeit dosiert zu leben, wie schon erwähnt, in welchen Bereichen, gegenüber welchen Menschen ist es angemessen und gut – und wo nicht? Wir begannen, uns selbst zu lieben, und erkannten dadurch, dass es eine reine Energieverschwendung war, die Liebe außen zu suchen.

Wir legen unseren Stolz und Hochmut ab und gehen daran, jeden Winkel unseres Charakters und jede dunkle Ecke unserer Vergangenheit auszuleuchten. Wenn wir einmal diesen Schritt getan und dabei nichts zurückgehalten haben, sind wir froh. Erleichterung wird spürbar. Indem wir gelernt haben, dabei unseren Mitmenschen in die Augen zu sehen, können wir uns ab heute auch selbst wieder in die Augen schauen.

Wir können mit, durch und in uns selber Ruhe und Frieden finden. Unsere Ängste und unsere Scham fallen von uns ab. Wir beginnen, die Nähe zu unserer eigentlichen Natur, zu unserer wesentlichen Güte, erneut zu empfinden und wahrzunehmen. Es mag sein, dass wir eine bestimmte Vorstellung vom Glauben hatten, aber jetzt fangen wir an, eine spirituelle Erfahrung zu machen. Der Eindruck, dass das Problem in unserem Leben verschwunden sei, überwältigt uns oft. Wir fühlen uns auf einer breiten Straße, geführt vom Geist des Universums in der Natur des Menschen.

Nach Hause zurückgekehrt ziehen wir uns für eine Stunde an einen ruhigen Ort zurück und denken über alles noch einmal sorgfältig nach. Wir danken der Vorsehung von ganzem Herzen, dass wir Sie jetzt besser kennen und Teil sein dürfen von ihrer Sinnhaftigkeit und Zweckmäßigkeit.

Wir nehmen dieses Buch zur Hand und schlagen die *Seite mit den Zwölf-Schritten* auf. Sorgfältig lesen wir die ersten *Fünf Schritte* und fragen uns, ob wir irgendetwas ausgelassen haben. Denn wir bauen einen Torbogen, durch den wir schließlich als freie Menschen gehen werden. Haben wir bis jetzt solide Arbeit geleistet? Sind die Steine richtig gesetzt? Haben wir beim Fundament an Zement gespart? Haben wir versucht, Mörtel ohne Sand zu mischen?

Der Erfolg aus der Arbeit im Fünften Schritt wird sich für uns bemerkbar machen, indem wir zwischenzeitlich wieder anders empfinden können. Denn durch diese schrittweise Annäherung an die sensiblen Bereiche in unserem Leben können wir in zwischenmenschlichen Herausforderungen vormalige Betroffenheit in Dankbarkeit für das uns wechselseitig entgegengebrachte Vertrauen umwandeln, Wertschätzung für den eigenen Weg und den Weg des anderen entwickeln, ja sogar uns selbst und den Weg des anderen bewundern statt bedauern. Mitleid konnte durch Verständnis und Mitgefühl ersetzt werden, und die Balance von Geben und Nehmen durfte sich in ihrer eigenen Geschwindigkeit wiederherstellen. Unsere Bereitschaft zur Redseligkeit war, und dies ist *das Zünglein an der Waage*. Wir konnten unsere Opferhaltung aufgeben, andere Abwehrmechanismen ablegen und Eigenverantwortung für unser Tun und Unterlassen übernehmen, indem wir bereit wurden, Gedanken, Gefühle, Ungerechtigkeiten und Mangelverhalten zu äußern sowie unsere natürlichen Bedürfnisse im Zusammenhang mit unserer Veranlagung einzusehen. Es gelang uns immer besser, uns von den eigenen Erwartungen und Wünschen anderer loszusagen und anstatt *„Nein"* zu anderen *„Ja"* zu uns selbst zu sagen. Unsere vermeintlich gefühlte Schwäche entwickelte sich durch tägliche Übung zur empfundenen Stärke. Wir begannen, unseren gesamten Sinnreichtum zu entwickeln und für unsere Schwächen und Stärken einzustehen, anstatt immer lieb, nett und angepasst zu erscheinen. Wir wurden zu authentischen Menschen, jenseits dessen, was von uns als Personen erwartet wurde, weil wir leidvoll an unserer eigenen Existenz erfahren mussten, dass Rollenspiele uns nichts als Kraft und natürliche Ressourcen, ja beinahe sogar unser eigenes Leben, gekostet hatten. Nun gut.

Wenn wir mit den Antworten zufrieden sind, können wir zum Sechsten Schritt übergehen: *Wir wurden völlig bereit, die besonderen Eigenschaften unserer Hochsensibilität Schritt für Schritt zu entwickeln.*

Wir haben immer betont, wie unerlässlich Bereitwilligkeit ist. Sind wir jetzt bereit, von Natur aus all die Dinge beseitigen zu lassen, von denen wir zugegeben haben, dass sie zu verwerfen wären? Kann die bewusste Entwicklung unserer natürlichen Talente jetzt alle Makel von uns nehmen, jeden einzelnen? Ja, sie kann. Dabei ist es wichtig, *Spiritualität und Hochsensibilität als von Natur gegebene Geschenke*, sozusagen als von *„Gott"* gegeben, anzunehmen. Wenn wir uns nämlich immer noch an etwas willentlich klammern, das wir uns nicht selbst zuzuschreiben haben und den Gedanken daran nicht bereitwillig loslassen wollen, werden wir erneut scheitern. Bei den Augen, der Nase oder anderen Sinnesorganen sind wir uns ja auch völlig im Klaren darüber, dass wir uns die nicht selbst gebastelt haben. So nutzen wir einfachheitshalber *„Gott“* als Begriff und bitten Ihn, dass Er uns zur Bereitschaft verhilft. Mit *„Gott“* geben wir sozusagen der Schöpfung einen Namen und bringen dadurch, abgesehen der unterschiedlichsten religiösen Ansichten und Definitionen, alles auf einen gemeinsamen Nenner. Denn es ist immer vorteilhaft, sich des Gebers eines Geschenkes bewusst zu werden, vor allem für den Fall, dass uns das Geschenk zum Verhängnis geworden war. Dies kommt uns dabei sehr gelegen, uns selbst leichter zu entschulden.

Wenn wir schließlich dazu bereit sind, sagen wir etwa Folgendes: *„Mein Gott, ich bin nun willig, mich Dir ganz hinzugeben, mit all meinen menschlichen Stärken und Schwächen. Ich bitte Dich, die Mängel jetzt von mir zu nehmen, die mich daran hindern, Dir und meiner Umwelt gegenüber nützlich zu erscheinen. Gib mir kraft der Natur die Macht, von jetzt an der Vorsehung zu folgen und meine Bestimmung aus ihrem Sinn zu gewahren. Danke.“*

Damit haben wir *Schritt Sieben* vollzogen: *Anmutig erbat ich, dass die Entfaltung unseres Sinnreichtums alle Makel von uns nimmt.*

Jetzt kommen wir so richtig ins Tun, wie es sich einem gesunden Verständnis nach für Wiedergutmachung gehört. Denn wie der Körper ohne den Geist tot ist, so ist auch der Glaube ohne Werke tot. Betrachten wir die *Schritt Acht „Ich machte eine Liste aller Personen, denen ich Schaden zugefügt hatte, und wurde willig, ihn bei allen wiedergutzumachen.“* und *Schritt Neun „Indem ich mein unmittel-*

bares Verhalten der Natur und den Menschen gegenüber änderte, mache ich durch Mitgefühl und Sanftmut alles wieder gut, wo immer es möglich ist."

Wir haben, jeder für sich selbst, eine Liste aller Personen gemacht, die wir gekränkt hatten, und sind willens, dies wiedergutzumachen. Wir hatten diese Liste schon bei der Inventur gemacht. Wir unterzogen uns einer gründlichen Selbsteinschätzung, quasi einer Neubewertung durch Reflexion. Nun gehen wir zu unseren Mitmenschen und machen den Schaden wieder gut, den wir in der Vergangenheit angerichtet haben. Wir versuchen, die Trümmer wegzuschaffen, die sich angehäuft haben, als wir noch nach unserem Eigenwillen und Starrsinn gelebt und allein Regie führen wollten. Wenn uns die Bereitschaft dazu noch fehlt, bitten wir solange darum, bis sie sich einstellt. Das kann getrost auch etwas länger dauern. Wir haben dabei die Erfahrung gemacht, dass sich das Zugehen auf unsere Mitmenschen umso schwieriger erwies, je mehr Konflikte sich in einem Leben angehäuft hatten. Vor allem dann, wenn es Bereiche betroffen hatte, die womöglich rechtliche Konsequenzen nach sich gezogen hätten. Wir können Tote bestimmt nicht mehr zu wahrem Leben erwecken, weil wir Worte oder Taten nicht rückgängig machen können. Doch wir vermögen dank unserer geistigen Vorstellungskraft Vergangenes zu neuem Leben zu erwecken und im Tiefsten unseres Herzens um Vergebung und Verzeihung bitten. Dadurch können wir kraft „*Gottes*" das bereits der Vergangenheit, also dem Tod Zugeschriebene sowie die Lebenden und Toten richten. Man bezeichnet dies als Seelenheilung. Zwar können wir nicht in jedem einzelnen Fall einem Straßenarbeiter danken, dass er uns den Weg geebnet hat, aber wir können diese Dankbarkeit jedoch im momentanen Leben zum Ausdruck bringen. Ebenso verhält es sich mit Wiedergutmachung. Sie bedarf keiner materiellen Geschenke, sondern man zeigt sie durch entsprechendes Erscheinen. Erinnern wir uns daran, dass wir am Anfang übereinstimmten, den ganzen Weg zu gehen, um unsere Krankheit zu besiegen. Wo ein Wille ist, da ist auch ein Weg.

Wahrscheinlich kommen uns dennoch einige Bedenken. Wenn wir auf die Liste unserer Kollegen und Freunde schauen, die wir verletzt haben, zögern wir vielleicht, einigen von ihnen auf einer spirituellen Ebene zu begegnen. Wir können beruhigt sein: Manchen Leuten gegenüber brauchen und sollten wir nicht gleich bei der ersten Begegnung die Spiritualität betonen. Wir würden sie nur voreingenommen machen und den Anschein erwecken, dass wir zwischenzeitlich völlig verrückt geworden sind. Im Augenblick geht es nur darum, unser Leben in Ordnung zu bringen. Aber das allein ist noch kein Ziel. Unsere eigentliche Aufgabe besteht darin, uns dazu fähig zu machen, unserer Natur und unseren Mitmenschen wie auch unseren Mitgeschöpfen in höchstem Maße dienlich zu sein. Es ist selten klug, jemanden anzusprechen, der noch unter dem Unrecht leidet, das wir ihm angetan haben, und ihm mitzuteilen versuchen, dass wir einsichtig in Bezug auf unsere Hochsensibilität und gläubig im Sinne unserer Spiritualität geworden sind. Das hieße, beim Boxen gleich das Kinn hinzuhalten. Warum sollen wir uns anbieten, als Fanatiker oder frömmelnde Langweiler abgestempelt zu werden? Damit vernichten wir die spätere Gelegenheit, eine heilbringende Botschaft weitergeben zu können. Aber unser Gegenüber ist sicher beeindruckt von unserem aufrichtigen Wunsch, Unrecht in Ordnung zu bringen. Er wird mehr an einem Beweis des guten Willens interessiert sein als an unserem Gerede über spirituelle Entdeckungen und über Hochsensibilität, die noch von Unstimmigkeiten und Krankheitssymptomen gezeichnet sind.

Das soll uns aber nicht als Entschuldigung dienen, um uns vor den Themen *„Hochsensibilität“*, *„Spiritualität“*, *„Gott“* und/oder *„psychische Krankheit“* zu drücken. Wenn es einem guten Zweck dient, sind wir bereit, unsere Überzeugung taktvoll und vernünftig zu vertreten. Und ein guter Zweck besteht immer darin, vorherrschender Diskriminierung oder Stigmatisierung Einhalt zu gebieten. An dieser Stelle eröffnet sich die Frage, wie wir dem Menschen gegenüber auftreten, den wir vormals gehasst haben. Es kann sein, dass er uns mehr verletzt hat als wir ihn. Obwohl wir eine bessere Einstellung ihm gegenüber gefunden haben, sind wir immer noch nicht gerade erpicht darauf, ihm unsere Fehler einzugestehen. Bei einem Menschen, den wir nicht mögen, beißen wir eben die Zähne zusammen. Bei uns selbst haben wir es immerhin auch so gemacht.

Es ist schwerer, zu einem Feind hinzugehen als zu einem Freund, aber es bringt mehr. Das hat sich durch die Begegnung mit unseren eigenen Schattenseiten schon als richtig erwiesen.

Der Grund liegt darin, weil Feindschaft und Disharmonie die Wurzel des Übels beinhalten, nämlich das stete Bedürfnis, dem Ego gegenüber nicht als Schwächling oder Verlierer dazustehen. Doch wisse: Was dein Feind nicht wissen sollte, das sage auch keinem Freund. Und weil wir jedoch mit gutem Beispiel vorangehen und von Grund auf Genesung bewirken wollen, neben tiefgründigen Gesprächen mit unseren Freunden, gehen wir auf ihn zu, im

Geiste der Nächstenliebe, der Vergebung und Wiedergutmachung.

Es geht, wie bereits weiter oben angeführt, um das Eingeständnis unseres Schuldanteils. Wir gestehen ihm unsere frühere Abneigung ein und drücken unsere aufrichtige Anteilnahme an den Differenzen aus. Dabei können wir ihm unsere Erkenntnis eröffnen, indem wir ihm beispielsweise ein Informationsblatt über Hochsensibilität überreichen, ohne darauf näher einzugehen.

In solchen Fällen kritisieren oder streiten wir unter keinen Umständen. Wir sagen einfach, dass wir nie von unserer eigenen Unzulänglichkeit loskommen, bevor wir nicht unser Möglichstes getan haben, unsere Vergangenheit in Ordnung zu bringen. Wir zeigen dadurch die ehrliche Absicht, dass wir nach dem Hausputz vor unserer eigenen Tür kehren, Einsicht walten lassen und uns darüber klar werden, dass wir solange nichts zustande bringen, ehe wir es nicht tun und einen friedvollen Anfang machen. Aber wir sollten nie versuchen, dem anderen zu sagen, was er zu tun hat; seine Fehler stehen nicht länger zur Diskussion. Wir bleiben bei unseren. Wenn wir ruhig, offen und ehrlich sind, werden wir mit dem Ergebnis zufrieden sein.

In neun von zehn Fällen geschieht das Unerwartete. Dann gibt plötzlich derjenige, mit dem wir uns unterhalten, seinen eigenen Anteil schuldhaften Verhaltens zu. So werden jahrelange Fehden in einer Stunde beigelegt. Auch wenn dadurch keine innige Freundschaft mehr entsteht und die Wege wieder auseinandergehen, so haben wir die Basis für ein friedliches und geklärtes Miteinander geschaffen. Nur selten sind unsere Bemühungen erfolglos. Manchmal erkennen unsere früheren Feinde das, was wir tun, hoch an und wünschen uns Glück. Gelegentlich werden sie uns sogar ihre Hilfe anbieten. Jedoch sollte es uns auch nichts ausmachen, wenn uns jemand kurz hinter der Tür hinauswirft oder womöglich schon vorher den Zutritt versagt. Daher glauben wir auch, dass ein Spaziergang in der Natur als neutralem Ort, unter vier Augen, gewahre Wunder bewirken kann. Dennoch, auch wenn es vorerst nicht klappt, so haben wir zumindest unsere Bereitschaft zur gütlichen Einigung gezeigt und unseren Teil dazu beigetragen. Da ist dann vorerst eben nichts weiter zu machen.

Die meisten Kranken von uns haben eine sehr lange Liste von Einträgen in ihrem Schuldbuch. Wir gehen in keinem Bereich unseren Gläubigern aus dem Wege. Wir sagen ihnen, was wir im Augenblick zu tun versuchen. Wir verheimlichen nicht, dass und welche Fehler wir gemacht haben. Meistens wissen sie es ohnehin, ob wir es nun wahrhaben wollen oder nicht. Wir scheuen uns auch nicht, aus Furcht vor materiellen Nachteilen unsere Probleme zuzugeben. Wenn wir so vorgehen, kann uns selbst ein unbarmherziger Gläubiger überraschen. Indem wir beispielsweise bei finanziellen Problemen einen Rückzahlungsmodus vereinbaren, zeigen wir diesen Leuten, dass es uns leidtut. Unsere Krankheit und unsere Sinnverlorenheit haben uns zu bedauernden Schuldnern gemacht. Wir dürfen unsere Furcht vor Gläubigern verlieren und den Angstauslösern sowie unserer Scham in die Augen sehen, egal wie, denn wenn wir uns fürchten, ihnen gegenüberzutreten, sind wir in Gefahr, wieder abzutauchen. *Sei beruhigt:* es gibt keinen einzigen Menschen auf dieser Welt, der nur als Gläubiger fungiert. Denn zumindest im Bereich der Ausbeutung natürlicher Ressourcen trägt jeder von uns seinen Teil an Mitschuld, vor allem jene, die sich heute als finanziell Reiche darstellen.

Vielleicht haben wir aber auch, wie oben angedeutet, eine Straftat begangen, die uns ins Gefängnis bringen würde, sollte sie bekannt werden. Vielleicht haben wir Geld unterschlagen und sind nicht in der Lage, es zu ersetzen. Im Vertrauen haben wir das bereits einem anderen Menschen mitgeteilt. Wir sind aber sicher, ins Gefängnis zu müssen oder unsere Stelle zu verlieren, wenn es bekannt würde. Vielleicht handelt es sich dabei auch nur um ein kleineres Vergehen, wie eine gefälschte Spesenabrechnung. Die meisten von uns haben so etwas schon getan. Vielleicht sind wir geschieden und haben wieder geheiratet, sind aber den Unterhaltsverpflichtungen an die erste Frau nicht nachgekommen. Sie ist empört und droht uns, uns hinter Gitter zu bringen. Auch solchen Ärger kann es geben.

Obwohl Wiedergutmachung in vielerlei Formen möglich ist, gibt es einige allgemeine Grundsätze, nach denen wir uns richten sollten. Erinnern wir uns an die Entscheidung, den ganzen Weg zu gehen, um eine spirituelle Erfahrung zu machen. Jetzt bitten wir um Kraft und Führung, das Richtige zu tun, ohne Rücksicht auf die persönlichen Folgen. *Wir ändern unser unmittelbares Verhalten der Natur und den Menschen gegenüber und machen durch Mitgefühl und Sanftmut alles wieder gut, wo immer es möglich ist.* Vielleicht verlieren wir unsere Stellung oder unseren Ruf, vielleicht droht uns Gefängnis. Dennoch sind wir voller Bereitwilligkeit. Wir müssen es sein. Wir dürfen vor nichts zurückschrecken. Denn häufig sind auch andere Menschen darin verwickelt. Deshalb dürfen wir nicht übereilt den törichten Märtyrer spielen, der unnötig andere opfert, um sich selbst zu retten. Dies haben auch die Gründer der Zwölf-Schritte-Programme durch sehr schmerzhafte Erfahrungen erkennen dürfen. Hier ein Beispiel:

Ein Mann, den sie kannten, hatte wieder geheiratet. Weil er uneinsichtig war, ist er aus Groll seiner ersten Frau den Unterhalt schuldig geblieben. Darüber war sie wütend. Vor Gericht erwirkte sie einen Haftbefehl. Zu diesem Zeitpunkt hatte er bereits mit der Lebensführung nach den Zwölf-Schritten begonnen, war in einer sicheren Position und hatte wieder Boden unter den Füßen. Es wäre beeindruckend mutig gewesen, wenn er zum Richter gegangen wäre und gesagt hätte: *„Hier bin ich.“*

Sie meinten zwar, er müsse notfalls auch dazu bereit sein. Wenn er aber im Gefängnis säße, könnte er für keine der beiden Familien sorgen. Sie schlugen ihm vor, seiner ersten Frau zu schreiben, seine Fehler zuzugeben und sie um Verzeihung zu bitten. Das tat er und schickte auch einen kleinen Geldbetrag. Er erklärte ihr, was er versuchen würde, in Zukunft zu tun. Er sei auch bereit, ins Gefängnis zu gehen, wenn sie darauf bestehe. Natürlich bestand sie nicht darauf – und die ganze Angelegenheit ist seit Langem geregelt.

Bevor wir etwas Schwerwiegendes unternehmen, von dem andere mit betroffen würden, haben wir deren Zustimmung einzuholen. Vor allem haben wir dann besonders bedächtig und einfühlsam dabei vorzugehen, wenn Kinder im Spiel sind. Wenn wir das Einverständnis haben, wenn wir uns auch mit anderen beraten und *„Gott“* um Hilfe gebeten haben und der drastische Schritt angezeigt ist, dürfen wir nicht davor zurückschrecken.

Da fällt uns die Geschichte zweier anderer Freunde ein. Der eine nahm von einem verhassten Konkurrenten eine größere Summe Geld für eine Investition an, in der Absicht, es nicht mehr zurückzugeben. Obwohl sie eine Quittung ausgestellt hatten, leugnete der Schuldner später, das Geld in betrügerischer Absicht veruntreut zu haben. Beide nutzten den Vorfall, um den jeweils anderen in Misskredit zu bringen. So zerstörten beide durch ihre Uneinsichtigkeit auch noch den Ruf des anderen. Finanziell hatte zwar der Schuldner einen Vorteil, doch im Wesentlichen hatten sie beide nichts davon.

Der Schuldner merkte, dass er ein Unrecht getan hatte, das er nicht wiedergutmachen konnte. Wenn er die alte Geschichte wieder aufwärmte, befürchtete er, damit den Ruf des jetzigen Geschäftspartners zu ruinieren. Er befürchtete darüber hinaus, seine eigene Familie in Verruf zu bringen und ihr den Lebensunterhalt zu entziehen. Welches Recht hatte er, Menschen mit hineinzuziehen, die von ihm abhängig waren? Wie konnte er, möglicherweise durch eine öffentliche Erklärung, seinen einstigen Konkurrenten entlasten?

Nachdem er sich mit seiner Frau und seinem Geschäftspartner beraten hatte, kam er zu dem Schluss, dass es besser sei, dieses Risiko zu wagen, als vor seinem Schöpfer zu stehen mit der Schuld, einen anderen durch eine Veruntreuung und Verleumdung ruiniert zu haben. Er erkannte, dass er alle Folgen, die daraus entstehen würden, in *„Gottes Hände“* legen müsse; sonst würde er bald wieder mit dem notorischen Täuschen anfangen – und dann wäre sowieso alles verloren. Seit langen Jahren besuchte er *„Gottesdienste“*.

Nach den dortigen Gepflogenheiten durfte er zwar keine offizielle Erklärung abgeben, dennoch sah er sich zur Einsicht und Wiedergutmachung bereit, indem er seine Schuld vor Gericht eingestand. Sein Tun fand Zustimmung. Und indem er das Geld auch tatsächlich zurückgezahlt hatte, konnten beide damit aufhören, den jeweils anderen zu verleumden.

Es ist möglich, dass wir auch zu Hause Ärger haben. Vielleicht haben wir mit Frauen Verhältnisse, die wir nicht gerne an die große Glocke gehängt wissen möchten. Wir bezweifeln – und darum durchwegs auch das aufschlussreiche Beispiel von Alkoholkranken –, dass ein Alkoholiker in dieser Hinsicht grundsätzlich gespaltener ist als der Rest von uns. Wobei das Trinken gewiss die sexuellen Beziehungen zu Hause verkompliziert.

Nach ein paar Jahren an der Seite eines Süchtigen ist eine Ehefrau erschöpft, verbittert und ablehnend. Wie könnte sie auch anders sein? Der Ehemann fängt an, sich einsam zu fühlen und sich zu bemitleiden. Er beginnt, sich in Nachtlokalen und dergleichen herumzutreiben – und das nicht nur, um zu saufen. Vielleich hat er ein heimliches und aufregendes Verhältnis mit *„der Frau, die ihn versteht"*. Vielleicht versteht sie ihn wirklich, aber was ändert das an der verfahrenen Sache? Ein Mann in einer derartigen Situation ist oft voller Reue, besonders dann, wenn er mit einer treuen und tapferen Frau verheiratet ist, die für ihn buchstäblich durch die Hölle gegangen ist. Wie auch immer – irgendetwas wird jetzt geschehen. Wenn wir sicher sind, dass unsere Frau nichts weiß, sollten wir es ihr sagen? Wenn sie eine Ahnung hat, dass wir fremdgegangen sind, sollten wir es ihr dann in allen Einzelheiten erzählen? Auf jeden Fall sollten wir unsere Schuld zugeben. Es ist möglich, dass sie darauf besteht, alle Einzelheiten zu erfahren. Sie will wissen, wer jene andere Frau ist und wo diese wohnt. Hier sollten wir antworten, dass wir nicht das Recht haben, jemand anderen mit hineinzuziehen. Was wir getan haben, tut uns leid – und mit *„Gottes Hilfe"* soll es nicht wieder geschehen. Mehr können wir nicht tun. Wir haben kein Recht, weiter zu gehen. Obwohl es berechtigte Ausnahmen gibt und wir keine allgemeinen Regeln aufstellen wollen, haben wir erfahren, dass das oft der beste Weg ist. Noch besser jedoch wäre es, ein Treffen mit allen Beteiligten an einem neutralen Ort oder innerhalb einer Mediation zu arrangieren.

Unser Lebensplan ist keine Einbahnstraße: Er passt gleichermaßen für Mann, Frau und Diverse. Wenn „*er*" vergessen soll, kann „*sie*" es auch. Es ist jedoch immer besser, nicht unnötigerweise jemanden beim Namen zu nennen, auf den sich dann Eifersucht konzentrieren könnte und sich nicht die grundlegende Bereitschaft aller Beteiligten zeigt, den Konflikt durch Beiziehung fachkundiger Begleiter zu lösen.

Vielleicht gibt es Fälle, in denen uneingeschränkte Offenheit erforderlich ist. Kein Außenstehender kann eine solch vertrauliche Angelegenheit beurteilen. Wir an dieser Stelle können und möchten schon gar keine Verallgemeinerungen treffen. Es kann wohl sein, dass beide beschließen, mit Vernunft und Liebe Vergangenes vergangen sein zu lassen. Jeder sollte dafür beten und dabei das Glück des anderen an die erste Stelle setzen. Dabei müssen wir uns immer vor Augen halten, dass wir es hier mit der schrecklichsten aller menschlichen Gefühlsregungen zu tun haben, mit der Eifersucht, die sich wie schon so oft auf den tiefreichenden Verletzungen zumeist hochsensibler, spirituell veranlagter Menschen begründet, die sich durch systematische Ablehnung und mangelnde Wertschätzung ihrer besonderen Fähigkeiten vom Anbeginn ihres Lebens entwickelt hat.

Vernünftiger und im Sinne aller Beteiligten ist es womöglich, das Problem von der Flanke anzugehen, als frontal darauf loszumarschieren. Es verhält sich wie beim Autofahren: Wenn wir behutsam bremsen, können wir sicheren Boden unter den Füßen gewinnen und beharrlich zum Stillstand kommen. Wenn wir jedoch bei voller Fahrt bevorzugen, durch einen Baum oder den Gegenverkehr gebremst zu werden, hat aus menschlicher Sicht niemand etwas davon. Wenn auch in heutiger Zeit viele Leute daraus einen materiellen Vorteil herausschlagen .

Wenn wir keine solchen Schwierigkeiten haben, gibt es zu Hause dennoch genug zu tun. Manchmal hören wir einen Suchtkranken sagen, dass das einzig Wichtige für ihn ist, trocken oder clean zu bleiben. Selbstverständlich muss er das, denn wenn er das nicht tut, wird er überhaupt kein Zuhause mehr haben. Aber er ist noch weit davon entfernt, an seiner Frau und seinen Eltern, die er jahrelang schlecht behandelt hat, alles wiedergutgemacht zu haben. Die Geduld, die Mütter und Ehefrauen für Sinnverlorene aufgebracht haben, ist jenseits aller Vorstellungskraft. Wenn das nicht so gewesen wäre, hätten viele von uns heute kein Heim mehr und wären wahrscheinlich längst tot.

Der Süchtige ist wie ein Wirbelsturm, er fegt auf seinem Weg rücksichtslos durch das Leben anderer. Herzen werden gebrochen, vormals innige Beziehungen gehen in die Brüche, Zuneigungen werden zerstört, und Abneigungen entstehen. Selbstsüchtige und rücksichtslose Gewohnheiten halten das Familienleben in Aufruhr. Wir meinen, ein Mensch ist gedankenlos und sinnverloren, wenn er sagt, dass Substanzfreiheit oder abstinentes Verhalten genug sei. Er ist wie der Farmer, der nach einem Wirbelsturm aus dem Keller steigt und sein Haus zerstört vorfindet.

Zu seiner Frau sagte er: *„Schatz, das ist alles nicht so*

wichtig; ist es nicht großartig, dass der Sturm aufgehört hat?"

Ja, vor uns liegt eine Menge Schutt, dessen Entsorgung viel Zeit beanspruchen wird. Wir dürfen die Sache selbst in die Hand nehmen und aktiv herangehen. Mit einem reuevollen Murmeln, dass es uns leidtut, ist es nicht abgetan. Noch weniger mit der einfachen Erkenntnis, dass die Unwissenheit über Hochsensibilität und Spiritualität uns so schlimm verwundet hat und wir jetzt besondere Fürsorge und Hilfe brauchen. Für eine Zeitlang mag das völlig in Ordnung und auch wichtig sein, um unsere größten Wunden zu heilen, um wieder Kräfte zu sammeln und uns neu zu justieren.

Wir sollten uns zuallererst mit unserer Familie zusammensetzen und die Vergangenheit, wie wir sie heute sehen, ganz offen durchleuchten. Dabei achten wir sorgfältig darauf, die Familienangehörigen nicht zu kritisieren. Ihre Fehler mögen offenkundig sein, wahrscheinlich aber ist unser eigenes impertinentes Handeln der Vergangenheit dafür mitverantwortlich.

Und wenn nicht, dann hat es unser bisheriges Verhalten zumindest nicht gefördert. Wenn wir dies akzeptieren, ist schon ein großer Schritt getan. Nach der Partnerschaft ist dies ein Großreinemachen mit der Familie. Und wir bitten jeden Morgen in einer Meditation unseren ganz persönlichen *„Gott"* einfach darum, uns den Weg der Gelassenheit, der Toleranz, der Freundlichkeit und der Liebe zu zeigen.

Die meisten von uns machen das mit dem Aufsagen der folgenden Worte:

Bitte.

Gib mir die Gelassenheit,

Dinge hinzunehmen, die ich nicht ändern kann.

Den Mut, Dinge zu ändern,

die ich ändern kann.

Und die Weisheit,

das eine vom anderen zu unterscheiden.

Hilf mir dabei,

einen Tag nach dem anderen zu leben,

und einen Moment nach dem anderen zu empfinden.

Danke.

Hochsensibilität und Spiritualität sind nicht länger graue Theorie, sondern praktische, sinnvolle und zweckmäßige Veranlagungen in unseren Genen. Ebenso wenig ist ein spirituelles Leben graue Theorie. Wir können es nur leben. Die Entscheidung liegt bei jedem Einzelnen von uns. Wenn die eigene Familie nicht den Wunsch hat, nach spirituellen Grundsätzen zu leben, sollten wir sie nicht dazu drängen. Wir sollten auch nicht ständig mit ihnen über spirituelle Dinge reden. Die Familie wird sich zur rechten Zeit ändern. Was zählt, ist unsere eigene Einstellung. Unser Verhalten wird sie mehr überzeugen als jedes unserer Worte. Wir dürfen nicht vergessen, dass zehn oder zwanzig Jahre an der Seite eines gereizten Hochsensiblen, vor allem im Zusammenleben mit einem Suchtkranken, aus jedem Angehörigen einen Skeptiker machen. Wie viele Lügen bekamen sie denn im Laufe all der Jahre immer wieder zu hören?

Es mag Unrecht geben, das wir nie wiedergutmachen können. Wir sorgen uns darum nicht länger, solange wir uns ehrlich eingestehen können, dass wir es sofort wiedergutmachen würden, falls wir es könnten. Wir sind aufgrund unserer Veranlagung imstande, in unserem Geiste solche fehlgelaufenen Situationen ins rechte Licht zu rücken. Manchen Menschen oder Mitgeschöpfen, denen wir nicht persönlich gegenübertreten können, schicken wir dadurch positive Energie. Wenn möglich, können wir das auch mit einem aufrichtigen, handgeschriebenen Brief tun. Das zeigt, dass wir es wirklich ernst nehmen und uns der Empfänger auch etwas wert ist.

In einigen Fällen mag es triftige Gründe geben, die Wiedergutmachung aufzuschieben. Wir schieben aber nichts auf die lange Bank, wenn es vermieden werden kann. Wir sollten bei der Wiedergutmachung einfühlsam, taktvoll, rücksichtsvoll, wohlwollend und andächtig vorgehen, ohne unterwürfig und kriecherisch zu sein. Als Hochsensible und oder Kranke stehen wir aufrecht und kriechen vor niemandem.

Wenn wir in diesem Abschnitt unserer Entwicklung sehr gewissenhaft sind, werden wir verblüfft sein, noch bevor wir den Weg zur Hälfte zurückgelegt haben. Du wirst erkennen, dass sich folgende Versprechen erfüllt haben:

Die Zwölf Versprechen

1. Wir werden eine neue Freiheit und ein neues Glück kennen lernen.

2. Wir wollen die Vergangenheit weder beklagen noch die Tür hinter ihr zuschlagen.

3. Wir werden verstehen, was das Wort Gelassenheit bedeutet.

4. Wir werden in Zufriedenheit und Erfüllung unserer Bedürfnisse erfahren, was Friede ist.

5. Wie tief wir auch gesunken waren, wir werden merken, dass anderen unsere Erfahrungen hilfreich sein werden.

6. Das Gefühl der Nutzlosigkeit, der Andersartigkeit und des Selbstmitleids wird verschwinden.

7. Unsere Selbstbezogenheit wird in den Hintergrund treten, das Interesse an unserer Umwelt und unseren Mitmenschen wachsen.

8. Unser Egoismus wird dahinschmelzen.

9. Unsere Einstellung zum Leben und unsere Erwartungen werden sich ändern.

10. Die Angst vor den Menschen und vor wirtschaftlicher Ungewissheit wird schwinden.

11. Ohne lange nachzudenken werden wir jetzt mit Situationen fertig, die uns früher umgeworfen haben.

12. Plötzlich wird uns bewusst, dass eine Höhere Macht gemeinsam mit uns das erledigt, wozu wir allein nicht in der Lage sind.

Sind das alles übertriebene Versprechen? Wie wir meinen, nicht. Sie werden überall bei uns Wirklichkeit – manchmal schneller, manchmal langsamer. Aber sie werden. Sie werden sich immer erfüllen, wenn wir daran arbeiten.

Diese Gedanken bringen uns zum *Zehnten Schritt: Wir setzen die Reflexion fort, und wenn ich Unrecht habe, gebe ich es sofort zu.* Wir motivieren uns, dass wir weiterhin gemeinsam Inventur machen und jeder für sich selbst neu auftretende Fehler korrigiert. Den Mut dafür haben wir uns erarbeitet, indem wir Scham und Schuld zu unterscheiden gelernt haben. Wir gehen aktiv und frohen Mutes ins Leben und an die tägliche Arbeit, mit dem feinen Unterschied, als *Erweiterung zum Vierten Schritt*, dass wir ab hier auch unsere komplexe Auffassungsgabe, unsere Empathie und Denkweise dafür einsetzen, unser Verhalten als Mensch, das wir unserer Umwelt gegenüber an den Tag legen, auch auf Sinnhaftigkeit zu reflektieren bereit sind. Wir haben diesen Lebensweg mutig beschritten, als wir mit der Vergangenheit aufgeräumt haben. Wir waren in die Welt des Geistes eingetreten.

Unsere nächste Aufgabe ist es, immer klarer einzusehen, nüchterner zu verstehen und unserer Veranlagung entsprechend zu denken, zu fühlen, zu sprechen und zu handeln. Das geht nicht über Nacht und sollte ein Leben lang so weitergehen. Moment für Moment. Tag für Tag. Sei auf der Hut vor Egoismus, Unehrlichkeit, Groll, Scham und Furcht. Das Einzige, was uns davor schützt, ist ein hellwaches Bewusstsein über unsere Veranlagung und das Erkennen von Gefahren, die täglich auf uns lauern. Wie man so schön sagt: Der Teufel schläft nicht. Wenn solch negative Emotionen aufkeimen, konzentrieren wir uns sofort auf die die Güte, die wir kraft unserer Begabung in uns tragen dürfen, und bitten dafür, die alten Angewohnheiten und Verhaltensmuster abzulegen. Was an dieser Stelle nicht bedeutet, dass wir völlig schamlos oder schamverloren durch die Welt laufen sollten. Denn völliger Schamverlust war in jedem unserer Fälle der Anfang des ganzen Wahnsinns.

Es geht darum, eine gesunde Scham in Bezug auf unsere körperlichen, geistigen und seelischen Schamzonen zu entwickeln. Wir reflektieren und sprechen sofort darüber und machen es gleich wieder gut, wenn wir einem Menschen, einem Tier oder der Natur Schaden zugefügt haben. Anschließend wenden wir unsere Gedanken entschlossen jemandem zu, dem wir dienlich sein können. Unsere Parole heißt jetzt Sanftmut, Wertschätzung und Mitgefühl.

Wir haben aufgehört, gegen alles und jeden zu kämpfen – selbst gegen unsere Abhängigkeiten, denn inzwischen ist unsere geistige Gesundheit zurückgekehrt. Nur noch selten interessiert uns dummes Verhalten oder die Betäubung unserer Sinne durch Substanzen oder Verhalten. Wenn wir in Versuchung kommen, schrecken wir nicht mehr zurück, sondern weichen bedacht davor zurück wie vor einer heißen Flamme. So wie wir es auch tun würden, wenn wir uns schon einmal auf einer heißen Herdplatte verbrannt hätten. Wir reagieren gesund und natürlich, weil unsere Sinne wieder klar funktionieren und stellen sogar fest, dass dies ganz von selbst geschieht. Diese neue Einstellung zum Leben ist uns geschenkt worden, ohne dass wir daran gedacht oder uns darum bemüht hätten. Warum? Weil die Krankheit ihren Zweck erfüllt hat. Sie hat uns dorthin geführt, wo wir uns einfinden sollten: in uns selbst. Das ist auch der Grund, weshalb Sucht beispielsweise ohne Mitwirkung des Betroffenen nicht heilbar ist. Weil sie selbst als ein bestimmender Teil zum Prozess dieser natürlichen Entwicklung gehört. Nur wer es schafft, aus eigenem Antrieb – und sei es anfangs auch mit fremder Hilfe und Begleitung – von schädigendem Verhalten abzulassen, erhält mit der daraus gewonnenen Lebenseinstellung die Eintrittskarte für den Einstieg in das himmlische Reich spiritueller Entfaltung. Das ist das wirkliche Wunder.

Wir kämpfen nicht mehr dagegen, und wir müssen der Versuchung nicht mehr aus dem Wege gehen. Weil wir aus dem Innersten unseres Wesens wirksam werden durften. Es ist, als wären wir auf neutralen Boden gestellt worden – sicher und geschützt. Und dabei haben wir nicht einmal den betäubenden Verhalten, Substanzen oder Reizfaktoren abgeschworen. Das Problem wurde einfach von uns genommen, weil wir es von innen heraus angegangen sind. Es existiert nicht mehr für uns. Das macht uns nicht überheblich oder übermütig, aber auch nicht ängstlich, ehrfürchtig oder unterwürfig. Anmut als Folge gewahrer Sinnentwicklung, das ist unsere Erfahrung. So reagieren wir bewusst auf alles, solange wir uns unseren Sinn für Spiritualität und unser Bewusstsein über die Zweckmäßigkeit von Hochsensibilität erhalten.

Eines sei hier klar gesagt: Nichts ist leichter, als das spirituelle Programm zu vernachlässigen und uns auf den Lorbeeren auszuruhen. Wenn wir dies tun, rennen wir direkt in unser Unglück, denn vor allem Alkohol und andere Substanzen sind heimtückische Zeitgenossen. Dennoch sind sie auch ein gewisser Sicherheitsfaktor für die Natur. Wir sind nicht vom Alkoholismus geheilt, wenn wir wieder in naturschädigendes Verhalten kippen, weil unser Fehlverhalten in unserem Suchtgedächtnis als natürliche Vorsorgeeinrichtung der Schöpfung gespeichert wurde. Ein

Schluck, und der Vernichtungsfeldzug gegen uns selbst und unsere Umwelt beginnt dort, wo wir ihn zum Stillstand gebracht haben. So ist es auch mit jeder anderen Art der Abhängigkeit.

Alles, was wir in der Hand haben, ist eine tägliche Bewährungsfrist unter der Bedingung, unser spirituelles Leben instand zu halten. Das Zwölf-Schritte-Programm ist vergleichbar mit einem Zwölf-Stufen-Waschgang für Psychohygiene zur Reinigung der Seele. Es legt den wesentlichen Sinn unserer Spiritualität frei. Das Bewusstsein über Hochsensibilität ist eine Schutzbarriere, innerhalb derer der Funken zwischen der Spiritualität als Zündkerze im Menschen und seiner Schöpfung als Motor wieder überspringt. Momentane Erleuchtung wird möglich. Ja, in diesem Verständnis kann es sogar zu einem Dauerzustand werden, wenn wir jeden Tag aufs Neue unsere Gedanken an eine liebende, naturbelassene Vorsehung in unser Tun einbeziehen: *„Wie kann ich Ihr am besten dienen – Ihr Wille geschehe!“* Das sind Gedanken, die uns immer begleiten sollten, für den Fall, dass wir ein erfülltes, glückliches, zufriedenes und gesundes Leben führen wollen. Und es ist nur mehr eine Frage von Sekunden, durch die sich das *Soll* für uns als gesamte Menschheit zum *Muss* entwickeln wird. Die Doomsday Clock gibt uns darüber Auskunft.

In die zuvor beschriebene Richtung können wir unsere Willenskraft sehr gerne trainieren, soviel und so oft wir wollen. Das ist der richtige Gebrauch des willentlichen Verstandes, mit dem uns ebenfalls die Natur ausgestattet hat. Dadurch wird Eigenwilligkeit zu Bereitwilligkeit und *Soll* zum *Haben.*

Viel ist schon darüber gesagt worden, wie wir Stärke,

Eingebung und Führung von der Höheren Macht erhalten, die wir als *„Gott“* begreifen gelernt haben, der alles Wissen und alle Macht besitzt. Wenn wir den Wegweisungen sorgfältig gefolgt sind, fühlen wir allmählich, wie durch die Begeisterung für unsere Spiritualität sein Geist in uns hineinströmt und uns diese Macht tiefsinniger Empfindsamkeit mit Liebe erfüllt. Dort, wo einstmals *„Gottlosigkeit“* waltete und Sinnverlorenheit sowie geistige Umnachtung herrschten, sprich sozial-emotionale Erblindung, erscheint uns an dieser Stelle ein neues Bewusstsein.

Wir glauben, erkannt zu haben, dass Spiritualität als der siebte Sinn des Menschen zu verstehen ist und dass das Bewusstsein darüber als das *„Gottbewusstsein“* bezeichnet werden kann. Spiritualität als siebter Sinn stellt sozusagen den direkten Draht des Menschen zu jener schöpferischen Instanz dar, die wir Menschen uns mit dem Wort *„Gott“* begreiflich zu machen versuchen.

Hochsensibilität ist, mit all ihren Eigenschaften, diesem Sinn und ihrem Zwecke nach die Schutzeinrichtung für den gesamten menschlichen Organismus, insbesondere für die Seelenwelt, also für den innerweltlichen siebten Sinn. Wenn wir alle Menschen, die mit Hochsensibilität veranlagt sind, in einem Bild personifizieren wollen, können wir uns das an dieser Stelle mit der Figur Christus veranschaulichen.

Das Bewusstsein über Hochsensibilität als Geschenk der Natur können wir folgerichtig als das *„Christusbewusstsein“* definieren, den Weg dorthin wiederum als das *„Erwachen des Christusbewusstseins“* beschreiben, welches uns zum *„Gottbewusstsein“* führt.

Diesen Prozess der Psycho- und Seelenhygiene kann der Mensch durch Anwendung des Zwölf-Schritte-Programmes an sich selbst vollziehen, abseits jeder Religion und zudem völlig kostenlos und anonym.

So ist jeder Einzelne von uns durch Selbsteinsicht zur Erkenntnis gelangt, dass sich erst durch bewusst gelebte Hochsensibilität ihre natürliche Kraft eines sinnvollen wie auch zweckmäßigen Schutzfilters entwickelt, durch die der Mensch ermächtigt wird – wider alle äußeren Umstände und inneren Zustände –, ein naturgerechtes Leben zu führen. Wir *sieben* dadurch sozusagen die Naturschädlinge von den Naturnützlingen aus, indem wir die Errungenschaften des menschlichen Fortschrittes durch unser eigenes Leid geprüft haben und nunmehr unsere diesbezüglichen Erfahrungen für die Wiederherstellung unserer eigenen Gesundheit nutzen. In erster Linie für und an uns selbst und dadurch im weiteren Sinne für alle Menschen und Mitgeschöpfe. Zusammengefasst handelt es sich hierbei um nichts anderes als um ein sehr intelligentes Selbstreinigungsprogramm der Natur. Das ist der ganze Zauber.

Wir haben dir an oben erwähnter Stelle Hochsensibilität in der Personifizierung von Christus nicht aus religiösen Gründen vor Augen geführt, sondern um uns ihre Sinnhaftigkeit und Zweckmäßigkeit einfacher und klarer bewusst zu machen. Hochsensibilität mit all ihren Eigenschaft macht uns Menschen zu natürlichen Katalysatoren, die Macht der Natur und die Aufgabe zu haben, jegliche, auf den menschlichen Organismus einwirkende, vor allem die diesen schädigende, Einflüsse und Reize zu erkennen. Wir Hochsensiblen wurden von Natur her sensibilisiert, um unsere Art und die Natur im weiteren Sinne zu schützen.

Nachdem das in unseren Fällen allem Anschein nach sehr gut funktioniert hat, dürfen wir Spiritualität als menschliche Sinnesgabe und Hochsensibilität als sinnvollen und zweckmäßigen Schutzfilter wieder annehmen und schätzen lernen. Durch die tägliche Arbeit im Programm machen wir jeden Tag aufs Neue den Anfang, die Eigenschaften von Hochsensibilität als überlebenswichtige Fähigkeiten zu entwickeln und dadurch den tieferliegenden Sinn unserer Spiritualität freizulegen. Bis zu einem gewissen Grad sind wir sozusagen „gottbewusst" geworden, sprich: wir haben unsere Spiritualität wieder bewusst zu empfinden gelernt, als direkten Draht zwischen uns selbst und der Schöpfung. Unser Bewusstsein über Hochsensibilität stellt für uns von nun an einen Filter und ein Sieb dar, durch dessen Einsatz wir zur Wiederherstellung der natürlichen Ordnung, sowohl in uns selbst wie auch im weiteren Sinne auf unserem Planeten, beitragen dürfen.

Aber wir haben noch weiterzugehen, denn wir wollen unsere besondere Strahlkraft ja auch im Sinne der Vorsehung zur gänzlichen Entfaltung bringen. Und das bedeutet ein aktives Herangehen an die Eigenschaften unserer Begabung, an die damit gekoppelten inneren, gütigen Werte. Dies geschah im vollen Bewusstsein über unsere Hochsensibilität, durch deren Erkenntnis wir die in den Schatten verdrängten Konflikte und Motive unseres bisherigen Fehlverhaltens, unserer Leiden aufarbeiten und verarbeiten durften. Wir haben damit aufgehört, uns für den gefühlten Missbrauch, die erlebte Vernachlässigung und all die Enttäuschungen in unserem Leben, die wir uns selbst zugefügt hatten und die uns von anderen zugefügt wurden, an unseren Mitmenschen, unserer Umwelt und uns selbst zu rächen.

Indem wir jetzt in unseren Schritten weitergehen, reflektieren wir durch die Missverständnisse unserer eigenen Vergangenheit die Zusammenhänge zu den momentanen Zu- und Umständen in unserer Umwelt. *Wir machten Schluss damit, zu agieren und beginnen, einzustehen für.* Wir laufen nicht länger vor uns selbst oder anderen davon, sondern setzen unsere besonderen Talente nach bestem Wissen und Gewissen im Sinne und dem Zweck der Vorsehung nach ein.

Der *Elfte Schritt* empfiehlt Gebet und Besinnung: *Durch Gebet und Besinnung stärke ich täglich die bewusste Verbindung zu Gott – wie ich ihn empfinde. Ich bitte ihn nur, dass er sich mir offenbart und mir die Kraft gibt, mich eigenverantwortlich zu entfalten.*

Vor dem Beten sollten wir nicht zurückschrecken. Vernünftigere Menschen als wir machen ständig Gebrauch davon. Und Vernunft ist ein Zeichen von geistiger Gesundheit. Es wirkt wie ein Energieaustauschprogramm, wenn wir die richtige Einstellung dazu haben und daran arbeiten. Es wäre einfacher, an dieser Stelle unbestimmt zu bleiben. Wir glauben jedoch, einige konkrete und wertvolle Empfehlungen geben zu können. Darum sprechen wir hier auch von der Entwicklung des *siebten Sinnes*, unserer *Spiritualität*.

Vor dem Einschlafen gehen wir die Ereignisse des Tages in Gedanken durch. Waren wir voller Groll, Selbstsucht, Unehrlichkeit oder Furcht? Sollten wir uns bei jemandem *entschulden*? Wo können wir durch die Wiedergutmachung unserer Fehler zu ausgleichender Gerechtigkeit und Harmonie beitragen? Haben wir etwas für uns behalten, das wir sofort mit jemandem hätten besprechen sollen? Waren wir allen gegenüber sanftmütig und liebevoll? Was hätten wir anders machen können? Dachten wir meistens nur an uns selbst? Oder dachten wir daran, für andere etwas zu tun, und daran, wie wir sonst den natürlichen Fluss des Lebens bereichern könnten? Aber wir sollten aufpassen, dass wir nicht in Verzweiflung, Selbstvorwürfe oder krankhaftes Grübeln verfallen, denn das würde unsere Sinnhaftigkeit und Nützlichkeit auf dieser Welt schmälern. Uns erscheint es dabei wichtig, einfach die Augen zu schließen und daran zu denken: „*Was* habe ich heute nicht so gut gemacht?" Danach blitzen Situationen auf. Diese lassen wir einfach vorbeilaufen. Danach fragen wir: „*Was* habe ich heute gut gemacht?" Ebenfalls einfach die Geistesblitze annehmen und hernach loslassen. Nachdem wir unseren Rückblick beendet haben, sozusagen als kurze Tagesinventur, bitten wir um Führung, was wir beim nächsten Mal besser machen können. Wenn wir aufmerksam hinsehen, werden wir erkennen, dass wir in unserem Geiste bereits in diesem Moment des inneren Augenblickes die Situation so abändern können, wie wir sie gerne hätten. Und du wirst sehen: nächstes Mal wird es so sein.

Beim Erwachen wollen wir zu allererst DANKE für das Erwachen sagen. Dann wollen wir über die 24 Stunden nachdenken, die vor uns liegen. Sorgfältig planen wir den Tag. Vorher bitten wir „*Gott*", unsere Gedanken zu leiten. Besonders bitten wir darum, dass unser Denken frei bleibt von Selbstmitleid, Unehrlichkeit und selbstsüchtigen Motiven. Unter diesen Voraussetzungen können wir unsere geistigen Fähigkeiten und die Eigenschaften unserer wiederentdeckten Veranlagung zuversichtlich einsetzen; denn schließlich gab uns „*Gott*" den Verstand, damit wir ihn nutzen. Unser Denken bewegt sich auf einer höheren Ebene, wenn es frei von falschen Absichten ist und sich auf einem vollen Wachbewusstsein gründet. Oder anders formuliert: wenn wir uns auf die Entwicklung unserer wesentlichen, tieferliegenden Begabungen konzentrieren und unsere Sinne im geistigen Auge behalten. Dadurch befreien wir uns von egoistischen Dummheiten. Und dumm ist, wer Dummes tut. Und Dummes tut, wer es mangels Veranlagung nicht besser weiß oder trotz Veranlagung mangels Verantwortungsbewusstseins nicht einsehen will.

Beim Nachdenken über unseren Tag kann es sein, dass wir unentschlossen sind. Es kann sein, dass wir die Richtung nicht bestimmen können, die wir einschlagen sollen. Hier bitten wir die Vorsehung um Eingebung, um Erkenntnis oder um eine wegweisende Entscheidung. Diese zu erkennen, wird uns aufgrund unserer Veranlagung möglich und auch immer klarer einsehbar. Wir entspannen uns und nehmen es leicht. Wir quälen uns nicht mehr. Oft sind wir erstaunt, wie die stimmigen Antworten kommen, wenn wir es eine Weile geübt haben. Was vorher nur eine Ahnung oder eine gelegentliche Eingebung war, wird als Intuition allmählich ein wirksamer Bestandteil unseres Bewusstseins. Da wir noch unerfahren sind und gerade erst die Verbindung zu unserer Hochsensibilität zu entstören begonnen haben, ist es unwahrscheinlich, dass wir in jedem Moment Inspiration wahrnehmen. Wir dürfen nicht der irrigen Annahme erliegen, dass die Vorsehung sich in Zeit misst. Vor allem nicht in jener Informationsgeschwindigkeit, wie wir sie von weltlichen Mächten kennen. Wenn wir solche Erwartungen hegen, müssen wir dies wohl mit allerlei törichten Ideen, Erfindungen und Handlungen bezahlen. Langeweile sollten wir nutzen, um zur Einsicht zu gelangen. So werden wir es erleben, wie sich unser Denken im Laufe der Zeit mehr und mehr auf Eingebung stützt. Allmählich können wir uns darauf einlassen und vertrauen.

Im Allgemeinen schließen wir die Zeit der Besinnung mit einem dankenden Gebet ab. Wir bitten, dass uns den ganzen Tag über aufgezeigt werden möge, was unser nächster Schritt sein soll. Wir bitten darum, dass uns gegeben wird, was wir zur Lösung der Probleme brauchen. Besonders bitten wir darum, vom Streben nach Eigenwillen und Sehnsüchten bewahrt zu bleiben. Wir hüten uns auch davor, nur für uns selbst etwas zu erbitten. Das können wir allenfalls, wenn dadurch anderen geholfen wird. Aber wir vermeiden es, selbstsüchtig für unsere eigenen, willentlichen Ziele zu beten. Viele von uns haben damit eine Menge Zeit vergeudet. Aber so etwas funktioniert nie, du kannst leicht sehen, warum.

Wenn es geht, bitten wir unsere Frauen oder unsere Freunde, an der morgendlichen Besinnung teilzunehmen. Wenn wir einer Religion angehören, die eine festgelegte Morgenandacht kennt, nehmen wir auch daran teil. Wenn wir keiner Konfession angehören, können wir passende Gebete auswählen oder lernen. *Wenn du keinen Glauben hast, dann bastle dir eben deinen eigenen*. Die Wege, wie du mit deiner Höheren Macht Kontakt aufnimmst, bleiben dir dabei völlig freigestellt. Dafür gibt es viele hilfreiche Bücher. Empfehlungen kann man dafür von vielen Seiten erhalten. Sei einfach offen, auch von spirituellen Menschen zu lernen. Mach Gebrauch von dem, was sie dir zu bieten haben. Achte darauf, was der Entwicklung deiner Hochsensibilität förderlich scheint und der Entfaltung deiner Spiritualität zuträglich erscheint.

Wenn wir tagsüber unruhig sind oder in Zweifel geraten, machen wir eine Pause und bitten um naturbezogenes Denken und Handeln. Ständig halten wir uns vor Augen, dass wir nicht mehr diejenigen sind, die alles bestimmen und nach deren Vorstellung alles erfüllt werden muss. Demütig, und darunter verstehen wir nicht unterwürfig, sagen wir uns jeden Tag viele Male: *„Dein Wille geschehe!“* Dabei richten wir die Konzentration unseres inneren Auges auf die Gegend um unseren Bauch, also ins Innere. Dann sind wir viel weniger den Gefahren von Aufregung, Furcht, Wut, Sorge, Selbstmitleid oder törichten Entscheidungen ausgesetzt. So werden wir wesentlich resilienter und leistungsfähiger. Wir ermüden nicht so schnell. Wir verbrauchen unsere Energien nicht mehr so leichtsinnig wie früher, als wir unser Leben so einrichten wollten, wie es uns gerade passte. Indem wir uns wieder auf unsere wesentliche Bestimmung unseres Daseins als Menschen besinnen und uns unserer Berufung bewusstwerden, erreichen wir ein neues Lebensgefühl. Nur durch deine Begeisterung, die deine Seele mit einer gesunden Wärme erfüllt, wirst du die größtmögliche Entfaltung und bislang ungeahntes Glück empfinden dürfen. Es funktioniert – es funktioniert wirklich.

Wir waren undiszipliniert, weil wir den Sinn in unserem Leben verloren hatten. Jetzt sind wir wieder Herr unserer sieben Sinne. Deshalb lassen wir uns auf die einfache Weise, die wir gerade beschrieben haben, von *„Gott“*, also von der Natur im Menschen, lenken. Aber das ist nicht alles. Jetzt sollten wir aktiv werden und aktiv bleiben.

Wie der Körper ohne den Geist und die Seele tot ist, so ist auch der Glaube ohne Werke tot.

Das nächste Kapitel ist ganz dem *Zwölften Schritt* gewidmet.

Kapitel Sieben

Die Arbeit mit unseren Nächsten

Praktische Erfahrung zeigt, dass nichts uns so nachhaltig von Dummheiten abhält, wie die intensive Arbeit mit unseren durch Krankheit und Schicksalsschläge zur Einsicht bereit gewordenen Nächsten oder der persönliche Einsatz zum Schutz und zur Regeneration unserer Umwelt. Das funktioniert sogar, wenn alle anderen Aktivitäten versagen. Dies ist unsere *Zwölfte Empfehlung: Gib diese Botschaft an andere Menschen weiter!*

Du kannst dadurch womöglich helfen, wo niemand sonst es kann. Du kannst das Vertrauen von Menschen und Mitgeschöpfen erwerben, wenn andere hilflos sind. Denk daran, dass diejenigen, die noch vulnerabel sind oder an einer anderen Krankheit leiden, sehr empfänglich sind und zumeist an Kränkungen, geistiger Umnachtung oder spiritueller Erblindung leiden.

Dein Leben bekommt durch die Entwicklung von Hochsensibilität einen neuen Sinn und Zweck. Wir vergleichen es mit dem Bodhichitta aus der buddhistischen Lehre, mit dem die selbstlose Entschlossenheit, das Ziel der Erleuchtung nicht aus Eigennutz, sondern zum Wohle aller Wesen zu erlangen, für den menschlichen Verstand begrifflich fassbar gemacht wird. Wir erreichen diesen Bewusstseinszustand und diese Geisteshaltung durch das vorliegende Programm als Hilfe zur Selbsthilfe. Eine Rechnung, die schrittweise aufgeht und die seinerzeit auch schon von einem Milchmädchen aus Wien Ottakring aufgestellt wurde:

„Die größte Hilfe ist es, in den Menschen den Wunsch zu wecken, dass sie sich selber helfen möchten.“

Zu sehen, wie Menschen ein geistiges Erwachen erleben, indem sie die Ursache ihrer bestehenden Krankheiten einzusehen vermögen, mitanzusehen, wie du durch die aufrichtige Offenbarung deiner eigenen Geschichte wiederum anderen hilfst, zu genesen, wie durch die Begegnung mit dir ihr Gefühl von Einsamkeit verschwindet, wie die menschliche Gemeinschaft um dich herum in neuem Leben erwächst und wie du neue Freunde gewinnst, ja das sind allesamt Erfahrungen, die du nicht mehr missen möchtest. Und wir sind sicher, dass kein Mensch auf dieser Welt das missen möchte. Es liegt an uns, es ihnen zu ermöglichen. Denn jeder Mensch und jedes andere Geschöpf auf Erden hat ein Recht auf Gesundheit, Liebe, Glück und Wohlstand.

Vor allem wir Hochsensiblen hatten uns zu lange einsam gefühlt, weil wir dachten, durch unsere gefühlte Andersartigkeit auf Grund unserer besonderen Veranlagung von einem anderen Stern zu sein. Begegnungen mit Neuen und häufiger Kontakt untereinander, das sind Lichtblicke in unserem Leben. Der Austausch mit Gleichgesinnten wirkt wie Balsam auf der Seele und ist eine Gnade im Alltag eines jeden Menschen.

Vielleicht kennst du keine Kranken, die genesen möchten. Du kannst leicht welche finden, indem du bei Ärzten, Geistlichen oder in Krankenhäusern nachfragst. Sie werden dir nur zu gern helfen. Aber bitte spiel dich nicht als Evangelist oder Weltverbesserer auf. Leider gibt es viele Vorurteile in Bezug auf spirituell und hochsensibel veranlagte Menschen. Hatten wir nicht selbst oft welche? Du wirst dir nur selbst Hindernisse in den Weg legen, wenn du Vorurteile wachrufst. Geistliche und Ärzte sind kompetent – und wenn du das möchtest, kannst du viel von ihnen lernen. Und sie von dir. In erster Linie kannst du aber gerade wegen deiner eigenen Krankheitserfahrung für andere Menschen, für Hochsensible und Nichthochsensible, auf einzigartige Weise nützlich sein. Also arbeite mit ihnen zusammen, kritisiere sie aber nie. Unser einziges Ziel ist, hilfreich und dienlich zu sein.

Wenn du auf jemanden triffst, den du als unter seiner Hochsensibilität noch leidenden Menschen zu erkennen glaubst, bring alles über ihn in Erfahrung, indem du ihn direkt und freundlich auf seine Herausforderungen ansprichst. Wenn er dein Feedback und deine Erfahrungen hören möchte, so erzähl ihm die wesentlichen Erkenntnisse deiner eigenen Lebensgeschichte. Wenn er dir nicht weiter zuhören will, vergeude keine Zeit damit, ihn überreden oder ihm irgendetwas aufdrängen zu wollen. Du machst dadurch vielleicht eine spätere Gelegenheit zunichte. Diese Empfehlung solltest du auch seiner Familie geben. Diese sollte geduldig sein und einsehen, dass sie es mit einem gekränkten Menschen zu tun hat. Dabei können wir ihnen im konkreten Fall einen Flyer über Hochsensibilität überreichen, ohne darauf näher einzugehen.

Wenn es irgendein Anzeichen gibt, dass er genesen will, von welcher Erkrankung auch immer, dann führe er ein offenes Gespräch mit dem Menschen, der ihm am nächsten steht. Meistens ist das seine Frau. Mache dir ein Bild vom

Verhalten des Gekränkten, von seinen Problemen, seiner Vergangenheit, vom Ernst seines Zustandes und seinen religiösen Neigungen. Du brauchst dieses Wissen, um dich an seine Stelle versetzen zu können, um nachzuempfinden und mitzufühlen, wie du am liebsten von ihm angesprochen würdest, wenn du er und er du wären. Kraft deiner besonderen Veranlagung kannst du das.

Manchmal ist es vernünftig zu warten, bis der Uneinsichtige voll in seinem Dilemma steckt. Ob durch Krankheit, Unfall oder andere Schicksalsschläge, sei dabei dahingestellt. Die Familie mag dagegen sein. Doch oftmals ist es besser, dieses Risiko einzugehen. Denn den meisten von uns hat es erst zu dämmern begonnen, als wir uns in einer gefährlichen körperlichen, geistigen oder psychischen Verfassung befunden haben. Erst als das Leben unsere harte Schale aufgebrochen hatte, konnten wir einsichtig werden. *Sozusagen ein emotionales Erbrechen als Lichtblick in die Anderswelt.*

Gib dich nicht mit einem Menschen ab, wenn er berauscht und oder fremdgefährdend ist, es sei denn, er benimmt sich scheußlich, und andere brauchen Schutz und deine Hilfe. Dann zögere gegebenenfalls auch nicht, den Notruf zu wählen. Vor allem dann, wenn du keine entsprechende Fachkraft bist. Wir sind Menschen mit Expertenwissen aus Erfahrung. Und genau als solche können wir unseren Mitmenschen, ob Leidenden oder Gesunden, beistehen.

Womöglich machst du auch eine Ausbildung zum Genesungsbegleiter, als sogenannter Ex-In. Dann lernst du konkret, wie du dich in solchen Situationen dem jeweiligen Menschen und seinen Angehörigen gegenüber verhalten solltest. Verlange jedoch niemals Geld vom Betroffenen oder seinen Angehörigen für deine menschliche Hilfestellung und Begleitung.

In einer konkreten Situation warte das Ende des Akutzustandes ab oder zumindest auf einen lichten Augenblick. Dann sollte seine Familie oder ein Freund ihn fragen, ob er tatsächlich was ändern und alles Erforderliche dafür unternehmen will, um das zu erreichen. Wenn er zustimmt, dann sollte seine Aufmerksamkeit darauf gelenkt werden, dass du selbst einer bist, der durch Einsicht, Bewusstwerdung und der Arbeit im Programm genesen ist. Du solltest ihm beschrieben werden als Mensch, der es als seiner eigenen Genesung förderlich ansieht, sich selbst und anderen zu helfen. Man sollte ihm sagen, dass du gern mit ihm sprechen würdest, wenn er Wert darauf legt.

Wenn er dich nicht sehen möchte, dränge nicht darauf. Auch sollte die Familie ihn nicht hysterisch anflehen, irgendetwas zu unternehmen, noch sollten sie ihm viel darüber zu erzählen versuchen, von dem sie selbst glauben, über ihn als Kranken beziehungsweise Hochsensiblen zu wissen. Sie sollten das Ende seines nächsten Einbruchs abwarten.

Womöglich aber können sie damit beginnen, sich selbst mit Hochsensibilität zu befassen. Denn wie wir wissen, ist es eine genetisch bedingte Erbanlage, von der nicht nur er selbst betroffen ist. Womöglich ist er nur als Kranker das sichtbare Zeichen dafür, dass die Sensibilität und sozial-emotionale Intelligenz innerhalb der Familie schon die längste Zeit zu kurz gekommen ist. *Der Kranke ist immer nur die offensichtliche Spitze des Eisberges.*

Du kannst dafür sorgen, dass er in der Zwischenzeit einmal auf dieses Buch aufmerksam wird oder auf andere sehr wertvolle Literatur. Für all das gibt es keine besonderen Regeln oder Empfehlungen. Du selbst trägst Hochsensibilität in dir und hast dadurch die Begabung, in konkreten Situationen deiner Empfindung und Ahnung zu folgen. Zudem haben wir jetzt wieder die Verbindung zu unserer Höheren Macht der Vorsehung hergestellt, die uns ganz gewiss eröffnen wird, wohin die Reise geht und was konkret wir tun sollen. Im Endeffekt ist es so, dass die Familie darüber entscheiden darf, wie sie weiter vorgehen möchte. Bitte in jedem Fall die Familie aufrichtig darum, nicht überängstlich zu sein, weil das nämlich alles verderben könnte. Wir sind aus Erfahrung zur Ansicht gekommen, dass es durch die Erkenntnis über unbewusst gelebte Hochsensibilität als Krankheitsursache der Heilungsprozess viel schneller geht, als es uns bisher möglich war.

Im Allgemeinen sollte die Familie nicht versuchen, ihm deine Geschichte aufzuhalsen. Es sollte vermieden werden, dass der Kontakt ausschließlich durch seine Familie hergestellt wird. Da ist es noch besser, wenn er dich durch einen Arzt oder eine Institution kennenlernt. Wenn dein Schützling Behandlung in einem Krankenhaus braucht, soll er sie haben, aber nicht mit Zwang, außer wenn er gewalttätig ist. Der Arzt kann, wenn er will, dem Patienten sagen, dass es einen Ausweg gibt. So sind auch ärztliche Unterstützung oder medikamentöse Begleitbehandlung nicht grundsätzlich abzulehnen. Einem Menschen, der sich das Knie verletzt hat, nehmen wir ja auch nicht seine Krücken weg.

Wenn die Krankheit durch Sinnverlorenheit schon so weit fortgeschritten ist, dass sich der Betroffene beispielsweise das Leben durch Suizid nehmen möchte, dann leuchtet jedem Menschen ein, dass hier die kurz- bis mittelfristige Gabe eines entsprechenden Medikaments überlebenswichtig erscheint und langsame Linderung bewirken kann.

Wenn es deinem Schützling besser geht, mag der Arzt deinen Besuch vorschlagen. Obgleich du mit der Familie gesprochen hast, sollten die Angehörigen aus dem ersten Gespräch herausgehalten werden. Unter diesen Voraussetzungen wird der Betroffene merken, dass er nicht unter Zwang steht. Er wird merken, dass er sich mit dir verständigen kann, ohne dass seine Familie an ihm herumnörgelt. Besuche ihn, solange er noch leidet. Wahrscheinlich ist er zugänglicher, wenn er noch in schlechter Verfassung ist.

Wenn möglich, solltest du mit ihm allein sprechen. Falle dabei nicht mit der Tür ins Haus, beginne mit ganz allgemeinen Dingen und komme nach einer Weile auf seinen konkreten Fall zu sprechen. Dabei nähern wir uns einfühlsam vom Äußeren, also von der materiellen Welt, über sein Problem hin zur möglichen Ursache seiner jetzigen Situation. Erzähl ihm einiges über deine alten Gewohnheiten, über mögliche Erkrankungen, über Symptome und Erfahrungen, um ihn dazu zu ermutigen, über sich selbst zu reden. Wenn er sprechen möchte, lass ihn sprechen. Auf diese Weise wird dir klarer, wie du weitermachen solltest. Wenn er nicht mitteilsam ist, gib ihm einen kurzen Überblick über das Erleben deiner gefühlten Andersartigkeit bis zu dem Zeitpunkt, an dem du aufgehört hast, dich selbst zu verleugnen, und damit begonnen hast, dich mit den besonderen Eigenschaften deiner Begabung zu befassen. Aber sag jetzt noch nicht konkret, wie das gelungen ist. Wenn er ernsthaft zuhören will, erzähl ihm ausführlich von den Schwierigkeiten, die dir das Leben in der Gesellschaft bereitet hat. Dabei solltest du es vermeiden, zu predigen oder zu belehren. Schimpfe auch nicht über Menschen, die nicht anwesend sind. *Sprich über deine eigenen Gedanken und Gefühle in der Ich-Form und meide Du-Parolen.*

Wenn er guter Laune ist, erzähl ihm auch die eine oder andere witzige Episode aus deiner Vergangenheit. Ein gemeinsames Lächeln öffnet die gesichertste Tür. Bring ihn soweit, dass er von seinen eigenen Erlebnissen spricht. Handle jedoch nicht aus Neugier oder Sensationslust. Selbstironie ist hier gefragt, die haben wir ja dank unserer neuen Lebenseinstellung wiederfinden dürfen.

Wenn er merkt, dass du alle Tricks eines Hochsensiblen kennst, dann beschreib ihm dein Leben, als du noch von Krankheit gefangen warst. Erzähle ihm, wie durcheinander du warst und wie du schließlich erfahren hast, dass du krank bist. Erzähl ihm genau, welche verzweifelten Versuche du gemacht hast, um mit sinnlosem, selbst- und fremdschädigendem Verhalten aufzuhören. Beschreib ihm das verdrehte Denken, die Verletzungen aus vergangenen Tagen, die dich mangels Reflexion immer wieder zum ersten Ausrutscher und zur nächsten Katastrophe geführt hatten. Bis es schließlich zum Showdown zwischen deinem eisernen Willen und deiner Hochsensibilität gekommen war.

Wir empfehlen, dass du es so machst, wie wir es im Kapitel *„Über Hochsensibilität“* beschrieben haben. Wenn dein Freund hochsensibel ist, wird er dich sofort verstehen. Zu deinen geistigen Ungereimtheiten werden ihm ein paar eigene einfallen. Setze alles in dein geistiges Potenzial, um ihm durch deine eigene Geschichte bewusst zu machen, dass unbewusst gelebte Hochsensibilität als die Ursache von Degeneration, Krankheit und Leid zu begreifen ist. Sozusagen ist *Hochsensibilität als die Blume des Lebens* der Menschen auf dem besten Weg dazu, durch mangelnde Wertschätzung und Ungewissheit zu verwelken. Jeder Einzelne von uns gilt als leidgeprüftes Beispiel dafür.

Wenn du davon überzeugt bist, dass du wirklich ein

leidgeprüfter Hochsensibler bist, beschreibe ihm die Hoffnungslosigkeit und Sinnverlorenheit in deiner Krankheitsphase. Erkläre ihm am Beispiel deiner eigenen Symptome, wie verdreht dein Geisteszustand durch verschiedene Verletzungen gewesen ist und dich diese Sichtweise mangels Bewusstseins über deine besonderen Fähigkeiten selbst immer weiter in die Krankheit geführt hat. Zeig ihm, wie die Ungewissheit über deine besondere Veranlagung deine Psyche als Ausdruck eines gesunden Zusammenwirkens zwischen Körper, Geist und Seele zunehmend gestört wurde. Offenbare ihm die Gründe, die eine gesunde Entwicklung deiner Fähigkeiten und Stärken verhindert haben. Bezieh dich dabei noch nicht auf dieses Buch, es sei denn, er hätte es schon gesehen und möchte konkret darüber mit dir sprechen. *Hüte dich davor, ihn selbst als Kranken oder als vom Leben gebrochenen abzustempeln.* Lass ihn seine eigenen Schlüsse ziehen. Wenn er weiterhin meint, sein bisheriges Verhalten und Leistungskalkül willentlich meistern zu können, sag ihm einfach, dass er das möglicherweise kann, wenn seine Verwundbarkeit noch nicht zu weit fortgeschritten ist. Vermittle ihm jedoch auch deine eigenen Erfahrungen, dass seine Chancen auf Genesung aus eigener Kraft gering sind, wenn er ernsthaft krank ist und seine Hochsensibilität nicht als solche schätzen lernt.

Sprich mit ihm über die körperlichen, geistigen und seelischen Negativerscheinungen von Sucht und anderer psychischer Erkrankung. Lenk seine Aufmerksamkeit hauptsächlich auf deine eigenen Erfahrungen und offenbare ihm, wie du dich dabei gefühlt und was du dabei gedacht hast. Erkläre ihm, dass viele zum Untergang bestimmt sind, die ihre missliche Lage nicht wahrhaben wollen.

Das ist auch der Grund, weshalb Ärzte-, Pflege- und

Fachpersonal bislang zu Recht abgeneigt waren, ihren Patienten die ganze Wahrheit zu sagen, es sei denn, diese waren schon so weit gesunken, dass es keinen wesentlichen Grund mehr gab, sich anderweitig zu äußern. An dieser Stelle sei zum besseren Verständnis aufgezeigt, dass Ärzte und Fachpersonal vom Gesetz her dazu verpflichtet sind, niemals irgendwelche spirituelle oder esoterische Begriffe in ihren Erwähnungen und Erklärungen dem Patienten gegenüber einbringen dürfen, sondern dass sowohl ihre Anamnese wie auch ihre Therapieempfehlung ausschließlich auf potenziell medizinisch relevanten und wissenschaftlich begründeten Fakten beruhen muss. Eine komplementäre oder auf eigenen Erfahrungen beruhende Therapieempfehlung, in dem Bereich oftmals als esoterische Sichtweisen definiert, gebieten die Vorschriften nicht und würden im Falle einer Nichteinhaltung einen persönlichen Haftungsanspruch bis hin zum Verlust der Arbeitsbewilligung nach sich ziehen. Medizinisches Fachpersonal kann und darf somit den Terminus der Hochsensibilität als genetische Veranlagung nur dann als Ursache von Erkrankung als Begründung heranziehen, wenn sie bereits als Vulnerabilität pathologisiert werden kann, sprich: wenn bereits ein bestimmtes Maß an Verletzlichkeit eingetreten ist. Das ist der derzeitigen Sachlage entsprechend auch gut so, weil dadurch – zumindest was die Republik Österreich betrifft – erst die Sicherheits- und Schutzmaßnahmen des Gesundheitswesens in Bezug auf Geld- und Sozialleistungen im Fall von Arbeitsplatzverlust, Rehabilitation und akuter Erkrankung zum Tragen kommen.

Dennoch möchten und können wir als Menschen parallel zum staatlichen Gesundheitswesen mit Betroffenen und Hilfsbedürftigen jederzeit über unsere persönlichen Erfahrungen sprechen, denn als Mensch kannst du ihm aus jetziger Sicht eine ursächliche Lösung für seine Probleme, wie immer diese auch gelagert sein mögen, anbieten. Und diese gründen immerhin auf deinem Expertenwissen aus eigener Erfahrung. Dein Freund wird bald zugeben, dass er viele, wenn nicht alle Züge eines Hochsensiblen trägt, der an der Ungewissheit über seine Begabung im Meer der Reizüberflutung zugrunde gegangen ist.

Wenn jetzt sein eigener Arzt bereit ist, ihm zu sagen, dass er derzeit die Symptomatik einer schwerwiegenden Erkrankung zeigt und als Erstes eine professionelle Begleitung braucht, umso besser. Selbst wenn dein Schützling sich seinen Zustand noch nicht ganz eingestanden hat, wird er neugierig sein, wie du es geschafft hast, wieder so gesund zu werden. Lass ihn dich fragen, was er gerne wissen möchte. Erzähl ihm genau, was mit dir geschehen ist. Bleib ehrlich dabei und schneide nicht auf. Betone dabei durchwegs offenherzig deine Empfindsamkeit und Feinfühligkeit, ebenso deine damalige Empfindlichkeit, Verletzlichkeit und Vulnerabilität. Erwähne dabei auch freimütig den Aspekt der Spiritualität als wesentliche Veranlagung, mach sie ihm als siebten Sinn im Wesen deines Organismus begreiflich. Wenn der Betroffene Agnostiker oder Atheist ist, dann heb sehr deutlich hervor, dass er mit deiner persönlichen *„Vorstellung von Gott“* in keiner Weise übereinstimmen muss. Er kann, soll und darf sich jede Sichtweise wählen, die ihm in diesem Moment zusagt, seinem eigenen Weltbild entsprechend, solange ihm diese selber sinnvoll erscheint. Hauptsache, er ist bereit, an eine Macht, größer als er selbst, zu glauben und nach spirituellen Grundsätzen, nicht zu verwechseln mit religiösem Brauchtum, Dogmen oder Riten, zu leben.

Wenn du es mit so jemandem zu tun hast, dann benutze lieber die Alltagssprache, um diese Dinge zu schildern. Rede einfach so, wie dir der Schnabel gewachsen ist. Auch wenn uns die bewusste Unterscheidung zwischen den Begrifflichkeiten Religiosität und Spiritualität als wesentlich erscheint, hat es keinen Zweck, Vorurteile gegen theologische Leitsätze und Begriffe wachzurufen, über die er ohnehin nur verworrene Vorstellungen hat. Bring solche Dinge nicht zur Sprache, egal wie deine eigene Überzeugung ist. *Das Wissen über Spiritualität als Sinnesgabe und Hochsensibilität als deren Schutzeinrichtung ist ohnehin der gemeinsame Nenner aller Religionen.*

Dein Schützling mag einer Konfession angehören. Er mag eine intensivere religiöse Erziehung und Ausbildung genossen haben. In diesem Falle fragt er sich verwundert, was du ihm über sein Wissen hinaus noch zu sagen hast. Denn wenn er bereits einer Religion angehört und du ihm deinen Zugang zur Spiritualität mit dem Begriff der Hochsensibilität ermöglichst, dann kann er durch die Verklärung seiner Religion den Zugang zu Hochsensibilität viel schneller begreifen und einsehen. Er ist neugierig, zu erfahren, warum sein eigener Glaube versagt hat und warum im Gegensatz zu seiner Religiosität dein neues Bewusstsein über Spiritualität als siebten Sinn plötzlich so gute Erfolge zu erzielen scheint. Dein Schützling ist vielleicht ein Beispiel für die Tatsache, dass Glaube allein nicht genügt.

Um lebendig zu sein und im Fluss zu leben, müssen Körper, Geist und Seele von Glauben, Opferbereitschaft und Hingabe sowie von konstruktivem, vernünftigem Handeln begleitet sein. Mach dem neuen Freund klar, dass du nicht gekommen bist, um ihm Religionsunterricht zu geben. Wenn überhaupt, trifft es der Begriff Ethikaustausch noch am besten. Gib zu, dass er wahrscheinlich mehr über Religion weiß als du selbst. Aber mach ihn darauf aufmerksam, dass er seine Sichtweise und seine Erkenntnisse, wie tief sie auch reichen mögen, bislang nicht in vollem Bewusstsein und Gewissheit über Spiritualität und Hochsensibilität als natürliche Veranlagungen betrachtet hat. Andernfalls würde er jetzt nicht hier sitzen und darunter leiden.

Vergleichen wir es mit einer Hand: wenn du nicht weißt, dass du eine Hand hast und dir nicht bewusst darüber bist, was du damit anstellen sollst, wirst du solange schmerzhafte Erfahrungen machen, für den Fall, dass du sie auf eine heiße Herdplatte hältst. Vielleicht kann er anhand dieses Beispiels herausfinden, wo er es versäumt hat, nach den Geboten seiner natürlichen Veranlagung zu leben, die er doch so gut zu kennen glaubt. Wir Erwachten vertreten weder einen bestimmten Glauben noch irgendeine religiöse Gemeinschaft. Wir befassen uns nur mit allgemeinen, natur- und geisteswissenschaftlichen Grundsätzen, wie sie den meisten Konfessionen gemeinsam sind. Wir nennen das Kind einfach beim Namen. Nicht weil wir so übermäßig klug sind, sondern weil viele Menschen, die vor uns gewesen sind, es uns ermöglicht haben, es heute auch verstandesmäßig begreifen zu können.

Beschreib in groben Zügen, wie es bei dir abgelaufen ist, wie du dich eingeschätzt hast, wie du mit der Vergangenheit – mal weniger und mal besser – klargekommen bist und warum du dich bemühst, ihm zu helfen. Es ist wichtig für ihn, zu begreifen, dass dein Versuch, diese Erfahrung an ihn weiterzugeben, eine wesentliche Rolle bei deiner eigenen Genesung spielt. Dadurch erst lebst du dem Sinne deiner besonderen Veranlagung entsprechend, und das hält dich fit und gesund. Es kann durchweg so sein, dass er dir mehr hilft als du ihm. Mach ihm klar, dass er dir gegenüber in keinerlei Hinsicht zu irgendetwas verpflichtet ist. Es besteht aus einem einfachen, zwischenmenschlichen Geben und Nehmen. Was bleibt, ist allein deine Zuversicht, dass auch er sich bemühen wird, sein Potenzial zu entwickeln und anderen Hochsensiblen oder noch unter der Unwissenheit ihrer Veranlagung leidenden Menschen zu helfen, wenn er aus seinen eigenen Schwierigkeiten kraft seiner natürlichen Begabung herausgewachsen ist.

Weise darauf hin, wie wichtig es ist, das Wohlergehen der Natur und seiner Mitmenschen über das eigene zu stellen. Mach ihm deutlich, dass er nicht unter Druck steht und dass er dich nicht wiederzusehen braucht, wenn er nicht will. Hinterlasse deinen Namen und deine Telefonnummer, ohne seine zu verlangen. Achte darauf, wo Nähe sinnvoll und wo Distanz zweckmäßig ist. Du solltest nicht beleidigt oder enttäuscht sein, wenn er den Kontakt abbrechen will, denn er hat dir gewiss mehr geholfen, als du ihm helfen konntest. Fühle dich nicht als hilfloser Helfer, sondern betrachte dich als Schüler des Universums. Glaubst du an einer Stelle, zum Meister geworden zu sein, so suche dir eine neue Aufgabe, in der du wieder Schüler bist. Es ist Teil unserer Lernübungen, dass wir erkennen, nicht selbst das letzte Wort zu haben. Wenn das, was du gesagt hast, vernünftig, ruhig, offenherzig, aufrichtig und voll menschlichem Verständnis und Mitgefühl getragen war, hast du vielleicht einen Freund gewonnen. Vielleicht hast du ihn durch das Gespräch nachdenklich gemacht. Das wäre nur zu seinem Besten. Je zuversichtlicher er sich fühlt, umso besser. Er wird dann eher seinen Empfindungen folgen. Ein Mensch, der einmal über die wesentliche Ursache seiner Probleme gehört hat, wird nie wieder so stumpfsinnig vor sich hin existieren wie zuvor.

Dein Schützling mag Gründe anführen, warum er meint, das Programm nicht in allen Punkten nötig zu haben. Er mag sich gegen den Gedanken auflehnen, jetzt ans Eingemachte zu gehen, wozu das offene und aufrichtige Gespräch mit anderen *not-wendig* ist. Er mag vielleicht recht haben, dass es in seinem eigenen Leben (noch) keine Not zu wenden gibt. Doch wenn ihm zu Bewusstsein kommt, dass allein seine Anwesenheit als Hochsensibler im Zuge der aufrichtigen Offenbarung eines Notleidenden bereits zu dessen Heilung beitragen kann, wird er seiner wesentlichen Bestimmung als Mensch Folge leisten. Widersprich ihm dennoch niemals in seinen Ansichten. Dort, wo dein Wort wirkt, bleibe. Dort wo es belächelt wird, ziehe weiter. Wenn möglich erzähle, dass du auch einmal so empfunden hast wie er.

Drücke ihm gegenüber aber auch deine Zweifel aus, ob du diese sichtbare Entwicklung gemacht hättest, ohne etwas unternommen zu haben. Wenn er Interesse zeigt, nenne ihm die erforderlichen Informationen oder borge ihm dieses Buch. Wenn dein Freund nicht weiter von sich selbst erzählen will, bleibe nicht, bis er deiner überdrüssig wird. Lass Empathie walten. Lass ihm Gelegenheit und genügend Freiraum, über alles nachzudenken und nachzusinnen. Wir haben erkannt, dass der beste Moment zu gehen ist, wenn wir die Sehnsucht verspürten, bleiben zu wollen.

Konkret fixierte Zeitfenster helfen dir dabei, selbst nicht den Rahmen aus den Augen zu verlieren. Manchmal ist ein Neuer erpicht darauf, sofort in das Genesungsprogramm einzusteigen. In solchen Fällen magst du versucht sein, es ihm zuzugestehen. Das kann ein Fehler sein. Hat er nämlich später Schwierigkeiten, könnte er sagen, du hättest ihn dazu gedrängt. Am ehesten werdet ihr beide Erfolg haben, wenn du dich nicht als Kreuzritter oder Reformator aufspielst. Vermeide es, im Gespräch den Eindruck spiritueller und moralischer Überheblichkeit zu erwecken.

Biete ihm lediglich dein spirituelles Rüstzeug und Wissen zur Begutachtung an und zeige ihm, was du Kraft deiner Begabung seit deiner Bewusstwerdung dadurch erreicht hast.

Biete ihm Freundschaft und Kameradschaft an. Sag ihm, dass du alles tun würdest, um ihm zu helfen, wenn er genesen will und ein Leben im Sinne seiner Veranlagung führen möchte. Zusammenwirken ja, Zusammenschluss nein. Besondere Vorsicht ist hier im Bereich sexueller Gelüste und Sehnsüchte zwischen jeglicher Art von Geschlechtspartnern gegeben. *Gesunde Distanz zu wahren, gelten an dieser Stelle als Schlüsselworte*.

Wenn er an der Lösung, die du ihm anbietest, nicht interessiert ist, wenn er erwartet, dass du nur als Bankier für seine finanziellen Schwierigkeiten fungieren oder als spiritueller Begleiter bei seinem weiteren Feldzug gegen die Menschlichkeit da bist, dann solltest du ihn wahrscheinlich alleine weiterziehen lassen, zumindest solange, bis er seine Einstellung und Verhaltensweise zu ändern bereit ist. Voraussichtlich wird er das erst tun, wenn er noch mehr eingesteckt hat, als er austeilen konnte. Eines aber ist bestimmt gewiss: er wird nie wieder so unbewusst austeilen oder einstecken können wie bisher.

Sollte er ernsthaft interessiert sein und dich wiedersehen wollen, empfehle ihm, vor einer neuerlichen Begegnung oder der Teilnahme an einem Meeting, als Einstiegsliteratur dieses Buch zu lesen. Danach soll, darf oder muss jeder für sich selbst entscheiden, ob er mit seiner Entwicklung innerhalb einer Gruppe oder lieber nach eigenem Gutdünken weitermachen möchte. Er sollte weder von dir noch von seinen Angehörigen noch von seinen Freunden angetrieben oder gedrängt werden, irgendeinen Weg zu gehen. Um sich zu finden, muss der Wunsch aus seinem Inneren kommen. Und wie wir alle wissen, sind die *„Wege des Herrn“* unergründlich.

Wenn er glaubt, er kann es anders erreichen, oder wenn er einen anderen Weg vorziehen möchte, ermutige ihn dabei, seinem eigenen Gewissen zu folgen. *Wir haben weder ein Monopol auf „Gott“ noch auf Spiritualität oder Hochsensibilität.* Dieses Monopol bleibt allein der Schöpfung selbst vorbehalten. So wie wir im vorliegenden Programm unseren eigenen Weg finden durften, der uns geholfen hat. Unterstreiche dabei, dass wir Hochsensible vieles gemeinsam haben und dass du ihm auf jeden Fall auch weiterhin freundschaftlich gesinnt bleibst. Lass es damit genug sein.

Sei nicht entmutigt, wenn er nicht gleich reagiert. Lebe weiter achtsam und bewusst und versuche dein Glück bei der nächsten Begegnung. Ganz bestimmt wird sich eine Möglichkeit finden, in der ein Mensch verzweifelt genug ist, dein kostenloses Angebot dankbar anzunehmen. Du verschwendest Zeit, wenn du jemandem nachläufst, der nicht mitmachen kann oder will. Wenn du so jemanden in Ruhe lässt, wird er bald überzeugt sein, dass er aus eigener Willenskraft oder vermeintlicher Charakterstärke nicht genesen und das volle Potenzial seiner Begabung entwickeln können wird. Auch dann, wenn er sich in seiner Vorgehens- und Sichtweise durch augenscheinliche Zeichen materiellen Erfolges bestätigt fühlt. Wer sich immer weiter vom wesentlichen Sinn seines Menschseins entfernt, kann niemals innere Zufriedenheit und wirksame Lebensfreude empfinden.

Zu viel Energie für einen einzelnen Menschen zu verschwenden bedeutet, ihn dazu zu ermächtigen, zwei anderen Menschen die Gelegenheit vorzuenthalten, ihre Hochsensibilität aus den vormaligen Leiden zu gewahren und von Grund auf glücklich zu sein. Nämlich dich und deinen Nächsten.

Ein Freund der AA scheiterte völlig mit seinen ersten sechs Schützlingen. Später erzählte er von den vielen, die inzwischen genesen waren und die um ihre Chance gebracht worden wären, wenn er sich weiter mit den noch Uneinsichtigen beschäftigt hätte.

Angenommen, es kommt zu einem zweiten Gespräch. Der andere hat inzwischen dieses Buch gelesen und sagt, er sei bereit, sich mit den Zwölf-Schritten des Programmes zu befassen. Da du selbst Erfahrungen damit gemacht hast, kannst du ihm viele praktische Tipps geben. Lass ihn wissen, dass du zur Verfügung stehst, wenn er sich dir anvertrauen möchte. Bestehe aber nicht darauf, wenn er sich lieber an jemand anderen wenden will. Wobei es sogar sehr vernünftig ist, in sein persönliches Konzept der Selbstheilung mehrere nützliche Werkzeuge aus dem breiten Angebot zu nutzen. Selbsthilfe ist lediglich eine Säule, wobei das Zwölf-Schritte-Programm an sich die Bereiche der Seelenheilung und der Psychohygiene abdeckt.

Wir haben in der Arbeit und im Umgang mit Menschen, die sich noch voll in den Symptomen einer Krankheit befinden, sehr vorsichtig und wach zu sein. Denn vielen von uns sind Fehler passiert, durch die sie aus Gutgläubigkeit oder Naivität heraus einem Betrüger oder sonst wem auf den Leim gegangen sind. Vielleicht ist ein Mensch, der an einer Sucht leidet, pleite und obdachlos. In diesem Fall verweise ihn einfach an die in Frage kommenden Stellen, die es mittlerweile allerorten gibt. Du sollst ihm nicht dabei helfen, sein Leben in den Griff zu bekommen, indem du ihm sein Leben abnimmst, sondern indem du ihm die Möglichkeit zur Teilnahme am Programm ermöglichst. Dazu braucht er weder Geld noch Mittel, außer sich selbst und eine gewisse Bereitwilligkeit. Achte gut darauf, ehe du ihm dabei hilfst, eine Arbeit zu finden, oder du ihm eine kleine finanzielle Unterstützung gewährst. Wir haben die Erfahrung gemacht nur Geldbeträge zu geben, die wir auch schenken würden. Jede künstlich erzeugte Abhängigkeit stellt einen Hinderungsgrund auf dem Weg der Genesung dar.

Wir wollen dir an dieser Stelle keine Vorschriften machen oder uns in irgendwelcher deiner Herangehensweisen einmischen, doch wir wollen es zu deinem eigenen Schutz hierin zur Sprache gebracht haben. Deine eigene Familie und deine dahingehenden Verpflichtungen haben stets Vorrang. Geben und Nehmen soll nicht zu einem Übergeben und Übernommen werden. Darum konzentrieren wir uns im Zwölften Schritt und in der Arbeit innerhalb der Gemeinschaft auf das Geben und Nehmen wesentlicher Werte und nicht auf die Schenkung beziehungsweise Geschenkannahme materieller Werte und Güter.

Vielleicht lockt die Versuchung, dass du deinen Schützling für einige Tage bei dir zu Hause aufnehmen möchtest. Davon raten wir persönlich ab, auch wenn du womöglich dazu sogar das Einverständnis seiner Familie eingeholt hast und aufpasst, dass der andere dich nicht wegen deines Geldes, deiner Beziehungen und deiner Gastfreundschaft ausnützt. Wenn du das zulässt, schadest du nämlich im

Endeffekt nicht dir selbst, sondern vor allem ihm. Denn wer einem anderen die Last des Kreuzes seiner Begabung zu lange zu tragen hilft, erschwert es ihm, sobald er wieder selbst gehen muss. Wir dürfen unseren Schützlingen keinen Grund dafür geben, unaufrichtig und neidisch zu sein, was unseren finanziellen Reichtum betrifft. Wobei vielleicht sogar das Prinzip des *„Zehnten“* zur Anwendung kommen könnte. Wer weiß.

Anstatt mitzutragen, sollten wir eher dazu beitragen, dass der Betroffene durch unsere Begleitung einen Punkt erreicht, von dem an er von sich aus selbst wirksam werden kann, als dass wir ihn unterstützen. Und das ist leider oftmals der Moment, in dem der Hochsensible auf den kalten Boden der Realität aufschlägt, um zu einem Erwachen zu kommen. *Dabei dürfen wir nicht zuvorkommend sein, sondern sollten ihm einfach hilfsbereit zur Seite stehen.* Sozusagen mit Gewahrsein bei Fuß.

Wir Menschen sind allesamt zu Sklaven unseres Verhaltens geworden, das an einem bestimmten Punkt einem jeden von uns zum Verhängnis wurde. Im Schützengraben erkennt – aufgrund genügend Reizüberflutung und einem sehr geringen Maß an Fluchtmöglichkeiten – ein jeder Mensch seinen *„Gott“*, seine innerste Natur. Da gibt es keinen Atheisten. Vor dem Ende ist zugleich nach dem Ende. Doch brauchen wir Menschen denn immer zuerst Kriege und Extremsituationen, ehe wir unsere Spiritualität und Zugehörigkeit zur Schöpfung einsehen können?

Die Zahl der Spirituellen und Hochsensiblen steigt, da sie erst durch psychische Störung und psychografische Verwüstung den Draht zwischen ihrer wesentlichen Natur und der Natürlichkeit der Gesamtschöpfung wiederentdecken können. Das gleicht einer Rückkehr ins Paradies durch das

Tor zur Freiheit, ganz gleich ob durch Arbeitslosigkeit oder andere Fügungen des Schicksals. Erst wenn ein Mensch seiner innersten Natürlichkeit wieder nähersteht als den materiellen Annehmlichkeiten des Lebens, dann kann er auch von Grund auf heilen. Wir dürfen diesen natürlichen Prozess natürlicher Heilung und Selbstklärung nicht hinauszögern und sollten einfach als treue und erwachte Begleiter zur Seite stehen.

Scheue nie diese Verantwortung, aber gehe sicher, dass du das Gewahre tust, wenn du solche Verantwortung übernimmst. Das Falsche wäre gewiss, den anderen damit zu überhäufen, was wir selbst die längste Zeit unseres Lebens zu brauchen glaubten. Denn erst die Suche und die Sehnsucht nach den materiellen Erscheinungen des Lebens hat uns von der Auffindung unseres wesentlichen Sinnreichtums abgehalten. Anderen in dessen Entwicklung und Selbstfindung beizustehen und als Genesungsbegleiter zu fungieren, ist der Grundstein unserer eigenen Genesung. Ab und zu eine Tat als Geste oberflächlicher Freundlichkeit ist dabei nicht genug. Wenn es der Linderung des Leidensdruckes eines Menschen oder Mitgeschöpfes zuträglich ist, haben wir die menschliche Pflicht, als Ansprechpartner zur Verfügung zu stehen. Unentgeltlich und sinndienlich. Das kann dich zwar die eine oder andere schlaflose Nacht kosten, deine Freizeit stark beeinträchtigen und deine berufliche Arbeit stören. Es könnte bedeuten, in Notfällen Geld und Heim zu teilen, aufgebrachte Ehefrauen und Verwandte zu beraten, zahllose Besuche auf Polizeirevieren, in Sanatorien, Krankenhäusern, Gefängnissen und Obdachlosenheimen zu machen. Es ist möglich, dass dein Telefon auch mal bei Nacht klingelt. Deine Frau wird dir manchmal sagen, dass sie sich vernachlässigt fühlt. Es ist möglich, dass ein Leidender das Mobiliar seines Hauses zerschlägt oder eine Matratze anzündet. Es kann sein, dass du dich ihm gegenüber zur Wehr setzen musst, wenn er fremdschädigend wird oder du ihn von dummen Aktionen abhalten solltest, wenn er sich selbst oder andere verletzen will. Manchmal wirst du einen Arzt rufen und nach dessen Weisung Beruhigungsmittel verabreichen. Ein anderes Mal kann es sein, dass du die Polizei oder eine Ambulanz kontaktierst. Gelegentlich wirst du dich mit solchen Dingen konfrontiert sehen. Jede dieser Gelegenheit ist auch Gelegenheit, das Wort Hochsensibilität ins Spiel zu bringen. Sowohl in der Begegnung mit den Helfenden wie auch an der Mitwirkung der Besänftigung eines Hilfsbedürftigen.

Wir befürworten es jedoch nicht, einem fremden Menschen, und mögen wir ihm uns noch so verbunden und als unserer Seele verwandt empfinden, für längere Zeit Quartier in unserer Wohnung anzubieten. Es ist nicht gut für ihn und schafft manchmal ernsthafte Probleme, weil die Gefahr droht, dass er in eine Art sozial-emotionale Abhängigkeit gerät.

Auch wenn ein psychisch kranker Hochsensibler auf angebotene Hilfe nicht eingeht, besteht kein Grund, seine Familie oder seine Angehörigen hängen zu lassen. Ihnen gegenüber solltest du weiterhin hilfsbereit sein. Sprich mit ihnen über deine neue Lebensweise. Wenn sie die Grundsätze annehmen und praktizieren möchten, hat das sogenannte *„schwarze Schaf“* in der Familie eine viel größere Chance zu genesen. Viele von uns entwickelten sich auf diesem Wege vom Opferlamm und Sündenbock zur ersten Instanz sozial-emotionaler Intelligenz. Aber auch wenn der Betroffene weiterhin Dummheiten macht: Für seine Familie wird das Leben erträglicher sein, weil sie die Ursache der Misere und die Krankheit als Auslöser zur Bewusstwerdung erkennen durften. Kein Stein wird in dieser Familie auf dem anderen bleiben.

Für den Kranken, der willig und fähig ist, an der vernünftigen Entwicklung seiner besonderen Veranlagung mitzuwirken, ist wenig Fürsorge im eigentlichen Sinne des Wortes ein Mehr zur Selbsthilfe. Das ist auch notwendig und erwünscht. Diejenigen, die nach Geld und Obdach rufen, anstatt sich um ihr Grundproblem der inneren Verwahrlosung zu kümmern, sind auf dem Holzweg. Trotzdem gehen wir sehr weit, um einander mit dem Notwendigsten zu versorgen, wenn es angebracht ist. Das mag widersprüchlich erscheinen, aber uns scheint das nicht so zu sein.

Nicht das Geben oder Nehmen steht hier zur Debatte, sondern das gesunde Mittelmaß von Zuneigung und Ablehnung sowie von Abneigung und Zuwendung. Denn viele von uns litten am Helfersyndrom und mussten sehr leidvolle Erfahrungen machen, die ihnen selbst und anderen zusätzliche Probleme verursacht haben. In den meisten Fällen ist ein Ende mit Schrecken sinnvoller und zweckmäßiger als ein Schrecken ohne Ende. Davon hängt oft Erfolg oder Misserfolg ab. Das Zünglein an der Waage ist die Ehrlichkeit aller Beteiligten und die dementsprechende Äußerung aller damit in Zusammenhang stehenden Bedenken, Empfindungen und Emotionen.

Wem es hilft, der kann sich für diese Zwecke auch einen fachkundigen Mediator zur Seite stellen. In dem Augenblick, in dem unsere ungesunde Fürsorge zur Versorgung wird, fängt der Hilfsbedürftige an, sich mehr auf unsere menschliche Hilfe zu verlassen als auf die Kraft seiner Schöpfung, die er seit Kindestagen an in sich trägt. Auch wenn es oftmals verständlich und nachvollziehbar ist, dass wir für den Betroffenen alle möglichen Besorgungen machen, nach einem Leben voller Vernachlässigung der eigenen Bedürfnisse durch sich selbst und durch seine Umwelt. Wir selbst kommen aus diesem Sumpfgebiet. Unser Schützling verlangt nach diesem und jenem und behauptet, er könne mit dem Problem nicht fertig werden, bevor seine materielle Not behoben ist. Unsinn! Die meisten von uns hatten sehr harte Schläge einzustecken, bevor sie diese Wahrheit gelernt hatten: Arbeit oder keine Arbeit, Partner oder keinen, wir hören einfach solange mit den Dummheiten nicht auf, solange wir uns lieber auf andere Menschen verlassen, als auf die wirksame Kraft unserer Spiritualität zu vertrauen.

Präg es tief in das Bewusstsein eines jeden Ungläubigen ein, dass er gesund werden kann, ohne sich von irgendjemandem abhängig zu machen. Der Schlüssel dafür ist die Information darüber, dass Spiritualität als in seinen Genen verankerter Sinn zu begreifen ist und die Entwicklung seiner Hochsensibilität ihm dabei den Weg weist. Das Vorhandensein oder Nichtvorhandensein von Hochsensibilität teilt die Menschheit seit jeher in die Gruppe der Hochsensiblen und Nichthochsensiblen. Die einzige Bedingung ist, dass er in jene Macht vertraut, die uns für ein Leben als Menschen auf dem Planet Erde vorgesehen hat. Äußerliche Unterschiede zählen nicht länger.

Nun zum häuslichen Problem: Es mag Scheidung, Trennung oder gespannte Beziehungen geben. Wenn dein Schützling bei seiner Familie wiedergutgemacht hat so viel er konnte, und seinen Angehörigen ausführlich erklärt hat, nach welchen neuen Grundsätzen er jetzt lebt, sollte er darangehen, diese Grundsätze nun zu Hause in die Tat umzusetzen – sofern er noch in der glücklichen Lage ist, ein Zuhause zu haben. Obwohl seine Familie vielleicht auch Fehler gemacht hat, sollte er sich zunächst nicht darum kümmern. Er sollte sich eher darauf konzentrieren, seine eigene Hochsensibilität zu leben, gleich ob er daran glaubt, spirituell veranlagt zu sein oder nicht. Streit und bevormundende Kritik sollten gemieden werden, wie der Teufel das Weihwasser scheut.

In vielen Familien ist das schwer durchzuführen, aber es *muss* gemacht werden, wenn man die Früchte hochsensibler Entfaltung *empfinden* will. Wenn das einige Monate durchgehalten wird, ist die Wirkung auf die Familie und deren Ansehen sicherlich groß. Die streitsüchtigsten Leute entdecken, dass sie eine gemeinsame Basis haben, auf der sie sich finden können. Nach und nach werden die Angehörigen ihre eigenen Unzulänglichkeiten einsehen und zugeben. Alles kann dann in einer Atmosphäre von Freundlichkeit, Sanftmut, Güte sowie Selbst- und Nächstenliebe besprochen werden. Geht das nicht, so kann zumindest der einzelne Erwachte in seinem persönlichen Einzugsgebiet durch eben die Entfaltung dieser Werte und Eigenschaften wirken.

Auch wenn das Wort Hochsensibilität am Anfang stand und dessen Aussprache es vermocht hat, Seelen gesunden zu lassen, so zählt die gelebte Güte vor dem Wort. Nachdem die Angehörigen spürbare Erfolge erleben, werden sie aller Voraussicht nach mitziehen. Das wird alles von selbst und zur rechten Zeit geschehen. Voraussetzung ist, dass der vormals Kranke darin bemüht bleibt, nüchtern, rücksichtsvoll, hilfsbereit und aufrichtig zu sein, ganz gleich, was andere sagen oder tun. Natürlich können wir alle diesem hohen Anspruch nicht ständig genügen. Haben wir Fehler gemacht, haben wir den angerichteten Schaden wiedergutzumachen, wenn wir nicht mit einem Abtauchen in alte Fahrwasser dafür büßen wollen. Doch auch in solchen Fällen ist noch lange nichts vertan. Dann brauchen wir einfach zum entsprechenden Schritt zurückgehen. Auf der jeweiligen Stufe sicheren Halt gefunden, gehen wir dann wieder in neuer Manier voran.

Wenn es eine Scheidung oder Trennung gegeben hat, so sollte sich das Paar nicht übereilt wieder zusammentun. Der Mann sollte sich seiner Genesung sicher sein. Die Frau sollte volles Verständnis für die neue Lebensführung aufbringen. Ebenso ist es, wenn es sich umgekehrt verhält. Wenn beide ihre alte Beziehung wieder aufnehmen wollen, dann nur auf Basis einer geklärten, von Aufrichtigkeit und Offenheit getragenen Partnerschaft, denn die vorherige funktionierte ja allem Anschein nach nicht. Das erfordert von beiden eine neue Einstellung und eine neue Haltung. Manchmal ist es im Interesse aller Beteiligten, wenn ein Paar getrennte Wege geht. Offensichtlich gibt es dafür keine Regeln. Lassen wir den Betroffenen einfach sein Programm Tag für Tag leben. Wenn die Zeit für ein gemeinsames Leben gekommen ist, werden es beide merken.

Nimm keinem Leidenden ab, wenn er sagt, er könne nicht eher genesen, bis er seine Familie zurückhat. Das stimmt schlichtweg nicht. Es gibt Fälle, in denen die Frau aus dem einen oder anderen Grund nie zurückkommt. Erinnere den Schützling daran, dass seine Genesung nicht von Menschen oder äußeren Umständen abhängt. Sie ist von seiner Bereitschaft, seine Hochsensibilität als sinnvolles Geschenk der Natur zu entwickeln, abhängig. Und das ist die einzige Wechselbeziehung, die eine gewisse Abhängigkeit beinhalten darf.

Wobei wir zur Erkenntnis gekommen sind, dass wir uns von der Natur nicht abhängig oder unterwürfig zu fühlen brauchen, sondern die Beziehung zwischen uns und unserer Schöpfung eher als natürliche Synergie oder Symbiose betrachten sollten. Alles andere wäre wieder nur ein Vorbehalt, und so würden wir bei der nächstbesten Gelegenheit wieder Reißaus nehmen. Wir Hochsensiblen haben erkannt, dass wir Teil einer symbiotischen Beziehung sind, sozusagen als weltliche Partner einer spirituellen Intelligenz. Darin erkennen wir den Sinn und Zweck unserer Existenz. Doch auch das darf und soll jeder so auslegen, wie er es für seinen Weg der Selbstheilung braucht.

Wir haben Menschen erlebt, die gesund geworden sind, obwohl ihre Familie überhaupt nicht zurückgekehrt ist. Wir haben andere erlebt, die rückfällig wurden, weil die Familie zurückkam. Hochsensibilität ist eine genetisch bedingte Veranlagung und somit die Angelegenheit eines kompletten Familiensystems. Die Epigenetik weiß dir darüber mehr zu berichten. So ist eine Störung im Bereich dieser sozial-emotionalen Intelligenz auch immer zugleich ein Familienproblem. Wesentlich dabei ist, dass wir oftmals länger als eine Generation dafür brauchen, Harmonisierung zu erreichen. Die Einleitung der dafür erforderlichen Regeneration obliegt jedoch immer uns selbst. Den erforderlichen Impuls kann und muss jeder für sich selbst setzen. Dieser ist unabhängig von irgendwelchen Raum-Zeit-Gefügen.

Ihr beide, der Neue und du, haben Tag für Tag den Weg der spirituellen Entwicklung mit dem Ziel der größtmöglichen Entfaltung aller Eigenschaften eurer Hochsensibilität zu gehen. Wenn ihr beide durchhaltet, werden erstaunliche Dinge geschehen. Und das Durchhalten ist einfacher als je zuvor. Weil ihr euch an verstandesmäßig fassbaren Begriffen, die mittlerweile natur- und geisteswissenschaftlich, also organisch, zu erklären sind, festhalten dürft.

Rückblickend erkennen wir, dass alles, was mit uns geschah, nachdem wir uns dieser Instanz anvertraut hatten, besser war als alles, was wir jemals hätten planen können. Folge der Vorsehung und den Geboten der Höheren Macht. Sie hat dir als Zeichen ihrer Liebe die Hochsensibilität und Spiritualität in die Wiege gelegt. So bist du kraft der menschlichen Natur dazu ermächtigt, sehr bald in einer neuen und empfindbar besseren Welt zu leben, ganz gleich, wie es jetzt um dich steht.

Wenn du dich mit einem Hochsensiblen und seiner Familie befasst, vor allem wenn das System noch von Kränkung, Krankheit und Degeneration betroffen ist, solltest du darauf achten, dich nicht in ihre Streitigkeiten einzumischen. Damit vergibst du dir vielleicht die Chance, wirklich zu helfen. Weise die Familie einfach wiederholt darauf hin, dass sie es mit einem gekränkten System von Menschen zu tun hat und mit einem Hauptleidtragenden, der entsprechend behandelt werden sollte. Du solltest dabei vor aufkommendem Groll, vor Zorn, Hass und Eifersucht warnen. Einfach auf alle Eigenschaften hinweisen, die sich bei oberflächlicher Betrachtung als das genaue Gegenteil von Güte, Hochsensibilität und Spiritualität zeigen. Doch bei näherer Betrachtung erkennt das System, dass ganz einfache Grundsätze, die wir bereits in der *Tabelle der Gefühle* ausführlich erklärt haben, zur Geltung kommen.

Wir können es damit vergleichen, dass die Spiritualität als das Auge des Orkans wirkt und das bisherige Anpassungsverhalten innerhalb der gesamten Familie die Ruhe vor dem Sturm zu bedeuten hatte. Durch den Ausbruch der

Krankheit beim sensibelsten Glied der Familie richten die dabei freigesetzten, von innen heraus wirkenden Gefühlsstrudel und Gedankenstürme, nämlich als Anzeichen von verletzter Hochsensibilität, einen großen Schaden in der Umwelt an. Doch so schlimm und schrecklich der Sturm auch gewesen sein mag, im Zentrum seiner Entstehung ist auch die Quelle der Stille und des Friedens zu finden.

Wir weisen darauf hin, dass die entstandene Verletzlichkeit und Kränkung des Betroffenen sowie die dadurch erfolgte Sensibilisierung seines Umfeldes nicht über Nacht verschwinden werden. Wir alle machten das durch und standen mit der Erkenntnis unserer Prinzipien genau an der gleichen Stelle, wenngleich auch nicht an derselben. Wir können nur als Genesungsbegleiter wirken, indem wir uns bemühen, *Ähnliches mit Ähnlichem in Zusammenhang zu bringen, sprich: Menschen mit Menschen, Familien mit Familien*. Und wir erkennen es als unumgänglich an, dass jeder Hochsensible durch die Verletzung seiner Empfindsamkeit und infolge seiner jeweiligen Erkrankung am Beginn einer Entwicklung steht, die wir im Verständnis eines natürlichen Selbstreinigungsprozesses der Schöpfung für uns alle anzunehmen bereit waren. Wenn die Familie ungeduldig wird, erinnere sie als Ahnensystem daran, welche Gnade ihr durch den Kranken selbst und dem hoffentlich Genesenden zuteil geworden ist.

Wenn du bei der Lösung deiner eigenen häuslichen Probleme erfolgreich warst, erzähl der Familie des Neuen, wie du das geschafft hast. Dabei kannst du darauf vertrauen, dass Blut immer dicker ist als Wasser.

So kannst du auf den richtigen Weg hinweisen, ohne dabei zu kritisieren. Die Geschichte, wie du und deine Liebsten die Herausforderungen gemeistert haben, ist wertvoller, als Kritik zu üben und sich weiterhin in Problemen zu suhlen.

Vorausgesetzt, wir sind innerlich gefestigt, so können wir alle möglichen Dinge tun, von denen andere meinen, Hochsensible könnten sie nicht tun. Die Leute meinen, wir *dürften* da nicht hineingehen, wo Alkohol ausgeschenkt wird oder WLAN eingeschaltet ist, wo geraucht wird, wo Unsinn getrieben wird oder wo andere Strahlungen und Reize ihr Unwesen treiben; wir sollten dergleichen Störquellen nicht im Hause haben; wir sollten Freunden aus dem Weg gehen, die ein dem Hochsensiblen nicht zuträgliches Leben führen; wir sollten Filme meiden, in denen die Verlockung ruft; wir sollten nicht dorthin gehen oder dahin gehen; unsere Freunde sollten ihre Handys wegräumen und sich in unserem Beisein ruhig verhalten; wir sollten weder an Suchtmittel denken, noch überhaupt daran erinnert werden. Unsere Erfahrung zeigt aber, dass das nicht unbedingt so sein muss.

Wir werden täglich mit irgendwelchen Herausforderungen und Störfaktoren konfrontiert. Ein Hochsensibler, der damit nicht fertig wird, steckt immer noch im vulnerablen Denken, in seiner Opferrolle fest. Mit seiner psychischen und spirituellen Verfassung stimmt etwas nicht. Seine einzige Chance, Hochsensibilität zu leben, wäre ein Ort wie Grönland oder der Dschungel. Und selbst dort könnte mit einem Mal ein Reizauslöser auftauchen und alles ruinieren! Frag einmal eine Frau, die ihren Mann an einen entlegenen Ort geschickt hat, in der Annahme, er würde dort seinem Suchtproblem entkommen, was dabei rausgekommen ist. Ein Hochsensibler *darf* alles. Die Frage ist nur, ob er das auch wirklich noch *möchte.*

Die Bekämpfung unserer Probleme als Menschheit,

nach der Methode, die hochsensiblen Menschen von Versuchungen und Störquellen fernzuhalten, ist unserer Meinung nach von vornherein zum Scheitern verurteilt. Dies beweisen unzählige von bisherigen Versuchen, die durch die Änderung der äußeren Umstände einen gesellschaftlich sinnvollen Wandel bewirken sollten. Wie viele Kirchenschiffe stehen heute leer, von Menschen errichtet, die im tiefen Glauben an eine Höhere Macht versucht hatten, Rettungsboote für Menschen zu bauen. Wenn der Hochsensible versucht, sich abzuschirmen, kann ihm das eine Zeitlang gelingen, seine Beschwerden zu lindern oder sein selbst- oder fremdschädigendes Verhalten einzustellen. Gewöhnlich aber endet das mit einer neuen Katastrophe, weil die Natur sich nicht betrügen lässt. Wir selbst haben diese Methoden ausprobiert. Diese Versuche, das Unmögliche zu tun, sind immer fehlgeschlagen. Wirkliche Freiheit erlangen wir als Hochsensible nur dann, wenn wir uns bereits auf den Weg machen, uns selbst und unseren Mitmenschen die Prinzipien von *„Ursache und Wirkung“* sowie *„Versuch und Irrtum“* zu veranschaulichen. Erst durch unseren Mut zur Aufrichtigkeit und durch die Offenbarung unseres Wesentlichen zeigen wir unseren Weggefährten das Ziel der menschlichen Entwicklungsreise auf. Wir dürfen unseren Schatz nicht länger für uns alleine behalten. Dafür dienten wir der Menschheit ohnehin schon seit Jahrtausenden. Doch jetzt tun wir es mit dem feinen Unterschied, dass wir nicht länger darunter leiden und uns durch Unwissenheit über unsere Begabung als Opfer irgendeiner Schwäche oder eines Makels empfinden müssen. Keiner von uns muss mehr dumm sterben.

Es gibt keine Regel, die uns verbietet, an irgendwelche Orte zu gehen. Wir können überall hingehen, wenn wir einen vernünftigen Grund haben, uns dort aufzuhalten. Wir meinen damit Bars, Nachtklubs, Tanzveranstaltungen, Empfänge, Hochzeiten und Partys. Wer Erfahrungen mit einem Kranken hat, dem mag das wie eine Herausforderung des Schicksals vorkommen, aber das ist es nicht. Es ist sind zweckmäßige Stationen im sinnvollen Prozess sozial-emotionaler Entwicklung.

Du hast sicher bemerkt, dass wir eine wichtige Einschränkung gemacht haben. Frag dich deshalb bei jedem Anlass:

„Gibt es für mich triftige gesellschaftliche, geschäftliche oder persönliche Gründe, um dort hinzugehen? Oder erwarte ich wesentliche Befriedigung durch die Atmosphäre solcher Orte? Wird durch die Teilnahme lediglich mein leidiges Bedürfnis nach Zugehörigkeit, Anerkennung und Geborgenheit erfüllt?"

Wenn du dir auf diese Fragen ebenso ehrliche Antworten geben kannst, wie von unserer gemeinsamen Arbeit in den Schritten gewöhnt, brauchst du keinerlei Befürchtungen zu haben. Ab heute weißt du, was du tust. Also tu es deiner Empfindung entsprechend. Lass dich dabei nicht von Gefühlen täuschen. Gehe hin oder halte dich fern, was immer du für richtig hältst. Sei dir einfach sicher, dass du innerlich gefestigt bist, und sei dir bewusst, welcher Sinnreichtum und welche Bestimmung dir dem Sinne nach zugrunde liegt, ehe du dich auf den Weg machst. Achte gut darauf, dass du einen guten Grund hast, dort hinzugehen. Denke nicht daran, was der Anlass dir bringt, sondern denk daran, was du dort zur Bewusstwerdung der menschlichen Gemeinschaft und im Sinne ihrer Genesung einbringen kannst. Wenn du dir dabei unsicher bist, arbeite lieber mit einem anderen Hochsensiblen in heimeliger Atmosphäre.

Sei dir einfach klar darüber, dass es auch zwischen Hochsensiblen einige wesentliche Unterschiede gibt. So sind da die Schüchternen, dort die Introvertierten, da wieder die High-Sensation-Seeker oder aber auch die Extravertierten. Bewege dich nach dem Motto der langsamen Annäherung und finde selbst heraus, was dich ausmacht, ehe du wieder mit Vollgas in die Bresche springst und dich hernach dafür entschuldigen musst.

Warum mit langem Gesicht dort sitzen, wo andere Spaß haben und nicht merken, dass sie erst einmal einen *„Türöffner“* brauchen, um solche Zustände zu erreichen, wie wir sie heute von Natur aus empfinden können. Warum Zeit und Lebensenergie darin verschwenden, den *„guten alten Zeiten“* nachzutrauern? Wenn es ein froher Anlass ist, bemühe dich darin, zur natürlich guten Laune der Anwesenden beizutragen; wenn es ein geschäftlicher Anlass ist, widme dich mit Eifer und Hingabe den wesentlichen Werten. Wenn du mit jemandem zusammen bist, der in einem Lokal essen möchte, begleite ihn einfach dabei, im Wissen, dass du jederzeit aufstehen und gehen kannst. Du weißt, wir haben hierin auch gelernt, niemandem eine Rechtfertigung schuldig zu sein, wenn es der Anlass erfordert und es der Erfüllung unserer wesentlichen Bedürfnisse als Hochsensible dient. Lass deine Freunde wissen, dass sie nur deinetwegen ihre Gewohnheiten nicht zu ändern brauchen. Erklär jedem deiner Freunde zur rechten Zeit und am rechten Ort, am besten unter vier Augen, warum dir Alkohol, andere Substanzen oder bestimmte Verhaltensweisen nicht gut bekommen. Wenn du das offenherzig und aufrichtig tust, dann wird dich kaum jemand zum Missbrauch verleiten.

Die Menschen brauchen immer ein Motiv für ihr Handeln oder Unterlassen. Wir haben gelernt, dass es in diesem Bereich oftmals vernünftiger ist, den Wortlaut der Empfindsamkeit oder Allergie zu wählen, als mit Begriffen wie Hochsensibilität oder Spiritualität aufzufahren. Sei einfach du selbst und bleib bei dir, dann kann nicht viel schiefgehen. Immerhin soll das Leben von hier an uns ein neues Glück und eine neue Freiheit bringen. Unsere Zeit der Isolation hat hier und jetzt ein Ende. Wir tun ab heute, wovon wir glauben, dass es der Entfaltung unserer natürlichen Veranlagung förderlich erscheint. Jetzt kehrst du ins gesellschaftliche Leben zurück. Fang nicht wieder an, dich zu verschließen oder dich innerlich zurückzuziehen, nur weil deine bisherigen Freunde sich dumm verhalten.

Von heute an ist es deine Aufgabe, dort zu sein, wo du anderen so hilfreich wie irgendwie möglich sein kannst. Zögere niemals, dorthin zu gehen, wo du helfen kannst, auch dann nicht, wenn es sich um den übelsten Ort auf der ganzen Welt handelt. Die Unwissenden sind nicht über den Erwachten erhaben; wenn unser Nächster aber ganz vollendet ist, so wird er sein wie wir selbst. Womöglich hilft dir dabei auch das „Handbuch des Kriegers des Lichts" von Paulo Coelho oder eine andere Lektüre. Gehe stets im wachen Bewusstsein und behalte den Sinn im Auge – und deine Hochsensibilität wird dich schützen.

Viele von uns haben in ihrem daheim einen Platz der Ruhe und einen Raum zur Besinnung geschaffen. Manche aber brauchen berufsbedingt Substanzen, von denen sie selbst einmal abhängig waren. Sie setzen sie oftmals ein, um nach dem Prinzip des *gelinderen Mittels* eine Besserung des Gesundheitszustandes noch leidender Menschen zu bewirken. Einige von uns bieten ihren Gästen nach wie vor Alkohol an, obwohl sie selbst trockene Alkoholiker sind. Andere meinen, wir sollten niemandem Alkohol anbieten. Diese Frage wird bei uns nicht diskutiert. Wir sind der Meinung, dass jede Familie und jeder Mensch das selbst entscheiden kann, soll und darf. Denn immerhin gebot uns der *Elfte Schritt eigenverantwortliche Entfaltung*.

Das Einzige, worauf wir sorgfältig achten, ist, dass wir keine Intoleranz, keinen Hass und Groll gegenüber den Gewohnheiten und Verhalten der Gesellschaft zeigen. Die Erfahrung lehrt, dass solche Haltung niemandem hilft. Jeder Neue rechnet damit, dass wir eine solche Einstellung haben – und ist unendlich erleichtert festzustellen, dass wir *keine Nörgler oder Querulanten* mehr sind. Ebenso wenig lassen wir uns dazu hinreißen, an Verschwörungstheorien oder Verhetzungen teilzunehmen. Der Geist der Intoleranz könnte Menschen abstoßen, deren Leben ohne unsere Engstirnigkeit hätte gerettet werden können. Selbst dem Zweck der Resilienz-, Abstinenz- oder Normalitätsbewegung würden wir mit Intoleranz keinen guten Dienst erweisen, würden wir ihnen den Zweck ihres Vorgehens absprechen. Kein Uneinsichtiger unter Tausenden lässt sich gerne etwas über sein Steckenpferd erzählen von jemandem, der aus dem anderen Lager zu kommen scheint und ihm sein Mittel schlechtreden möchte.

Eines Tages, so hofften die Freunde der Anonymen Alkoholiker, die das *„Blaue Buch“* als Grundlage für diese freie Nachschöpfung geschrieben hatten, der Öffentlichkeit dazu verhelfen zu dürfen, die Schwere des Alkoholproblems besser zu verstehen. Sie wussten, dass sie das niemals erreichen würden, wenn sie eine verbitterte oder feindselige Einstellung gegenüber dem Alkohol hätten. Sie hatten die Annahme, dass sie bei Trinkern damit sowieso nichts erreichen könnten.

So haben wir versucht genau dort anzuschließen, wo ihre Erkenntnisse geendet hatten. Den Weg, den unsere Freunde der Anonymen Alkoholiker mit diesem Buch angefangen haben und dessen Wahrheitsgehalt sich durch Millionen von Heilungsgeschichten bestätigt hat, wurde durch die Nachschöpfung von Chris auch für uns zum Anfang einer neuen Wirklichkeit. So hoffen wir, dass überall dort, wo bislang Millionen von Menschen ihre Erkrankungen Dank herkömmlicher Zwölf-Schritte-Programme zum Stillstand bringen durften, sie sich durch das vorliegende Programm ermutigt sehen, an der Aufklärung von Hochsensibilität und psychischer Krankheit durch aufrichtige Offenbarung ihrer Geschichten mitzuwirken, sowie sie durch ihr persönliches Outing einen wesentlichen Beitrag zur Entstigmatisierung, Antidiskriminierung und Lösung von krankmachender Scham beitragen möchten.

Letzten Endes haben wir Menschen all unsere Probleme selbst geschaffen. Stillstand wäre Rückschritt. Die Flaschen der Alkoholiker waren und sind nur eines von vielen Symbolen für all das, was wir hierin ausführlich beschrieben haben. Doch genau sie haben als Erste uns ein Programm zur Verfügung gestellt, mit dem wir aufhören können, uns selbst und alles und jeden zu bekämpfen. In erweiterter Form nutzen wir es nun, um endlich damit aufhören zu können, noch länger die Wunder der Schöpfung zu zerstören. Wir müssen das nicht mehr, weil es im Wesentlichen ganz und gar nicht unserer Natur entspricht.

Ob wir auch in Zukunft als Menschheit Teil dieser Schöpfung bleiben, hängt nicht länger davon ab, ob entweder die Gruppe der Hochsensiblen oder aber die Gruppe der Nichthochsensiblen daraus als Gewinner hervorgehen wird. Es hängt davon ab, in welchem Ton wir als Hochsensible die anderen unserer Art von heute an auf die Schadfaktoren und Missstände hinweisen wollen, die im Endeffekt uns allen das Leben kosten werden. Denn immerhin ist es der Ton, der die Musik macht.

Wir werden als menschliche Art nur weiterbestehen dürfen, wenn wir uns ergänzen und jeder Einzelne sich dazu bereit erklärt, seine Denk- und Handlungsweisen neu einzusehen und demnach sein tägliches Leben nach diesen Grundsätzen ausrichtet. Zusammenwirkend als Einheit haben wir hernach in aller Ruhe und Gelassenheit unsere Aktivitäten zu reflektieren und an das, was uns von Natur aus wohl bekommt, anzupassen.

So durften wir auch die zweckdienlichen Eigenschaften der Hochsensibilität und die Sinnhaftigkeit der Spiritualität neu bewerten und von Grund auf als Sinn und Zweck einer natürlichen Schöpfung empfinden, annehmen und schätzen lernen.

Darüber hinaus helfen wir dabei, durch unser eigenes Engagement und die Übernahme von Eigenverantwortung, bestehende Hierarchien im Sinne von *Gleichheit trotz Unterschiedlichkeit* zu informieren, sowie unter Anwendung des Leitspruches „*Einigkeit-Dienst-Genesung*" durch unseren Dienst an der Umwelt, in persönlicher wie auch in menschlicher Hinsicht, zu wachsen.

Jeder Mensch – ein Hochsensibler oder ein Nichthochsensibler – soll entsprechend seinen Begabungen und seiner inneren Bestimmung wirken und leben dürfen. Das sinnvolle Nutzen von Technologien und das gerechte Verteilen von Ressourcen werden uns dabei unterstützen.

Wir haben uns dazu entschlossen, uns der Sinnhaftigkeit unserer Begabung mit Spiritualität sowie unserer Hochsensibilität als sinnvolle Schutzeinrichtung des menschlichen Organismus von Grund auf bewusst zu werden und unser tägliches Handeln nach diesen Naturprinzipien auszurichten.

Kapitel Acht

An die Lebenspartner, Kinder und Angehörigen

Dieses Kapitel wurde original im Jahr 1939 geschrieben, zu einer Zeit, als es nur wenige Frauen in der Gemeinschaft der AA gab. Es wurde davon ausgegangen, dass der süchtige Alkoholiker, also der psychisch Kranke in der Familic, meistens der Ehemann war. Wobei viele Empfehlungen in diesem Kapitel auch demjenigen helfen konnten, der mit einem Kranken zusammenlebte – unabhängig davon, ob der Angehörige selbst an einer Erkrankung litt oder nicht.

Von einigen Ausnahmen abgesehen, ist daher in unserem Buch bislang nur von Männern die Rede. *Aber das, was wir gesagt haben, trifft genauso auf Frauen und Diverse zu.* Warum wir dennoch nicht gegendert haben, hat jedoch einen weitaus wichtigeren und vor allem wesentlichen Grund. Unserer Ansicht nach deutet vieles darauf hin, dass zwischenzeitlich auch die Frau im bisherigen Verständnis, die ja als die Weiblichkeit in Person gilt, durch wesentliche Entrückung aus dem Zentrum ihrer sozial-emotionalen Intelligenz, sprich ihrer Güte, eine Vermännlichung durchgemacht hat. Männer wiederum verweiblichen in unnatürlichem Ausmaß, was heißen soll, dass sie durch Ungewissheit über Hochsensibilität zusehends verweichlichen. Sowohl Frauen als auch Männer werden durch das Schutzverhalten immer androgyner, was grundsätzlich natürlich ist. Doch die Frage ist, ob es unserer Arterhaltung zuträglich scheint oder ob hier ein natürlicher Prozess stattfindet, der uns dezimieren soll.

Virilisierung, Synonym Virilismus, abgeleitet vom lateinischen Begriff „vir“, also „Mann“, bedeutet in der medizinischen Fachsprache eine Vermännlichung, also eine ausgeprägte Androgenisierung der Körper- und Geschlechtsmerkmale, welche sich deutlich maskulin verändern. Daher ist es von enormer Wichtigkeit für den menschlichen Fortbestand, dass sich Männer, Frauen und Diverse sowohl ihres weiblichen Prinzips, sprich ihrer sozial-emotionalen Intelligenz, als auch ihres männlichen Prinzipes, sprich ihres Intellektes, wieder voll und ganz bewusst werden. Beides ist in jedem Menschen vorhanden. Jeder Einzelne von uns hat die Pflicht, diese beiden Prinzipien beziehungsweise Pole wieder auf Augenhöhe und für sich ins Reine zu bringen. Dadurch wird es uns zum Wohle der menschlichen Gemeinschaft gelingen, eine Regeneration einzuleiten und unsere Gesundheit ganz schnell wiederzuerlangen, völlig unabhängig vom jeweiligen Geschlecht. Uns erschien es aus eigener Erfahrung wichtig, das männliche vom weiblichen Prinzip getrennt zu betrachten. Dadurch erst konnten wir die Rollenverteilungen bewusst erkennen und das Durcheinander des männlichen und weiblichen Prinzips im Menschen selbst, als sich ergänzende Gegensätze, annehmen und schätzen lernen. Auch wenn wir hier womöglich nur von der Spitze des Eisberges reden: Der Eisberg ist nicht zu leugnen.

Nun ist es so, dass die deutsche Sprache und Grammatik grundsätzlich nicht geschlechtsneutral sind, was bedeutet, dass eine Differenzierung zwischen Femininum und Maskulinum besteht. So haben wir uns im Zuge der Adaption zwar bemüht, auf eine gendergerechte Schreibweise zu achten, auch wenn die bisherigen Ausführungen auf das genaue Gegenteil schließen lassen könnten. Den Grund dafür haben wir soeben erklärt, doch dazu möchten wir noch ergänzend ausführen, dass geradezu Männer massive Probleme damit haben, Hochsensibilität und echte Spiritualität zu leben und diese Veranlagungen für sich selbst und andere als Stärke anzunehmen und nicht als Schwäche anzusehen.

Sensible Männer, feinfühlige Frauen und ebensolche diverse Menschen, die bis hierher gelesen haben, sind sich spätestens jetzt darüber bewusst geworden. *Wir bitten euch aufrichtig darum, in Bezug auf die oben gemachte Äußerung Nachsicht, Einsicht, Sanftmut und Verständnis walten zu lassen.* So dürfen wir an dieser Stelle erkennen, dass wir kraft unserer Güte gemeinsam bis hierher vorzudringen vermochten. Das ist doch ein wunderbarer Beweis dafür, dass die Entwicklungsarbeit bereits ein fortgeschrittenes Stadium erreicht hat.

So wollen wir uns auch in diesem oberflächlichen Spektrum nicht länger an den Unterschieden stoßen, sondern uns im weiteren Verlauf an den wesentlichen Gleichheiten orientieren. Wir alle sind Menschen, die sich gegenseitig dabei helfen wollen, sich ihrer Veranlagungen wieder bewusst anzunähern, abgesehen von allen äußeren Unterscheidungsmerkmalen, egal ob in Sprache, Geschlecht, Religion oder Hautfarbe. Wir haben uns bewusst dazu entschlossen, weil wir erkannt haben, dass Individualismus und äußerliche Unterscheidungsmerkmale im breiten Spektrum der unterschiedlichsten Erscheinungsformen, neben ihrem repräsentativen und gestalterischen Potenzial, als Teil einer sich stetig verändernden gesellschaftlichen und weltlichen Realität, im Kern ihres Wesens eines gemein haben: *das Potenzial zu Diskriminierung*. Und das verhält sich leider auch im Bereich psychografischer Gegebenheiten so, sprich zwischen Hochsensiblen und Nichthochsensiblen. Dazu müssen wir es erst einmal als Verschiedenartigkeit erkennen. *Haben wir zu differenzieren gelernt, können wir aufhören zu diskriminieren und uns gemeinsam auf den wesentlichen, in Vergessenheit geratenen siebten Sinn der Spiritualität konzentrieren. Dieser Fokus wird uns einen.* Die Ursache unserer weltlichen Probleme lag unseren Erkenntnissen nach darin, dass wir diesen zentralen Sinn des Menschen aus dem geistigen Auge verloren haben. So wurde unser Dasein zu sinn- und zweckentfremdeten Existenzen, ganz nach dem Motto:

Aus dem Auge, aus dem Sinn.

Wenn wir wieder begreifen und erfassen können, dass die eigene Innenwelt durch das Vorhandensein oder Nichtvorhandensein genetischer Voraussetzungen anders gestaltet ist als die unseres Gegenübers, kann unser Verstand aus der Sichtweise eines inneren Beobachters einen *Aha- und/oder Wow-Effekt* erzielen. Das kommt im gewahren Sinn des Wortes einem Urknall gleich. Der Anfang einer neuen Zukunft besteht darin, dass vor allen anderen der hochsensible Mensch damit aufhören kann, sich länger an der eigenen und oder fremden Andersartigkeit zu stoßen. Oder noch schlimmer, sich selbst innerhalb zwischenmenschlicher Beziehungen ständig in irgendeiner Form beweisen zu müssen. Wir sehen es mittlerweile als gegeben an, dass wir durch dieses einsichtige Verständnis aus der Sicht eines Dritten in Form des inneren Beobachters jenem wesentlichen Problem näherkommen dürfen, dem wir die weltweit vorherrschenden Diskrepanzen innerhalb unserer Gesellschaft zu verdanken haben. Die Verantwortung dafür liegt bei jedem Einzelnen von uns.

Bei jedem Menschen, der unter seelischer Erblindung leidet, sind auch die Angehörigen betroffen: der Partner, der im Falle eines Alkoholikers vor Angst zitternd die nächste Sauferei erwartet; Mutter und Vater, die zusehen müssen, wie ihre Kinder langsam verkommen und unter den Lasten der Welt als psychische Wracks zusammenbrechen.

Unter uns gibt es Eltern, Kinder, Partner, Angehörige und Freunde, deren Hauptprobleme durch die Teilnahme an einem Zwölf-Schritte-Programm gelöst wurden, aber auch solche, die bis zum ersten Kontakt mit dem vorliegenden Programm keine befriedigende Lösung gefunden hatten. Wir wünschen uns, dass sich die ihrer Hochsensibilität bewusst gewordenen Freunde zumindest an alle Mitmenschen wenden, deren Angehörige noch in irgendeiner Form leiden. Womöglich erreichen wir dann auch irgendwann die Nichthochsensiblen, die sich nach Bewusstwerdung ein Herz nehmen, einen noch leidenden Hochsensiblen in ihrem Familien- oder Bekanntenkreis auf die unserer Ansicht nach wesentliche Ursache seiner offensichtlichen Probleme, hinzuweisen.

So sind wir uns darüber einig geworden, dass wir in diesem Kapitel die Bedürfnisse der Lebenspartner und Kinder näher betrachten, ob sie sich geschlechtlich als männlich, weiblich oder divers einschätzen. Denn wesentlich erscheint, was die Partner von noch Leidenden zu sagen haben.

Das kann fast jedem helfen, der durch die Bande des

Blutes oder einer anderweitigen Zuneigung mit einem Kranken verbunden ist.

Vor allem als Angehörige von erkrankten Hochsensiblen möchten wir, dass du merkst, dass wir dich verstehen wie kaum ein anderer. Wir wollen hier die Fehler untersuchen, die wir selbst gemacht haben. Wir wollen dir das Gefühl vermitteln, dass keine Lage zu schwierig und kein Unglück zu groß ist, um nicht überwunden zu werden.

Wir sind den beschwerlichen Weg von Angehörigen gegangen, die unter der Last des Kreuzes der Betroffenen beinahe selbst zugrunde gegangen wären. Darüber gibt es keinen Zweifel. Lange mussten wir uns als in Mitleidenschaft Gezogenen mit verletztem Stolz, Enttäuschung, Selbstmitleid, Missverständnis, Angst, Scham, Beschämung und Fremdschämen herumschlagen. Keine angenehmen Begleiter. Wir wurden von übertriebener Zuneigung über Gelächter bis hin zu bitterem Groll getrieben. Einige von uns fielen von einem Extrem ins andere, immer in der Hoffnung, dass wir selbst oder unsere Liebsten eines Tages wieder wir selbst sein dürfen.

Unsere Treue und Loyalität sowie der Wunsch, dass unsere Partner den Kopf oben tragen und sich wie *„normale Menschen“* verhalten sollten, haben uns in viele missliche Lagen gebracht. Wir dachten, uneigennützig und selbstaufopfernd zu sein. Um unseren Stolz und den Ruf unseres Partners zu schützen, haben wir unzählige Male gelogen. Wir haben gebetet, gebettelt, wir waren geduldig. Wir haben wie wild um uns geschlagen. Wir sind weggelaufen. Wir waren hysterisch. Wir waren krank vor Angst und Scham. Wir sehnten uns nach Zuneigung. Um uns zu rächen, hatten wir Liebesaffären mit anderen Menschen.

Unser Zuhause war an vielen Abenden ein Schlachtfeld

des Rosenkrieges. Am nächsten Morgen küssten wir uns und vertrugen uns wieder. Unsere Freunde haben uns geraten, den Partner zu verlassen, was wir mit Entschlossenheit getan haben, nur um nach kurzer Zeit zurückzukehren und immer weiter zu hoffen. Unsere Partner haben große, heilige Eide geschworen, dass sie nun für immer mit den Dummheiten, mit ihrer Selbstsucht, aufgehört hätten.

Wir haben ihnen geglaubt, wenn das auch sonst keiner konnte oder wollte. Nach Tagen, Wochen oder Monaten von augenscheinlicher Normalität war wieder die Hölle los. Jene von uns, die einen psychisch kranken Süchtigen daheim hatten, wussten nie, in welchem Zustand oder zu welcher Zeit der *„Herr des Hauses“* erscheinen würde. Das verhielt sich auch beim Vorliegen vieler anderer psychischer und psychosomatischer Krankheitsformen so. Wir konnten kaum gesellschaftliche Verpflichtungen eingehen. Bald waren wir so weit, dass wir fast allein und beinahe isoliert lebten. Wenn wir irgendwohin eingeladen wurden, war wieder irgendeine Aktion, die uns gewiss den gesamten Abend verderben sollte. Wenn unser Schatz jedoch nicht durch seine selbst- oder fremdschädigende Aktion im Mittelpunkt stand, machte sein Selbstmitleid oder eine andere Facette krankhaften Verhaltens ihn zum Spielverderber.

Es gab zumeist keine finanzielle Sicherheit. Der Arbeitsplatz eines Süchtigen, eines notorischen Arbeitsverweigerers, eines Bipolaren oder anders psychisch Kranken war immer in Gefahr oder ohnehin schon die längste Zeit verloren. Nicht einmal ein Panzerwagen hätte die Lohntüte sicher nach Hause bringen können. Das Guthaben auf dem Bankkonto schmolz dahin wie Butter in der Sonne.

Manchmal gab es auch andere Partner, Seitensprünge,

Kurschatten oder Sternschnuppen. Wie niederschmetternd waren diese Entdeckungen. Was sollten diese Zustände nur für einen Sinn ergeben? Wie grausam war es für uns zu hören, dass andere Menschen unsere eigenen Partner besser verstünden als wir selbst!

An der Tür hatten wir Geldeintreiber, Rettungsdienste, Gerichtsvollzieher, wütende Taxifahrer, Polizisten, Abtrünnige, Kumpels und sogar die diversen Bekanntschaften, die sie uns gleich einmal mit bis nach Hause brachten. Dabei wurden wir dann noch als ungastlich brüskiert. „Spielverderberin, Meckerziege und Heulsuse" – so nannten sie uns. Am nächsten Tag waren sie wieder wie zuvor – und wir vergaben ihnen wieder und versuchten, zu vergessen.

Viele von uns haben versucht, die Liebe ihrer Kinder zu ihren beiden Elternteilen zu erhalten. Den Kleinen haben wir erzählt, dass „Papa" krank sei, was der Wahrheit noch am nächsten kam. Doch die Gereizten schlugen wie wildgewordene Tiere die Kinder, traten Türfüllungen ein, zertrümmerten wertvolles Geschirr und rissen die Tasten aus dem Klavier. Inmitten dieser Hölle war es möglich, dass sie mit der Drohung wegliefen, für immer mit dem Seitensprung zusammenzuleben. In der Verzweiflung haben wir uns selbst die eine oder andere Schandtat oder Dosis genehmigt, um diesen Zustand und all diese Zustände zu beenden. Um zumindest für einige Augenblicke zu vergessen. Das unerwartete Ergebnis war, dass unsere Partner das sogar mochten. Wobei es sich aus heutiger Sicht als zweckmäßig erweist.

An diesem Punkt angelangt, ließen einige von uns sich vielleicht scheiden und nahmen die Kinder mit nach Hause zu den eigenen Eltern. Daraufhin wurden wir von den

Schwiegereltern scharf kritisiert, weil wir den anderen verlassen hatten. Darum waren wir meistens geblieben, immer wieder. Aus den gleichen Gründen, die wir hierin bereits sehr ausführlich beschrieben haben.

Als uns und unseren Familien die finanzielle Armut drohte, suchten wir uns schließlich selbst Arbeit. Als die Aggression immer dichter aufeinanderfolgten, holten wir uns ärztlichen und fachmännischen Rat. Die alarmierenden körperlichen und geistigen Symptome, die Anfälle von tiefer Reue, die Depressionen und Minderwertigkeitsgefühle, die jede schwere Krankheit mit sich bringt und die sich unserer Lieben bemächtigten – all das ließ uns verzagen und quälte uns. Wie Tiere in einer Tretmühle haben wir geduldig und unermüdlich getreten, gleich einem Hamster im Hamsterrad. Jeder Versuch, Land unter den Füßen zu gewinnen, war vergeblich, und wir waren einmal mehr erschöpft zurückgefallen, als wir zuvor aufgestanden waren. Die meisten von uns hatten das letzte Stadium miterlebt oder waren selbst dort angelangt: *Einweisung in Kuranstalten, Krankenhäuser und oder Gefängnisse*. Manchmal gab es Delirien und Irrsinn. Der Tod war uns oft näher als das vermeintliche Leben.

Unter solchen Umständen machten wir klarerweise Fehler. Einige entstanden aus der Unwissenheit über die Krankheit selbst. Manchmal hatten wir so etwas wie eine Ahnung, dass wir es mit kranken Menschen zu tun hatten, doch irgendetwas schien dennoch da zu sein, was wir noch nicht einzusehen vermochten. Hätten wir die wesentliche Ursache der psychischen Krankheit wirklich verstanden, hätten wir uns gewiss anders verhalten.

Wie konnten Menschen, die ihre Kinder liebten, nur so „*gottlos*“, gefühllos und grausam sein. In solchen Menschen konnte keine Liebe sein, dachten wir. Als wir gerade von ihrer Herzlosigkeit überzeugt waren, überraschten sie uns mit erneuten Vorsätzen und neuen Aufmerksamkeiten. Eine Zeitlang waren sie liebenswert wie früher. Kurz darauf machten sie die neu aufgebaute Zuneigung wieder kaputt. Fragte man sie, warum sie wieder so agierten, hatten sie als Antwort eine dumme Ausrede oder auch keine. Es war so verwirrend und so niederschmetternd. Konnten wir uns in den Partnern, die wir geheiratet oder mit denen wir uns in häusliche Gemeinschaft begeben hatten, so getäuscht haben? In akuten Krisen waren sie uns wie völlig fremd, wie völlig von Sinnen. Manchmal waren sie so unzugänglich, dass es schien, als wäre eine große Mauer um sie herum gebaut.

Und selbst wenn sie ihre Familien nicht liebten, wie konnten sie sich selbst gegenüber so unehrlich sein? Was war aus ihrem Urteilsvermögen, ihrem gesunden Menschenverstand und ihrer Willenskraft geworden? Warum konnten sie nicht begreifen, dass ein Leben in dieser Art und Weise ihren Untergang bedeutete? Wie kam es, dass sie alles einsahen, wenn sie auf diese Gefahren hingewiesen wurden – und sich dann doch sofort wieder aufführten wie völlig Geistesgestörte? Was zum Teufel hatten sie durch solche Aktionen im Grunde versucht, zu vernichten?

Das sind Fragen, die jeden Menschen bewegen, und die wir hoffen, durch die in diesem Buch erläuterten Themen, beantwortet zu haben. Am *Beispiel eines Alkoholikers* kann man die grundsätzlichen Fragen am offensichtlichsten beantworten, die uns ins Haus stehen, wenn Menschen durch Betäubung ihrer sozial-emotionalen Intelligenz, sprich ihrer Hochsensibilität, wie von Sinnen gegen sich und ihre Umwelt wüten.

Vielleicht hat dein Partner in der seltsamen Welt psychischer Erkrankung gelebt, wo alles verzerrt und übertrieben ist. Du hast sicherlich gespürt, dass er dich mit seinem besseren Ich wirklich liebt. Jetzt ist dir sicherlich klar, warum du bei ihm geblieben bist und dass dich dein Empfinden nicht getäuscht hat. Natürlich gibt es Dinge, die nicht zusammenpassen. Beinahe in jedem Fall aber erscheint der Hochsensible, der die natürliche Schutzfunktion seiner Begabung durch Verhaltens- und Substanzabhängigkeiten stört, für seine Umwelt als zutiefst lieblos und rücksichtslos. Das kommt daher, weil er selbst verwirrt und angeekelt ist von diesen schrecklichen Dingen, die er sagt und tut. Weil sie nicht dem entsprechen, was er wirklich empfindet. Durch die Arbeit im empfohlenen Programm sind die meisten unserer Partner liebevollere Seelen, als sie es je waren.

Versuche nicht länger, deinen kranken Partner zu verdammen, weder wegen seiner krankheitsbedingten Äußerungen noch wegen seines krankheitsbedingten Verhaltens. Er ist lediglich einer von jenen noch leidenden Hochsensiblen, die ihr bisheriges Dasein als uneinsichtige Menschen fristen mussten. Behandle ihn, wenn du kannst, als hätte er eine Lungenentzündung. Wenn er dich ärgert, denk daran, dass er sehr krank ist, in der Gewissheit, dass der Spuk sehr bald ein Ende haben wird. So werden die Letzten die Ersten und die Ersten die Letzten sein. Denn viele sind berufen, aber wenige sind auserwählt. Ein entsprechender Wandel kann und wird auch in deinem Fall als Partner immer nur bei dir selbst beginnen können. Höre auf deine innere Stimme, und du wirst wissen, was zu tun und wie im konkreten Fall vorzugehen ist.

Für das eben Gesagte gibt es aber eine wichtige Ausnahme. Wir sind uns darüber im Klaren, dass es einige Menschen gibt, die unabhängig von ihrer Veranlagung unfähig sind, gute Vorsätze zu entwickeln. Ein Geschöpf mit dieser Einstellung ist schnell bei der Hand, um dir dieses Kapitel um die Ohren zu schlagen. Lass ihm das nicht durchgehen. Wenn du sicher bist, dass er ein solcher Typ ist, kannst du zu der Überzeugung gelangen, es wäre besser, zu gehen. Denn bislang kann niemand den Grad des Ausmaßes feststellen, inwieweit ein Hochsensibler bereits durch Intoxikation von Sinnverlust betroffen ist. Du kannst das vergleichen mit abgetrennten Gliedmaßen oder mit durch Säure geschädigten Augen. So kommt es in den besten Familien vor, dass die Störung, die Degeneration oder der Reizzustand bereits soweit fortgeschritten ist, dass ein Betroffener sogar dazu bereit ist, den eigenen Nachwuchs zu missbrauchen oder gar zu töten. Das gründet darauf, dass ein hochsensibler Mensch, der seine eigentliche Stärke als Schwäche empfindet, die Ursache dafür auslöschen möchte. Dies jedoch nicht nur bei sich selbst, sondern auch durch Auslöschen seiner Nachkommen, die seinem Empfinden nach ja an einer Schwäche leiden würden, an einer übermäßigen Verwundbarkeit. Solche Menschen versuchen unbewusst, die Erhaltung und Weitergabe der Erbanlagen zu vermeiden. Das kann ein Außenstehender beim besten Willen nur ändern, indem er die notwendigen Schritte einleitet. Oder soll er denn dein Leben und das eurer Kinder ruinieren? Vor allem dann, wenn er durch die neuesten Erkenntnisse die Möglichkeit hat, sein missbräuchliches Verhalten zu beenden, sofern er nur die Bereitschaft zeigen würde? Nein. Ganz gewiss und ganz bestimmt: ein klares *Nein*. Hast du ihm deine Grenzen aufgezeigt, kannst du das Nein womöglich nutzen, im Sinne von *„Noch eine Information* *notwendig.*“. So sehen wir im vorliegenden Programm auch eine wesentliche Möglichkeit zur Resozialisierung von Rechtsbrechern und Strafgefangenen.

Eigenartigerweise ist es schwer, mit den verschiedensten Krankheits- und Erscheinungsformen, an denen zumeist hochsensibel veranlagte Menschen leiden, zu leben. Manche wirken so, als würden sie Spaß daran haben, Dummheiten zu machen oder sich selbst und andere zu verletzen. Andere wiederum fühlen sich beflügelt, wenn sie ihre Vorstellungskraft und ihren Geist mit irgendwelchen Substanzen oder Verhalten erweitern oder eindämmen. Vielleicht machst du dabei sogar manchmal mit, wenn dein Partner es dabei nicht übertreibt. Wir alle wissen, dass Geselligkeit so ihre Reize und Provokationen mitbringt und der Wunsch nach Zugehörigkeit einem jeden Menschen Antrieb verschafft.

Einige von uns – nicht alle – meinen, dass so manches unsinnige Verhalten Vorzüge hätte, für den Fall, wenn man es gezielt und vernünftig einsetzt. Das mag schon sein, aber glaubst du tatsächlich nach allem, was du bis jetzt weißt, dass dies dem wirklichen Sinn und Zweck des Menschen entspricht?

Die erste Voraussetzung für euren Erfolg ist, dass ihr euch sowohl mit den Eigenschaften von Hochsensibilität als auch mit den Symptomen der jeweiligen Erkrankung auseinandersetzt. Selbst dann, wenn es für einen von euch beiden unerträglich wird und ihr euch vorübergehend voneinander lossagen müsst. Dann bitte macht das aber ohne Groll. Gelassenheit, Aufrichtigkeit, Offenheit und entgegengebrachtes Verständnis schaffen ausgeglichene Verhältnisse. Macht euch wechselseitig keine Vorschriften. Wenn einer auf die Idee kommt, der andere sei ein Nörgler oder Spielverderber, dann seid ihr eben beide noch nicht so weit. Auch hier gilt es mit einem „Ja“ zu sich die Grenzen aufzuzeigen.

Solange das Gegenüber nicht bereit ist, sich in erster Linie als geistiger Schläfer anzunehmen und seine dahingehenden Talente schrittweise zu entwickeln, bleiben die Chancen gleich null, irgendetwas Nützliches dabei zu erreichen. Er wird dies gleich wieder als Ausrede benutzen, noch mehr Blödsinn zu machen. Er wird dir sagen, dass du ihn nicht verstehst. Oder er wird dich angreifen und versuchen, weiterhin zu zerstören. Weiche einfach aus, auch wenn es zu Abenden des Alleinseins für dich führt. Ab jetzt brauchst du dich nicht mehr einsam dabei zu fühlen. Er wird vielleicht jemand anderen suchen, der ihn tröstet und mit ihm die gemeinsame Nachtmeerfahrt fortsetzt, die jeder von uns als moderner Mensch durchmachen musste, um seine unbewussten und archaischen Seiten einsehen zu können. Solange ihn die tiefere Erkenntnis nicht erreicht, wird er solcherlei Versteckspiele lieben.

Setz einfach alles daran, dass das Verhalten deines Partners nicht deine eigene natürliche Entwicklung, die deiner Kinder oder deiner Freunde zerstört. Die Kinder brauchen eine gesunde, erwachte Bezugsperson. Sie brauchen zu einem Erwachsenen eine Art Kameradschaft und begleitende, wohlwollende Beistände. Es ist möglich, dass du ein ausgefülltes und nützliches Leben führst, obwohl dein Partner weiterhin stumpfsinnig herumläuft. Wir kennen Menschen, die keine Angst haben und selbst unter diesen Umständen glücklich sind. Häng aber nicht dein Herz daran, den anderen ganz umzukrempeln. Denn in Wirklichkeit lebst du selbst ja auch noch in einer Art Täuschungsmanöver.

Wir alle wissen aus eigener Erfahrung, dass es manchmal schwierig ist, diesen konkreten Empfehlungen zu folgen. Aber du kannst dir sehr viel Kummer ersparen, wenn es dir gelingt, sie zu beachten. Als Instanz gilt es auch hier, auf deine innere Stimme, auf deine Ahnung und Empfindsamkeit zu hören. Vielleicht lernt dein Partner ja, deine Vernunft und deine Gelassenheit zu schätzen. Das kann der Grundstein sein für ein sachliches Gespräch über seine eigenen Wahrnehmungen, Erkenntnisse und Einsichten. Wir sind uns sicher, dass solch ein Austausch getragen sein wird von den gütigen Werten eures Sinnreichtums. Bewege ihn durch deine eigene Bereitwilligkeit zur Äußerung dazu, dass er seine Themen von sich aus anspricht. Achte darauf, ihn während einer solchen Aussprache nicht zu kritisieren, ihn zu bevormunden oder anzugreifen in Bezug auf die Verletzungen, die er dir womöglich in der Vergangenheit zugefügt hat. Bemühe dich stattdessen, dich in seine Lage zu versetzen. Dabei entwickelst du nämlich schon wieder ein Stück weit deine eigenen Fähigkeiten als Hochsensibler. Mach ihm klar, dass du ihm helfen und ihn nicht verletzen möchtest.

Wenn es zu einer Aussprache kommt, kannst du ihm anbieten, dieses Buch oder wenigstens das Kapitel *„Über Hochsensibilität“* zu lesen. Sag ihm, dass du dir Sorgen gemacht hast, wenn auch vielleicht unnötigerweise. Bestärke ihn darin, dass du es für sinnvoll erachtest, wenn er über diese Informationen Bescheid weiß. Jeder sollte sich nämlich über das Risiko im Klaren sein, das er eingeht, wenn er seine Hochsensibilität missachtet. Gib ihm zu verstehen, dass du an seine Fähigkeiten glaubst. Sag ihm, dass du keine Heulsuse und kein Nörgler sein willst, sondern dass du einfach in deinem Innersten verletzt geworden bist, dem

Anschein nach ebenso wie er; drück ihm dabei dein tiefes Bedürfnis darüber aus, welches ihn erkennen lässt, dass es lediglich dein Wunsch ist, dass er auf seine Gesundheit achtet. So wirst du vielleicht erreichen, ihn für das Thema zu interessieren.

Wahrscheinlich habt ihr sogar einige Hochsensible unter euren gemeinsamen Bekannten. Du könntest vorschlagen, dass ihr euch beide für ihre Aufklärung einsetzt. Hochsensible helfen gerne anderen Menschen. Dein Partner möchte vielleicht mit einem von ihnen sprechen. Wenn dieses Vorgehen bei deinem Partner kein Interesse weckt, ist es besser, die Sache zu vergessen. Wenn das Gespräch gut war, wird er das Thema später von sich aus aufgreifen. Das mag gelassenes Vorgehen erfordern, aber die Angelegenheit ist es allemal wert.

In der Zwischenzeit kannst du versuchen, einem anderen Leidtragenden zur Bewusstwerdung zu verhelfen. Wenn du nach diesen Prinzipien handelst, ist es möglich, dass dein Partner sich ebenso entwickelt. Sanftmut und Güte sind nämlich ansteckend wie Gähnen, im Gegensatz zu vermeintlicher Verletzlichkeit und Verwundbarkeit.

Weise deinen Partner daraufhin, dass die Verfasser dieses Buches keine Schwächlinge oder Versager waren, sondern mutige Menschen, die ihm und allen anderen durch Offenbarung ihrer eigenen Geschichten einen nützlichen Dienst erweisen wollen. Es sind Menschen, die etwas davon verstehen, wovon sie sprechen. Erzähle ihm genau die Punkte, die du gelesen hast und von denen du glaubst, dass du genau dort bei deinem Partner ansetzen kannst, um seine Entwicklung zu fördern. Wenn du meinst, dass er vor einem Selbstheilungsmittel noch zurückschreckt, welches er bereits seit seiner Geburt in sich trägt, dann fordere ihn auf, die entsprechende Stelle zu lesen. Vielleicht wird ihn das dazu anregen, weiterzumachen, einzusehen und anzunehmen.

Wenn er begeistert ist, ist das gut. Denn dann ist der Funke übergesprungen. Ist er unentschlossen oder glaubt er, sich in keinem der Punkte wiederfinden zu können, empfehlen wir, ihn in Ruhe zu lassen. Vermeide es, ihm das Programm aufzunötigen und beschäftige dich lieber selbst damit. Die Saat in ihm ist gelegt. Er weiß, dass Millionen von Menschen, wie er einer ist, von heute an die Chance auf Genesung haben. Aber sprich nicht darüber, wenn er nicht nüchtern und klar im Kopf ist, da mag er zornig und überreizt sein. Früher oder später wirst du wahrscheinlich dennoch erleben, dass er das Buch einmal liest. Beobachte und begleite einfach, bis wiederholtes Stolpern ihn davon überzeugt, dass er etwas ändern sollte an seiner Vorgehensweise. *Je mehr du ihn antreibst, desto länger wird seine Genesung verzögert werden.*

Nochmals: Du solltest ihn nicht drängen. Lass ihn selbst entscheiden. Du kannst getreuen Mutes zusehen, wie er sich noch ein paar Mal stößt. Wir alle stecken noch in den Kinderschuhen unserer seelischen Entwicklung. Als Kinder haben wir auch nur deshalb gehen gelernt, weil uns jemand zur Seite gestanden hatte. Hätten die Älteren uns immer wieder hingestellt, würden wir heute noch nicht laufen. Ebenso ist es im innerweltlichen, im spirituellen Bereich. Nur wenn er selbst davon anfängt zu reden, solltest du über deine Entwicklung oder über seinen Zustand oder über dieses Buch sprechen.

Manchmal kann es besser sein, wenn ihm jemand, der nicht zur Familie gehört, die Informationen zukommen lässt. Das kann ihn zum Handeln motivieren, ohne dass

Feindseligkeiten aufkommen. Wenn dein Partner grundsätzlich ein Mensch ist, der nur von Zeit zu Zeit eine sogenannte *„Festplattenlöschung“* braucht, dann stehen deine Chancen in diesem Stadium gut, mit ihm über Reizüberflutung und Hochsensibilität zu reden.

Hast du einen Partner, der selbst schon die längste Zeit bewusst nach der Lösung seines Problems gesucht hat, schätze dich einfach glücklich. Weil du sicher sein kannst, dass er in Hochsensibilität und Spiritualität finden wird, was er so getrost in seinem Leben gesucht hatte. Auf ihn kannst du mit diesem Buch so freudig zugehen, als ob du auf eine Ölquelle gestoßen wärst. Ihr könnte diese Chance nutzen, um euer hauseigenes Meeting in Form wöchentlicher Aussprachen zu installieren. Vielleicht wird er nicht auf Anhieb deine Begeisterung teilen, aber er wird sicherlich das Buch lesen und vielleicht auch gleich das Programm angehen. Wenn nicht, wirst du darauf wahrscheinlich nicht lange warten müssen. Wichtig dabei ist, vorerst einmal wöchentlich ein Zeitfenster für maximal neunzig Minuten einzuplanen. Achte dabei darauf, dass keine Dinge wie Alkohol, Handys, Süßigkeiten oder andere Substanzen oder Ablenkungsmöglichkeiten auf dem Aussprachetisch stehen. Ebenso ist es sinnvoll, das WLAN für diese Zeit auszuschalten. Achte jedoch darauf, dass es sich dabei um eine Maßnahme handelt, die vorerst nur im Meeting eingehalten werden sollte. Wir machen es uns ganz einfach, indem wir lediglich stilles Wasser reichen. Alles andere ist dann vom Tisch.

Es wäre anzunehmen, dass manche Partner absolut hoffnungslose Fälle sein könnten. Dem ist aber nicht so. Von allen waren sie aufgegeben worden. Der Untergang schien sicher. Und trotzdem haben auch solche Leidgeprüften auf bemerkenswerte Weise eine gefestigte Genesung erfahren.

Einige von ihnen waren durch seelische, körperliche und geistige Verletzungen dermaßen geschädigt und traumatisiert, dass sie nicht aufhören konnten, immer wieder in das Trauma zurückzukehren. Jene von uns, die an posttraumatischen Belastungsstörungen zu leiden hatten – und das sind beinahe alle –, wissen das zur Genüge.

Es gibt Fälle, in denen sich die unterschiedlichsten Krankheiten wie die Schichten einer Zwiebel überlagert hatten und durch die regelmäßigen Aussprachen Schicht für Schicht abgeschält wurden. Und wie beim Zwiebelschälen üblich, wurde auch innerhalb der Aussprachen durchweg geweint. Dabei ist erscheint die Sucht als äußerste Erscheinungsform lediglich als Überlagerung anderer Traumata, die sich dann mit anderen Symptomen oder Krankheitsbildern vermischen. Dabei kann es zu einer Verschlimmerung, Verschleierung oder zu massiven Folgeerkrankungen kommen. Wir kennen die Traumata nicht, die ein Mensch glaubt, in seinem Innersten verbergen zu müssen. Oftmals schieben sich die Krankheitsbilder dann sogar als sinnvolle Schutzeinrichtung der Natur zwischen das Erlebnis und dem Betroffenen, als einzige Möglichkeit, das Überleben des Menschen zu sichern, ehe er sich selbst oder einem anderen etwas antun würde. Schizophrenie oder Psychosen sind Beispiele dafür. In solchen Fällen ist es immer wichtig, einen Arzt, einen Psychiater oder Psychotherapeuten zu konsultieren, der euch dann sagen kann, ob diese Komplikationen schwerwiegend sind und vor allem – wie tiefreichend. Denn auch wenn wir Bewusstsein darüber erlangt haben, dass wir im konkreten Fall mit Hochsensibilität veranlagt sind, können manche Verletzungen so schwerwiegend sein, dass allein die Erinnerung daran schlimme Akutzustände auslösen kann. An dieser Stelle ist höchste Achtsamkeit und Vorsicht geboten. Über Risiken und Nebenwirkungen fragst du einfach immer auch zusätzlich deinen Arzt oder Apotheker.

Wenn dein Partner bereits in ärztlicher und oder therapeutischer Behandlung ist, er dich und seinen Arzt davon überzeugen kann, dass er es wirklich ernst meint, gib ihm eine Chance, die vorliegende Methode auszuprobieren, es sei denn, der Arzt glaubt, dass seine geistige Verfassung zu abnormal oder gefährlich sei. Dann soll der Arzt ihn über Hochsensibilität aufklären. Das Programm ist und soll für jeden Menschen auf dieser Welt frei und kostenlos anwendbar sein und auch bleiben. Die Arbeit darin verlangt keinerlei Zugehörigkeit zu irgendeinem Verein oder zu sonstigen Einrichtungen. Wir geben diese Empfehlung voller Zuversicht und Vertrauen an dich weiter.

Über Jahre haben sich unsere Freunde der Zwölf-Schritte-Programme um psychisch Kranke in Anstalten gekümmert. Seit dieses Buch zum ersten Mal veröffentlicht wurde, haben sich immer mehr Menschen aus ihren misslichen Lagen selbst befreien können. Die meisten von ihnen sind nie dorthin zurückgekehrt, kraft der Wiederentdeckung ihrer natürlichen Veranlagung. Indem sie Krankheit und Leid in einen Bezug zu ihrer Hochsensibilität als natürliche Veranlagung gestellt haben, konnten sie durch die Entwicklung und Entfaltung ihre Krankheiten überwinden. So durften viele von uns ebenfalls erst über die Teilnahme an einem anderen Programm zu den vorliegenden Zwölf-Schritten vordringen. Dadurch wurden wir uns den Belastungen bewusst, die uns das Wunder von Hochsensibilität zum Kreuz werden haben lassen. Auf diesem Wege wurde uns Kraft der Schöpfung durch das bereitwillige, offenherzige und aufrichtige Offenbaren unseres Innersten von höchster Stelle die Absolution erteilt.

Deine Situation mag anders sein. Vielleicht hast du einen Partner, der noch frei herumläuft, obwohl er in eine Anstalt gehört. Manche können oder wollen nicht von ihrem Verhalten wegkommen. Sie laufen herum, wie blinde Hühner, ihrer Hochsensibilität völlig entfremdet. Wenn es zu gefährlich wird, ist es für sie oftmals das Beste, sie einweisen zu lassen. Hierbei sollte selbstverständlich immer ein guter Arzt die Entscheidung treffen. Die Angehörigen und Kinder eines solchen Menschen leiden schrecklich, aber nicht mehr als der Betroffene selbst. Dennoch gibt es seit der Erkenntnis, dass womöglich Krankheiten als Folge der Unwissenheit über Hochsensibilität zu begreifen sind, einen Hoffnungsschimmer für all diese Fälle.

In den meisten Fällen sind wir es selbst, die ein neues Leben anfangen müssen. Jeder von uns kennt zumindest einen Hochsensiblen, der das getan hat. Wenn solche Menschen ihrem Leben eine spirituelle Grundlage geben, wird der Weg einfacher.

Wenn du einen Angehörigen hast, der psychisch krank ist, machst du dir wahrscheinlich Gedanken, was andere Leute darüber denken und gehst ihnen womöglich aus dem Weg. Du ziehst dich mehr und mehr in dir selbst zurück und glaubst, jeder spräche über die Zustände bei dir zu Hause. Du meidest das Thema, wo es nur geht. Bitte vergiss dabei nicht, dass du womöglich selbst bereits an einer angehenden Persönlichkeitsstörung leidest. Schäm dich nicht dafür, das ist verständlich.

Kinder sind hier ganz besonders betroffen und empfänglich. Sie wissen nicht, was sie ihren Eltern sagen sollen. Sie wissen nicht, wem sie sich anvertrauen sollen. Geht es den

Menschen in ihrer Umgebung gerade schlecht, dann werden sie zu zitternden, ängstlichen Einsiedlern und wünschten, sie wären nie auf diese Welt gekommen. Das Hauptaugenmerk muss in jedem Fall auf das Wohl des Kindes oder der Kinder ausgerichtet sein, ohne dabei auch nur einen Moment lang zu zögern, ihnen gegebenenfalls psychotherapeutische und fachmedizinische Hilfe zukommen zu lassen. Denn mittlerweile wächst rund ein Viertel aller Kinder in einer Familie mit zumindest einem psychisch kranken Elternteil auf.

Wir meinen, dass diese Schwierigkeiten unnötig sind. Es ist nicht in Ordnung, Kinder in diese Konflikte miteinzubeziehen. Wir können sie zwar über die grundlegenden Fakten unserer Krankheit einerseits und über Hochsensibilität als Begabung andererseits informieren, doch wir dürfen ihnen in keiner Art und Weise noch mehr wehtun oder sie in die Verlegenheit bringen, dass ihr Schicksal von unserer Existenz abhängig wäre. Es ist zwar wesentlich für ihre weitere Entwicklung, ihnen einfühlsam und behutsam zu erklären, dass der jeweilige Betroffene erkrankt ist, doch danach ist sofort ein entsprechendes Hilfsangebot bereitzustellen – und zwar außerhalb der Kernzone unserer Probleme. In diesem Bereich haben Egoismus, Angst oder Scham keinen einzigen Millimeter Spielraum.

Wenn die Kinder soweit in Sicherheit gebracht worden sind und wir die Schranken, die zwischen uns und unseren Freunden entstanden waren, öffnen, werden die schambehafteten Hindernisse verschwinden, und wohlwollendes Verständnis wird entstehen. Du wirst nicht länger befangen sein oder das Gefühl haben, dich für irgendetwas schämen zu müssen. Du wirst erkennen, dass du dich für das Verhalten deines Partners nicht entschuldigen brauchst, so als hätte er einen schwachen Charakter oder ein Stigma. Das Gegenteil wird der Fall sein. Dein neuer Mut, deine Gutmütigkeit und deine Unbefangenheit als gütige Eigenschaften deiner Hochsensibilität werden Wunder wirken in deinen Beziehungen zur Umwelt. Du hast durch deine Selbsterkenntnis über Hochsensibilität als Schutzeinrichtung eine neue Kraft entdeckt, die dir als innerer Begleiter dient und die dir gemeinsam mit dem neu entdeckten Sinn deiner Spiritualität zu Resilienz und größtmöglicher Entfaltung deines gesamten Potenzials verhilft.

Die gleiche Verhaltensweise gilt es, wie schon oben beschrieben, für den Umgang mit Kindern. Falls sie nicht von den seelischen, geistigen, psychischen und/oder körperlichen Grausamkeiten geschützt werden können, ist es besser, keine Partei zu ergreifen in einem Streit, den ein Kranker anzuzetteln versucht. Benutze die Kraft lieber, um den Missetäter abführen zu lassen und hernach ein besseres häusliches Klima zu schaffen. Entsprechende Hilfe findest du in einem der behördlichen oder institutionellen Angebote in deiner Nähe. Dort findest du zudem Menschen, die dich und das Kind zu schützen bereit sind. Auch die Polizei steht dir als Freund und Helfer zur Seite. Nicht nur in ihrer Funktion als Exekutive, sondern vor allem auch in der Gewaltprävention. An oberster Stelle steht immer das Wohl des Kindes. Übernimm Verantwortung, auch wenn du merkst, dass es sich in einer anderen Familie so abspielt. Es sind nämlich genau solche Familiensysteme, in denen Kinder oft die Elternrolle übernehmen müssen, weil ein Elternteil psychisch krank ist, Streitereien zwischen den Betroffenen an der Tagesordnung stehen, Bezugspersonen an einer Depression leiden, an Angstzuständen oder Ähnlichem. Die Dunkelziffer ist ungleich höher und die

Belastung für die Kinder enorm. Die große Herausforderung ist, dass diese Kinder oft die Verantwortung der Eltern übernehmen – also auch in die Elternrolle schlüpfen. Das heißt, sie sind oft für die Finanzen verantwortlich, sie müssen sich um den Haushalt kümmern, sie müssen die Miete überweisen, sie müssen schauen, dass Essen vorhanden ist, und sie müssen für sich selber kochen. Aber teilweise müssen sie auch die Betroffenen mitpflegen. Oder, besser gesagt, sie glauben, dass sie das müssten. Es ist ab heute deine Pflicht, bei der Lösung dieses Missverständnis aktiv und nach bestem Wissen und Gewissen mitzuwirken. Nicht nur bei deinen eigenen Kindern, sondern auch überall dort, wo du über solche Zustände Kenntnis erlangst.

Dieser Druck hat für Kinder oft schwerwiegende Auswirkungen, so gibt es ein hohes Risiko, dass die Kinder später selbst psychisch erkranken. Hilf mit, dass sich die furchtbare Spannung reduziert und das Leid dieser Kinder ein Ende findet, von den Zuständen, die in der Umgebung eines jeden psychisch Kranken herrschen. Ob daheim, in der Schule, bei Arbeit, Sport und Spiel. Du brauchst dich nicht länger dafür verantwortlich fühlen, die Dummheiten oder Krankheiten eines anderen schützen zu müssen. Übernimm viel lieber Verantwortung, indem du dich für die Verwundbaren einsetzt. Damit förderst und gewährleistest du die bestmögliche Entwicklung und Entfaltung (noch) gesunder Menschen. Kinder sind der Garant für das Fortbestehen unserer Art sowie für die Aufrechterhaltung der Harmonie zwischen uns und allen Geschöpfen.

Du brauchst dich auch nicht länger dafür verantwortlich fühlen, deinen Partner oder Angehörige bei deren Arbeitgebern oder Freunden durch Falschaussagen beschützen zu müssen. Wenn möglich, überlasse dahingehende Erklärungen dem Betroffenen selbst. Dein Wunsch, ihn zu schützen, sollte nicht so weit gehen, dass du Menschen belügst, die ein Recht darauf haben, zu wissen, wo er ist und was er tut. Rede mit ihm darüber, wenn er nicht gerade gereizt, sondern eher gut gelaunt und entspannt ist. Frag ihn, was du tun kannst, wenn er dich wieder in eine solche Lage bringt. Aber mach ihm dabei keine Vorwürfe wegen früherer Vorkommnisse.

Dann gibt es noch eine andere lähmende Angst. Die eigene Abhängigkeit vom Partner, ob in materieller, physiologischer und oder psychologischer Hinsicht. Vielleicht fürchtest du, dass dein Partner seinen Arbeitsplatz und damit das Haupteinkommen der Familie verlieren könnte. Du denkst dabei an die Schande und an die schweren Zeiten, die dir und deinen Liebsten bevorstehen. Vielleicht musst du diese Erfahrung aber machen, vielleicht hast du das auch schon einige Male hinter dich gebracht. Sollte es wieder geschehen, betrachte es ab jetzt in einem anderen Licht, vor allem als Chance zur Erreichung von Unabhängigkeit. Vielleicht stellt es sich sogar als Segen heraus. Es kann deinen Partner zur Überzeugung bringen, endlich etwas für sein Seelenwohl zu tun. *Denn das Chaos um uns herum ist immer nur ein Spiegel der Zustände in uns selbst*. Vor allem habt ihr jetzt beide sehr gute Aussichtschance auf Besserung, weil ihr mit dem vorliegenden Programm euer Handwerkzeug für wesentliche und gründliche Regeneration erhalten habt. Zumeist waren solcherlei vermeintliche Unglücksfällige eine Wohltat für uns selbst, denn es ebnete uns den Weg, *„Gott, wie wir ihn verstehen"*, erkennen zu dürfen.

Wir hatten durch all die Umstände erkennen dürfen, wie *erb-ärmlich* und *arm-selig* wir in Wirklichkeit in unserem

Innersten gewesen waren. Wir hatten erkannt, dass wir uns der Ursache aller menschlichen Probleme lediglich von verschiedenen und unterschiedlichen Seiten genähert hatten. Auferlegte Wahrheiten hatten uns innerlich verwüstet. Die Flut an Informationen und Reizen hatte unsere wirkliche Identität verwässert. Jeden Einzelnen von uns. Und wenn wir dadurch erst einmal von Schmerz erfüllt waren, lenkten wir uns aus zunehmender Angst, aus Scham und schlechtem Gewissen vor der eigenen Verwundbarkeit mit den materiellen Erscheinungen des Lebens ab. So war uns die wirkliche Pflicht und Bestimmung unseres Daseins zur grausamen Existenz erwachsen. Unsere Seelen dürsteten jedoch still nach dem genauen Gegenteil, doch wir hatten die Dankbarkeit und Demut gegenüber unserer natürlichen Schöpfung verwirkt – weil wir von Spiritualität als siebten Sinn des Menschen nichts gewusst hatten. So wurde uns die Gelassenheit zum Schrecken, die Güte zur Hässlichkeit, die Empfindsamkeit zur Verwundbarkeit, die Hochsensibilität zur Vulnerabilität, welche die Grundlagen sinnentfremdeter Moral sind. Die Anmut gegenüber unserer ureigenen Natürlichkeit, die Dankbarkeit für unseren inneren Sinnreichtum, erwuchs uns zur Ehrfurcht vor jener Kraft, die wir die längste Zeit über mit dem Wort *„Gott“* zu begreifen versucht hatten. Der Blick in die falsche Richtung war zum Leidwesen aller der Hauptgrund, der uns hatte degenerieren lassen. Das Bewusstsein über Hochsensibilität als sinnvolle Schutzeinrichtung der Natur hingegen ist die Erkenntnis, die uns vom heutigen Tage an regenerieren lässt. Uns selbst, unsere Familien, unsere Gemeinschaft und unsere Umwelt.

In diesem neuen Bewusstsein darfst du beginnen, deinen bislang in den Schatten verdrängten Sinn der Spiritualität zu entwickeln und deinen Organismus von innen heraus zu neuem Leben erwecken. Das ist nicht länger eine Frage des Willens oder eines verrückten Charakters, sondern vielmehr eine Frage des Vertrauens in die Sinnhaftigkeit deiner natürlichen Veranlagungen. Was du einzig und allein dazu brauchst, ist die Bereitwilligkeit, dich im gewissen Maße mit deiner eigenen Natur zu befassen und dich schrittweise zu dem Menschen hin zu entwickeln, der du deiner Ahnung nach im Innersten deines Herzens schon immer sein wolltest: *ein freier Mensch*. Als einziger Wegweiser dient dir deine innerste Empfindung, durch die du bereits heute einsehen kannst, wer du morgen sein wirst. Denn das Heute ist das Morgen, das wir uns gestern erschaffen haben. Also sieh dich heute in der vollen Entfaltung deiner Möglichkeiten und handle dementsprechend.

Wirkliche Veränderung, die nicht nur frische Farbe auf alte Wände malt, beginnt immer bei uns selbst. Wirksamer Wandel braucht neue Wege. Als Landkarte möchte dir das Programm dienen, als Wegweiser unsere Erfahrungen. Denn auch wir begannen im Erkennen des Du, uns selbst einzusehen. Im Verständnis dessen, dass die meisten unserer Mitmenschen anders empfanden als wir selbst, hörten wir damit auf, das Immergleiche und Bekannte von ihnen zu erwarten. Ein echtes Wir konnte entstehen.

Wenn wir es geschafft haben, den äußeren Abhängigkeiten und inneren Zwängen Schritt für Schritt zu entweichen, dann kann es zweifelsohne auch jeder andere Mensch auf diesem Planeten schaffen.

Du und ich, ob hochsensibel oder nicht: Wir sind nicht schuld daran, dass alles so gekommen ist. Allemal sind wir aber ab heute dafür verantwortlich, was wir ab diesem Moment im weiteren Verlauf unseres Daseins daraus machen.

Beginnen wir bei uns selbst, ehe wir uns gemeinsam auf den Weg machen. Alles, was uns begegnet, ist, weil es durch unsere Sinneswahrnehmung und unser Bewusstsein geht, auch Teil von uns selbst. Gerade deshalb ist bewusste Achtsamkeit dermaßen wichtig. Sie dient uns als Filter, der die Verzerrungen des Geistes überblickt und die Stürme der Gefühle überwindet, denn im Erkennen der naturwüchsigen Spiegelungen können Ärger und Seelengift, all der Schrecken, ja sogar die Macht des Terrors ihre Wirkung verlieren und in Verständnis, Frieden, Sanftmut und Liebe münden.

Wir haben durch das Leiden unserer Angehörigen herausgefunden, dass wir, wie unsere Partner und Kinder, nicht frei sind von Stolz, Selbstmitleid, Eitelkeit und allem, was die individualistische Person ausmacht. Auch wir waren nicht erhaben über Selbstsucht und Unehrlichkeit. Als aber unsere Partner anfingen, ihr Leben nach spirituellen Prinzipien auszurichten, regte sich in uns der Wunsch, es auch zu tun. Und wenn sie es noch nicht zu tun bereit waren, setzten wir alles daran, sie dazu zu ermutigen, es uns gleich zu tun.

Am Anfang glaubten einige von uns, dass wir diese Hilfe nicht nötig hätten. Wir dachten, im Grunde genommen wären wir recht gute Menschen und würden noch besser, wenn unsere Partner damit aufhören würden, Dummheiten zu machen. Aber es war töricht, zu meinen, wir wären so gut, dass wir diese Entwicklung nicht auch selbst brauchten. Nun bemühten wir uns, spirituelle Prinzipien in unserem täglichen Leben anzuwenden. Wenn wir dies tun, merken wir, dass es auch unsere eigene Sichtweise ändert und sich in uns ein gewisser Verhaltensdruck löst. Es ist eine wundervolle Empfindung, wenn Furcht, Kummer und verletzte Gefühle allmählich verschwinden. Darum empfehlen wir dir, dieses Programm auszuprobieren. Nützt es nicht, dann schadet es zumindest nicht.

Nichts hilft einem Menschen so sehr, wie seine wiederentdeckte, natürliche Einstellung dem wirklichen Leben gegenüber, die *„Gott“* vom Anbeginn unserer Tage uns ermöglichen wollte. Geh diesen Weg mit deinem Partner gemeinsam, so gut ihr das eben könnt. Denn wir haben herausgefunden, dass eine neue Begegnung immerzu an jenem Punkt beginnt, an dem wir durch Beendigung der alten Beziehung weggelaufen waren. Und wenn du keinen Partner hast, dann geh den Weg allein. Aber geh ihn mit Spiritualität.

Wenn dir und deinem Partner erst einmal der Knopf aufgegangen ist, dann wird sich ein Licht nach dem anderen entzünden, und die Lösungen für eure bisherigen Probleme werden sich beinahe wie von selbst finden. Die Lichter werden auch leuchten wie die Kerzen eines Christbaumes. Das wird euch sehr froh und zufrieden erscheinen lassen. Dabei geht es nicht um die Zeit, sondern um das Leben selbst. Nicht alle Schwierigkeiten lösen sich auf einmal. Die Saat beginnt, in neuer Erde zu keimen, weil ihr bereit wurdet, die Betonschicht zu beseitigen, die euch bislang an wirklicher Entfaltung gehindert hat. Damit hat das Wachstum gerade erst begonnen. Trotz des neu gefundenen Glücks wird es auch weiterhin Höhen und Tiefen geben, so wie es eben nun einmal ist bei einer Wanderschaft über Stock und Stein. Viele der alten Schwierigkeiten werden immer noch da sein. So sei es.

Glaube, Vertrauen, Bereitwilligkeit und Aufrichtigkeit werden bei euch beiden auf die Probe gestellt werden. Denn die Natur will ganz sichergehen. Betrachte diese

Prüfungen als Teil deines eigenen Erwachsenwerdens, im gewahren Sinn des Wortes, denn so wirst du ab jetzt lernen, was wirkliches Leben bedeutet. Du wirst vielleicht Fehler machen, doch du hast gelernt, sie durch korrigiertes Verhalten wiedergutzumachen. Du hast gelernt, dass du dich für Fehler nicht mehr zu schämen brauchst, weil du begriffen hast, dass Handlungen und Missgeschicke nichts mit deiner Hochsensibilität zu tun haben. Den menschlichen Makel gibt es ab jetzt nicht mehr.

Wenn du und dein Begleiter es ernst meinen, werden euch die Fehler nicht in die Knie zwingen. Stattdessen werdet ihr selbst und eure Umwelt Nutzen daraus ziehen. Wenn die Fehler überwunden sind, wird euch ein spürbar besseres Leben geschenkt sein.

Einige Hindernisse, die euch im Weg stehen können, sind Ärger, verletzte Gefühle und Groll. Bestimmt werdet ihr manchmal unvernünftig sein und den Wunsch verspüren, den anderen zu kritisieren oder am liebsten auf den Mond zu schießen. Aus einer kleinen Wolke am häuslichen Horizont braut sich nur so schnell ein drohendes Gewitter zusammen, wie der Reizzustand durch unterdrückte Gedanken und Gefühle angewachsen ist. Solcher Familienzwist ist jedoch natürlich, vor allem dann, wenn nicht regelmäßige Zeitfenster für Aussprachen geschaffen werden. *Wie du erkennst: wenn nicht täglich und regelmäßig klar Schiff gemacht wird, droht der Kahn zu kentern.* Vergiss niemals, dass Groll zur tödlichen Gefahr werden kann. Er ist der langsame Weg zum Zorn. Das soll nicht heißen, dass du deinem Gegenüber immer recht geben musst, wenn es eine berechtigte Meinungsverschiedenheit gibt. Achte nur darauf, nicht empfindlich oder kritisch zu reagieren, wenn du anderer Meinung bist. Jeder Mensch hat das Recht, seine Meinung zu wahren. Das ist auch wichtig um durch Abgleich dieser Meinungen, also eurer beider Wahrheiten, die Synergiepunkte herauszufinden, die euch danach der Wirklichkeit ein Stück weit näherbringen.

Ihr werdet feststellen, dass ihr beide ernsthafte Probleme besser lösen könnt als die alltäglichen. Das ist typisch für hochsensible Menschen. Wenn ihr wieder einmal eine hitzige Diskussion habt, egal worüber, solltet ihr ab heute darin wetteifern, wer als Erster von euch lächelt und sagt:

„Jetzt wird es ernst. Verzeih mir bitte, dass ich mich so hab gehen lassen. Wir wollen ein andermal darüber reden.“ Dafür könnt ihr euch auch ein bestimmtes *Sicherheitswort* vereinbaren. Viele von uns nutzen das Wort Stern oder Sonne oder aber auch die eigene *Lieblingszahl*. Wenn es zu einer Situation kommt, in der wir merken, dass Gefühle von starker Unsicherheit, Reizbarkeit oder einfach Zustände aufzutreten drohen, durch die wir vom bewussten Denken, Handeln und Fühlen abdriften, dann sagen wir das *Sicherheitswort*. Es zeigt dem anderen und uns selbst, dass jetzt eine Grenze erreicht ist und es an dieser Stelle die Hilfe und Mitwirkung des jeweils anderen zum *Schutz von uns beiden* braucht.

Wenn ihr bemüht seid, eure Leben auf – wie wir es durchwegs benennen – eine spirituelle Grundlage zu stellen, wird jeder der Beteiligten alles in seiner Macht Stehende tun, um verbale Verletzungen, Handgreiflichkeiten und oder Streitigkeiten zu vermeiden. Die Grundlage dafür beginnt eben durch Maßnahmen zur Psychohygiene in Form regelmäßig stattfindender Aussprachen nach den Empfehlungen der Zwölf-Schritte-Gruppen.

Der ständige Kontakt untereinander, der durch Offenheit, Ehrlichkeit und Wertschätzung gegenüber der eigenen und der anderen Wahrnehmung geprägt ist, erhöht die Bereitschaft, sich selbst besser erkennen, annehmen, vertrauen und lieben zu lernen. Das ist überhaupt erst die Basis für Nächstenliebe. Das bis dahin unterdrückte, in den eigenen Schatten verdrängte, unerfüllte Bedürfnis nach Zugehörigkeit und ehrlicher Freundschaft kann den ständigen Zwang nach Aufmerksamkeit, Akzeptanz, Anerkennung, Geborgenheit und Liebe durchbrechen. *Das verstehen wir unter dem Begriff Genesung: Eine gesunde, seiner genetischen Veranlagung entsprechende Gestaltung des Lebens.* Um es dir bestmöglich zu veranschaulichen, möchten wir dich an dieser Stelle auf den *„Anhang Vier – Das Meeting"* in diesem Buch hinweisen, in welchem du unsere Empfehlungen als Gesprächsleitfaden finden kannst.

Ihr wisst mittlerweile, dass ihr euch allen sehr viel zu verdanken habt, im Positiven wie im Negativen. Die Möglichkeit zur gemeinsamen Aussprache ist das sichtbare Zeichen echter Dankbarkeit und Wertschätzung. Das wirkliche Wunder daran ist, dass es sowohl zu eurer eigenen wie auch zur Entwicklung eurer Nächsten beiträgt. Obwohl es keinem von euch Geld kostet, wird es jeden von euch zu bislang ungeahntem Reichtum führen.

Erwartet nichts, seid einfach bereit. Und wenn es nicht gleich beim ersten Mal funktioniert, so lasst euch nicht gleich entmutigen. Alte Handlungsabläufe, eingeprägte Gewohnheiten und antrainierte Verhaltensmuster lösen sich nicht von Hier auf Jetzt. Das Credo lautet: Mut, Energie, Begeisterung, Ausdauer, Durchhaltevermögen, Zuversicht, Verständnis und Liebe. Lebe auch du danach – und deine Gegenüber werden es erwidern. Die Regel heißt: Leben und leben lassen. Wenn alle Angehörigen Bereitschaft zeigen, eigene Fehler zu korrigieren, wird es nicht erforderlich sein, einander zu kritisieren.

Klar tragen wir meist das Bild des idealen Partners in uns, das Muster eines Menschen, wie wir ihn gerne an unserer Seite hätten. Ganz klar, dass wir erwarten, er müsse jetzt, da er ja zur Einsicht gelangt ist, unseren Traumvorstellungen entsprechen. Erinnere dich an dieser Stelle, dass wir das Bild in uns gestalten müssen, wie wir selbst uns gerne nach Entfaltung aller Möglichkeiten sehen möchten. Hören wir damit auf, uns unserer Mitmenschen zu ermächtigen, indem wir aus ihnen das machen wollen, was wir selbst nicht im Stande waren, zu sein. Denn genau wie du steht auch dein Partner, deine Kinder oder einfach ein anderer Angehöriger am Anfang einer Entwicklung. Hab Geduld und vor allem: *sei gut und lieb zu dir selbst und zu deinen Nächsten.*

Ein anderes Gefühl, dem wir oft nachhängen, ist der Groll unter dem Unvermögen, dass unsere doch so tolle Verliebtheit, Zuneigung und Treue unsere Liebsten nicht von ihren Problemen befreien konnten. Wir können den Gedanken nicht ertragen, dass der Inhalt des vorliegenden Buches oder die Gespräche mit anderen in wenigen Wochen all jenes erreicht haben, wofür wir jahrelang gekämpft hatten. In solchen Augenblicken vergessen wir oftmals, dass uns bislang das erforderliche Wissen über die wesentlichen Eigenschaften einer genetisch bedingten Veranlagung gefehlt hatten, um die Krankheiten, die uns daraus erwachsen waren, auch als Folge der Unwissenheit verstandesgemäß begreifen und für uns annehmen zu können.

Scham hat eine gewaltige Macht, wenn es darum geht, die Sinnhaftigkeit einer wesentlichen Begabung zu schützen, bis zu dem Zeitpunkt, an dem sie vom Beschenkten auch als solche erkannt wird. Scham ist eine sinnbezogene Schutzeinrichtung, die den Menschen vor Verletzungen seines innersten Wesenskernes, also vor seelischen Verletzungen, beschützen soll. In einer rauen Umgebung, die der wesentlichen Empfindsamkeit des Menschen nicht förderlich erscheint, bleibt sie uns sogar verborgen, damit wir sie beim besten Willen nicht durchschauen können. Lediglich der Zorn und die Wut wirken dann oftmals als direkte Abwehrmechanismen, die uns vor seelischen Verletzungen schützen sollen.

So wirst du einer der ersten Menschen für deine Liebsten sein, die es der Entfaltung deiner Hochsensibilität und Güte zuschreiben werden, dass sie an dem Punkt angelangt sein dürfen, an dem ihr euch dann zu gegebener Zeit befindet, und jeder wird für sich diese spirituelle Erfahrung machen durfte. Diese Momente tiefreichender Empfindungen werden jedoch erst dann kommen, wenn wir auch bereit geworden sind, solcherlei Gefühle auszuhalten. Das ist nämlich gar nicht so einfach. Wenn hingegen Groll aufkommen sollte, halte einfach inne und mache dir klar, wie gut es dir und deinen Liebsten mittlerweile geht: Die Familie ist vereint, die Schwierigkeiten haben sich gelichtet, die Probleme sind weniger geworden, und ihr als Familie arbeitet auf eine nie erträumte Zukunft hin.

Eine weitere Schwierigkeit mag sich dadurch ergeben, dass Eifersucht aufkommt, vor allem dann, wenn die partnerschaftliche Abhängigkeit noch nicht ganz gelöst ist. Das wird sich zeigen, wenn dein Partner beispielsweise anderen Menschen, speziell Hilfsbedürftigen, seine Aufmerksamkeit schenkt. So wie er haben auch sie sich nach der Zugehörigkeit zu einer Gemeinschaft gesehnt. Jetzt verbringt er viele Stunden damit, anderen, womöglich noch Leidenden und deren Familien zu helfen. Du meinst womöglich, er sollte jetzt gefälligst einmal dir bei deinen Äußerungen zuhören.

Tatsache jedoch ist, dass jeder Mensch sich selbst gehört. Die Begegnungen mit anderen Menschen braucht jeder für seine eigene Entwicklungsarbeit, um einerseits seine persönliche Gesundheit zu erhalten und sich an die Zeit seines Leidens zu erinnern und um sich andererseits weiterzuentwickeln sowie im Sinne seiner Vorsehung zu entfalten. Und diese Vorsehung richtet sich nicht nach von Menschen eingegangenen Beziehungen. Nicht wir als Partner sind die Höhere Macht unserer Liebsten. So dürfen auch wir uns dementsprechend frei bewegen. Die wirkliche Hochzeit des männlichen und weiblichen Prinzipes findet in jedem Menschen selbst statt. Wir sind zum Zeitpunkt unserer Geburt auch nicht gemeinsam auf die Welt gekommen, sondern jeder für sich selbst. Ausnahmen bestätigen die Regel.

Manchmal sind unsere Partner so engagiert, dass wir uns wahrhaftig vernachlässigt fühlen. Doch in solchen Fällen gilt es ganz genau hinzusehen, woher diese Gefühle kommen und ob wir das nicht auf irgendeine Weise aus unserer Kindheit oder Vergangenheit kennen.

Wir empfehlen, dass dennoch jede Partnerschaft und Familie ihr eigenes Zuhause als Ort der Ruhe und Besinnung wahren sollte. Jeder Einzelne soll sich darin wohl fühlen und nicht das Empfinden haben, dort selbst nur Gast unter lauter Fremden zu sein. Es stimmt schon, dass unser Heim auch ein Heim für unseren Nächsten sein sollte. Doch wir verstehen darunter, dass wir vor anderen Menschen ebenso wenig *Ge-heim-nisse* zu haben brauchen, wie sie welche vor uns haben sollten. Wir beziehen das unserem Verständnis nach auf eine psychografische Ebene. Denn wenn wir uns nicht die erforderliche Muße nehmen, uns mit der Entfaltung unseres eigenen Sinnreichtums zu befassen, dann werden wir alsbald wieder zu ausgelaugten Helfern, die sich im Trubel des Alltags mit all ihren altbekannten Problemen verlieren.

Es nützt wenig, unsere Lebenspartner darauf anzusprechen und mehr Aufmerksamkeit für uns selbst einzufordern. Wenn wir erkennen, dass wir nicht zur Lösung der Probleme unserer Mitmenschen auf diese Welt gekommen sind, sondern in erster Linie dazu hier sind, unser eigenes Leben im Sinne der Schöpfung auszurichten, dann werden wir uns auch nicht mehr im Altruismus oder im Helfersyndrom verlieren. Wir dürfen nicht fehlgehen, unsere Begeisterung wieder auf äußere Umstände zu projizieren. Als Leitbild dafür kann immer der Blick darauf gerichtet werden, was der Betroffene, dem geholfen wird, bereit ist, der Schöpfung als Dank für den eigenen Heilungsprozess zurückzugeben. Weniger ist dabei oft mehr. Wir empfehlen, dass du mit deiner Aufmerksamkeit bei dir selbst bleibst und dich deiner eigenen Bestimmung als Mensch widmest. Leuchttürme springen auch nicht im Meer hin und her oder auf und ab. Sie stehen fest auf dem Land, strahlen Sicherheit aus, und die Schiffe auf dem Meer können sich an ihnen orientieren.

Es kann sein, dass du und dein Partner, für den Fall, dass er mit einer schweren psychischen Erkrankung belastet war, sehr isoliert gelebt habt. Eine psychische Erkrankung isoliert nicht nur den Betroffenen, sondern sie hat auch immer Einschränkungen aller Angehörigen zur Folge. Dennoch ist die Krankheit nicht als Ganzes zu verteufeln, sondern sie bewirkte auch ein Extrem an jenen Symptomen, die eure Familie schon die längste Zeit gebraucht hatte. Krankheit ist immer auch ein natürliches

Ausgleichsgewicht auf der Waage unseres Ahnensystems. Vor allem dann, wenn sie schwer wiegt, zeigt sie uns auf, dass wir alle auf der anderen Seite befindlichen Aspekte für ein gesund gelebtes, harmonisches Leben stark vernachlässigt haben.

Richtet die Interessen und euren neuen Lebensinhalt auf die Bedürfnisse aus, die der Natürlichkeit eurer Veranlagung zum Wohle gereichen. Damit meinen wir nicht, dass ihr materiellen Reichtum anhäufen möchtet, sondern einfach alles in einem gesunden, natürlichen Ausmaß fließen sollte. Bei jedem von euch selbst. Wenn jeder das macht, anstatt sich zu beklagen, wird jeder von euch sehen, dass seine überschwängliche Begeisterung langsam abklingt. Die Waage ausgleichender Gerechtigkeit pendelt sich von selbst aus. In jedem von euch wird ein neues, gesundes Verantwortungsbewusstsein erwachen. Ihr werdet euch nicht länger für irgendetwas oder irgendjemanden verantwortlich fühlen, sondern ihr werdet euch, jeder für sich, der eigentlichen Verantwortung bewusst.

Aus dieser inneren Kraft und Gelassenheit heraus werdet ihr dann immer öfter dem Sinn und Zweck eurer Begabung entsprechend handeln. Ihr werdet euch eher bewusst darüber, was ihr in das Leben einzubringen vermögt, als darüber, was ihr oder jemand anderer davon herausholen kann. Wenn ihr demnach wirkt, wird euer Leben von selbst reicher werden. Ihr werdet im Verlust eurer Existenz den Gewinn eines neuen Gewahrseins gefunden haben, wie es eurer wirklichen Bestimmung hier auf Erden entspricht.

Neuerliche Probleme, Rückfälle oder Krisen erkennen wir als Hinweisgeber, die uns lediglich aufzeigen wollen, dass wir unsere Verbindung zum kollektiven Bewusstsein wiederherstellen sollten. Sie wollen uns womöglich an einen Mangel gelebter Hochsensibilität und Spiritualität erinnern. Jeder von uns wird das zu gegebenem Zeitpunkt für sich selbst erkennen dürfen. Muntern wir uns gegenseitig zu einem neuen Bewusstsein auf und fragen wir uns von Zeit zu Zeit, wie wir uns einander dabei helfen können.

Die geringsten Anzeichen von Furcht oder Unverständnis werden unsere Aussichten schmälern. *Wie schon gesagt: der Teufel schläft nicht*. In einem unbewussten Moment ist keiner von uns gefeit, wieder in alte Fahrwasser zu geraten. Doch wir haben die Sicherheit, dass wir nicht mehr in jenem Ausmaß untergehen werden, wie es in der Zeit unseres geistigen Tiefschlafes der Fall gewesen war. Wir werden maximal noch unsere Füße in alten Fahrwassern waschen.

Wir brauchen uns nicht länger vor Anfechtungen in Bezug auf unsere neu gewonnene Einstellung und Lebensweise abschirmen. Denn das tut jetzt unsere Hochsensibilität für uns. Der Schutzschild ist wiederhergestellt und hat seine maximale Kraft erreicht. Wir leben einfach nach Erkenntnissen, die wir tiefgreifenden Erfahrungen verdanken. Wir geben uns nicht als Heilige aus und sind auch niemand Besseres. Wir sind einfach, wer wir sind. Ebenso besonders wie jedes andere Geschöpf auch.

Sei nicht versucht, einen nahestehenden Menschen, der noch am Anfang seiner Entwicklung steht, in irgendeiner Art und Weise zu manipulieren. Er wird es merken, wenn du versuchst, seine Verabredungen oder Angelegenheiten so zu lenken, damit er nicht in erneut in Versuchung kommt. Lügen haben immer kurze Beine. Schenke ihm dein Vertrauen, dass er kommen und gehen kann, wann und wie er will. Das ist wichtig. Für jeden Menschen. Wenn er sich betäubt, dann gib dir nicht länger die Schuld dafür. Entweder er findet seinen Weg, oder er findet ihn nicht. Falls nicht, ist es besser, ein Ende mit Schrecken zu erleben als einen Schrecken ohne Ende.

Wir wünschen euch, dass ihr dennoch die Chance bekommt, gemeinsam wieder auf den Boden der Wirklichkeit zurückzukehren. Um einen erneuten *Rückfall* zu vermeiden, solltet ihr euer Problem zusammen mit allen anderen Schwierigkeiten in die Hände der Schöpfung legen, in der Zuversicht, mit neuer Bereitwilligkeit an der Entwicklung und Entfaltung eurer Hochsensibilität zu arbeiten. Rückschritte in eurer Genesung sind lediglich Zeichen für Stillstand in der natürlichen Entwicklung. Denn nur was fließt, vermag zu heilen. Wer stillsteht, wird zurückgeworfen, damit er wieder weitergehen kann.

Uns ist bewusst, dass wir dir viele Anregungen und Empfehlungen mit auf den Weg gegeben haben. Es hat vielleicht manchmal schulmeisterlich geklungen. Wenn das so ist, bitten wir auch an dieser Stelle um Nachsicht. Auch wir mögen Leute nicht, die uns andauernd belehren wollen. Aber was wir hier weitergegeben haben, gründet auf Erfahrungen, die teilweise sehr schmerzhaft waren. Wir sind hier keine Lehrer. Jeder Einzelne war und ist Schüler eines Meisters, der sich uns nur dann öffnet, wenn wir bereit sind, ihn in uns selbst zu empfinden.

Wir mussten diese Dinge auf die harte Tour lernen. Darum sind wir so bemüht, dass wir dir Erfahrungen vermitteln, die du auch nachempfinden kannst. Denn dann kannst du bereits behaupten, dass du deinen Meister gefunden hast. Nämlich im Innersten deines Selbst.

Kapitel Neun

Die Familie danach

Unsere Angehörigen haben konkrete Empfehlungen geäußert, wie sich betroffene Angehörige gegenüber Familienmitgliedern verhalten sollten, die auf dem Weg der Genesung sind. Vielleicht haben sie dabei den Eindruck erweckt, dass man sie in Watte packen und auf ein Podest stellen muss. Eine Wiederherstellung bedeutet das genaue Gegenteil. Alle Mitglieder der Familie sollten einander mit Toleranz, Verständnis, Wertschätzung, Mitgefühl und Liebe begegnen. Dies macht gewisse Zugeständnisse notwendig. Der Kranke, sein Partner, seine Kinder, seine Angehörigen – jeder hat wahrscheinlich eigene Vorstellungen über die Rollenverteilung innerhalb der Familie. Jeder ist daran interessiert, dass seine eigenen Wunschvorstellungen respektiert werden. Je mehr Zugeständnisse ein Familienmitglied von anderen fordert, desto empfindlicher reagieren diese. Das sorgt für Missklang und Verdruss.

Und warum? Ist es nicht deshalb, weil jeder die Führung übernehmen will? Ist es nicht deshalb, weil jeder versucht, das Familienleben so zu arrangieren, wie er es für sich selbst haben möchte und wie er darin am meisten Anerkennung von allen anderen erhalten kann? Versucht nicht jeder unbewusst, aus dem Familienleben mehr herauszuholen, als er einzubringen bereit ist?

Unser persönliches Missempfinden, das uns aus der Ungewissheit über Hochsensibilität und Spiritualität erwachsen ist, wurde zum Schrecken innerhalb unserer Familien. Die Gesellschaft ist der Spiegel dieser doch so wichtigen, nächstgrößeren Einheit in unserer Gemeinschaft nach dem Selbst. Wir dachten bislang, dass sich alle Menschen nach dem *„schwächsten Glied“* in der Familie richten sollten. Doch wir sind zur Erkenntnis gekommen, dass sich die Familie und jeder Mensch selbst an den Wahrnehmungen des *empfindsamsten Wesens* orientieren sollte. Denn der vermeintlich Schwächste hat im Wesentlichen das größte Potenzial sozial-emotionaler Intelligenz. Weil wir das nicht befolgt und geschätzt haben, wurden eben diese Geschöpfe krank und vulnerabel. Es ist unsere Pflicht als Menschen, dass wir ihnen wieder Beachtung schenken und ihnen dabei helfen, die mit ihrem Leiden in Zusammenhang stehenden Erkenntnisse in Bezug zu bringen mit ihren bislang im Verborgenen gelegenen Begabungen. Denn ihr Wohl ist im Endeffekt das Wohl unserer Familien und unserer Gesellschaft. Wenn wir sie dazu ermutigen und alles daransetzen, wieder in Harmonie und Zufriedenheit zu leben, dann wird auch die Natur mit uns ihre Freude haben.

Das krankmachende und krankhafte Verhalten zum Stillstand zu bringen, ist nur der erste Schritt aus einer düsteren, spannungsgeladenen Atmosphäre. Ein Arzt hat das einmal so ausgedrückt:

„Jahrelanges Zusammenleben mit einem Kranken macht mit ziemlicher Sicherheit jede Ehefrau und jedes Kind neurotisch. Die ganze Familie ist bis zu einem gewissen Grad krank.“

Beim Aufbruch in ein neues Leben muss der Familie klar sein, dass sie nicht nur schönes Wetter haben wird. Jeder wird sich mal Blasen laufen und hinterherhinken. Es gibt verführerische Abkürzungen und abwärts führende Seitenpfade, die einige vielleicht einschlagen und sich dabei verirren. Das ist völlig verständlich, wenn man aus einem entrückten Zustand wieder zur Mitte zurückfinden möchte. Wir garantieren dir, dass das Licht des Regenbogens einen jeden von euch erreichen wird, wenn ihr die Regenwolken vor euch seht und die Sonne euch im Rücken scheint. Jeder einzelne Regentropfen steht für ein schicksalhaftes Ereignis in eurem Leben. Und jeder einzelne Regentropfen steht für einen Menschen, der Ähnliches erlebt hat wie jeder von euch selbst.

Wir wollen einige der Hindernisse nennen, auf die die Familie stößt. Wir wollen auch Empfehlungen äußern, wie man diese Hindernisse überwinden und sogar zum Wohle anderer umwandeln kann. Die Angehörigen eines Kranken sehnen sich danach, dass Glück und Sicherheit zu ihnen zurückkehren. Sie erinnern sich an die Zeit, als das Familienoberhaupt noch begeisterungsfähig, einfühlsam und erfolgreich war. Das heutige Leben wird an früheren Jahren gemessen, und wenn es schlechter ausfällt, könnte die Familie unglücklich sein.

Das Vertrauen der Familie in den Genesenden steigt schnell. Sie glaubt, dass die gute, alte Zeit bald zurückkommt – und verlangt, dass der einfühlsame Liebende sie sofort zurückbringt. Plötzlich glauben sie wieder, einen *„Gott"* erkannt zu haben, und meinen, dass *„Er"* ihnen die Begleichung einer längst überfälligen Rechnung schuldet. Ein fataler Trugschluss.

Auch wenn es so aussehen mag, dass *„Der Herr des*

Hauses“ Jahre damit verbracht hat, Geschäft, Liebe, Freundschaft und Gesundheit zu zerstören und dass alles nun ruiniert oder beschädigt ist: es hatte einen tieferen Sinn. Er wurde vom Opfer zum Täter. Und das vermutlich über Generationen. Es wird einige Zeit dauern, um die Trümmer zu beseitigen. Doch lass dich nicht davon fehlleiten, dass die Vorstellung von materiellem Wohlstand und die Erreichung eines persönlichen Luxus auch im Sinne der Vorsehung, sprich dem Verständnis von natürlicher Harmonie, entsprochen hat. Wenn auch die alten Gebäude nach und nach durch neue, schönere ersetzt werden, so wird das Jahre dauern. Doch der nächste Zusammenbruch ist euch gewiss vorherbestimmt, wenn ihr die Rechnung nicht im Einklang mit unserer Natur macht.

Keiner hat Vorwürfe verdient. Es mag Jahre brauchen, um aus materieller Sicht wieder auf die Beine zu kommen. Aber die anderen sollten ihm deshalb keine Vorhaltungen machen. Weniger ist in diesem Fall immer mehr. Vielleicht wird er nie mehr viel Geld haben. Aber die vernünftige Familie bewundert ihn für das, was er im Wesentlichen zu sein scheint, als für das, was er erwerben will oder an materiellen Reichtümern einbringt.

Zu dem Zeitpunkt, an dem wir diese Zeilen schreiben, ist uns völlig bewusst, dass wir den natürlichen Zustand, wie wir ihn bereits in unserem Innersten erahnen, selbst womöglich nicht mehr miterleben werden. So mag es auch sein, dass viele von uns noch ins Verderben gehen müssen. Doch eines ist gewiss: keiner von uns wird mehr dumm oder vertrauenslos dem natürlichen Lauf dieser Entwicklung entweichen müssen.

Hin und wieder wird die Familie von der Vergangenheit eingeholt. Im Leben fast aller, vor allem psychisch kranker Hochsensibler, gab es verrückte, demütigende, beschämende oder tragische Eskapaden. Vom körperlichen, seelischen, geistigen und psychischen Missbrauch bis hin zu Missbrauch, Inhaftierungen, Mord und Totschlag. Die erste Reaktion wird sein, diese Leichen im Keller zu verstecken, und die Tür zu verriegeln. Die Familie ist von der Idee besessen, dass künftiges Glück nur erreicht werden kann, indem man Vergangenes vergisst und Gras über alles Negative wachsen lässt. Wir meinen, dass diese Einstellung selbstsüchtig ist und in direktem Widerspruch steht zu unserer neuen Einstellung zum Leben.

Henry Ford hat einst die kluge Bemerkung gemacht, dass die Erfahrung den höchsten Wert im Leben darstellt. Das entspricht nur dann der Wahrheit, wenn man bereit ist, die Erfahrungen der Vergangenheit in ein Guthaben umzumünzen. Wir wachsen an unserer Bereitschaft, Fehler zu erkennen, zu berichtigen und aus ihnen Aktivposten zu machen. Wir selbst müssen wieder zu so einem Aktivposten erwachsen, indem wir uns beide Pole, das Plus und das Minus, Güte und Verstand, weibliches und männliches Prinzip in uns selbst voll und ganz bewusst werden. So wird die Vergangenheit leidgeprüfter Angehöriger zur wichtigsten Kapitalanlage für die gesamte Familie. Das ist der Anfang nach dem Ende. Der wertvollste Schatz in dieser Kapitalanlage ist unsere Veranlagung mit Spiritualität, ohne aus dem Ganzen ein einziges Nichts würde. Sie strahlt als siebter Sinn aus der Mitte unseres gesamten Sinnreichtums, der die anderen Sinne erst wieder zum Leuchten bringt.

Die schmerzliche Vergangenheit kann von unermesslichem Wert sein für andere Familien, die immer noch mit ihren Problemen ringen. Wir sind der Meinung, dass jede

Familie, die von der Last befreit worden ist, jenen gegenüber verpflichtet ist, die noch nicht so weit sind. Und wenn es die Umstände und Zustände erfordern, sollte jedes Familienmitglied nur bereit sein, frühere Fehler – auch sehr schmerzhafte – aus der Versenkung hervorzuholen. Noch Leidenden oder Gefährdeten zu zeigen, wie uns geholfen wurde, ist doch gerade das, was das Leben jetzt für uns lebenswert macht. Glauben wir an die Idee, dass die dunkle Vergangenheit in den Händen unseres neuen Bewusstseins der wertvollste Besitz ist. Unser Erwachen ist für andere der Schlüssel zu neuem Leben und für ein neues Glück. Damit können wir Tod und Elend von uns selbst und ihnen fernhalten. So können wir das Leben der Vorgeborenen und Lebendigen richten, nämlich indem wir uns selbst richten, sprich indem wir uns in die von der Natur her vorgesehene Richtung lenken.

Man kann Fehler der Vergangenheit jedoch auch so lange ans Tageslicht zerren, bis sie zu einer echten Qual für alle Beteiligten werden. Da gibt es Fälle, in denen Fremdgänger oder ihre Partner Liebesabenteuer hatten. In der ersten Begeisterung der spirituellen Erfahrung baten sie einander um Verzeihung und rückten enger zusammen. Das Wunder einer Versöhnung lag auf der Hand. Später, bei irgendeinem Streit, grub der seinerzeit Betrogene die alte Affäre aus und wirbelte den alten Staub wieder auf. Doch stellten wir bei genauerer Betrachtung nicht alle vom Wesentlichen her Abtrünnige dar?

Einige von uns hatten solche Wachstumsschmerzen und haben damit viel Schaden angerichtet. Ehepartner waren manchmal gezwungen, sich eine Zeitlang zu trennen, bis sie die Sache in einem neuen Licht sahen und der verletzte Stolz besiegt war. In den meisten Fällen überlebte der Schwerkranke diese schwere Prüfung ohne Rückfall, aber nicht immer. Wir meinen deshalb, dass man über vergangene Begebenheiten nur dann miteinander sprechen sollte, wenn es einem guten und nützlichen Zweck dient. Beispielsweise der Entwicklung sozio-emotionaler Intelligenz innerhalb der Partnerschaft oder Familie. Diesen nützlichen Zweck haben wir bereits aufgezeigt, wobei wir den wesentlichen Sinn dahinter an dieser Stelle verstärken wollen:

Die Hauptleidtragenden bei Problemen, welcher Lebensart und Verhaltensweise auch immer, sind die Kinder!

Wir in unseren Familien bemühen uns, wenige solcher Leichen im Keller zu wissen. Und wenn wir es wissen, dann verstecken wir sie nicht länger und holen sie hervor. Sie haben ein Recht darauf, mit Würde und Ansehen behandelt zu werden. Von Leichenschändung halten wir gar nichts. Jeder kennt durchwegs die Schandtaten und Fehltritte des anderen. Dies ist eine Voraussetzung, die im Alltag unsägliches Leid schaffen kann und auch schafft. Verleumderischer Klatsch, Gelächter auf Kosten anderer und eine Neigung, Vorteile aus dem intimen Wissen über andere herauszuholen, sind die Folgen daraus. In allen Bereichen unseres menschlichen Zusammenlebens wird heute mehr denn je aus den Selbst- und Fremdbeschämung Kapital geschlagen. Die weltweiten Castingshows, die Medien- und Wirtschaftszweige aller Sparten wissen viele Geschichten davon zu erzählen. Sie stehen als Sinnbild dafür, ebenso wie jeder der Zuschauer. Menschen als Akteure, die Masse als Schaulistiger, Hochsensible als Mitwirkende, andere wiederum als Protagonisten und zuletzt die Jury als Antagonisten und Scharfrichter: Willkommen am Marterpfahl des dritten Jahrtausends.

Die Schlote der Industriekonzerne dahinter laufen auf Hochtouren und kommen kaum noch damit nach, die Dinge zu produzieren, die wir zu brauchen glauben. Doch bei aller Wehmut könnten sie dadurch auch einen wesentlichen Teil zur Aufklärung über die Innenwelt des Menschen und zur Linderung der Leidensgeschichten beitragen. Und in einem gewissen Maße tun sie das auch jetzt schon.

So bemühen auch wir uns, unseren persönlichen Beitrag zur Aufklärung dieser Missverständnisse beizutragen, ohne dabei den Blick aufs Wesentliche zu verlieren. Wir sprechen lieber wieder mehr von unseren eigenen Erfahrungen, Gedanken und Gefühlen als über unsere Erfolge in Bezug auf die Erreichung persönlicher Ziele und materieller Werte. Und wenn wir dabei einmal über unsere Mitmenschen sprechen, dann achten wir dabei besonders darauf, es im Geiste von Liebe, Mitgefühl, Toleranz sowie im Sinne von Sanftmut, Wohlwollen und Güte zu tun.

Ein weiterer, von uns sorgfältig bedachter und geachteter Grundsatz ist, dass wir vertrauliche Mitteilungen eines anderen niemals weitergeben, es sei denn, wir sind uns seiner Zustimmung sicher. Egal worum es sich dabei handelt. Wir finden es aufrichtiger und heilsamer, möglichst bei unseren eigenen Geschichten zu bleiben. Wer seine Erfahrungen in Bezug auf sein eigenes Fehlverhalten preisgibt und dabei über sich selbst lachen kann, wirkt positiv auf andere Menschen.

Ebenso verhält es sich, wenn wir die Erkenntnis darüber, hochsensibel begabt zu sein, äußern und das eine oder andere Missgeschick preisgeben, dass uns in der Zeit unserer Unwissenheit zugefallen war. Es ist nicht unser Recht, einen anderen als hochsensibel zu outen oder ihn dadurch in die Bredouille zu bringen. Denn ausgelöste Kritik oder

Spott über beziehungsweise von anderen bewirken in jedem Fall das genaue Gegenteil.

Familienangehörige sollten sorgfältig auf solche Dinge achten. Vor allem dann, wenn in der Familie eine regelmäßige Aussprache vorgenommen wird. *Es ist von äußerster Wichtigkeit, sich an das Prinzip der Verschwiegenheit zu halten in Bezug auf alles, was im Meeting gegenseitig offenbart wurde.* Denn offenbaren uns beispielsweise Kinder ihre intimsten Gedanken, dann neigen Eltern dazu, das Problem ihrer Sprösslinge auch außerhalb des Meetings so rasch wie möglich zu lösen. Das ist aber übergriffig, verletzend wie auch unfair. Denn dadurch behalten wir unseren Kindern das natürliche Recht vor, ihre eigenen Erfahrungen machen zu dürfen. Wir zeigen ihnen dadurch im Wesentlichen, dass wir ihnen nicht zutrauen, selbst Entscheidung zu treffen. Lieber sollten wir sie dazu ermutigen, sich nach den Prinzipien von *„Ursache und Wirkung"* sowie *„Versuch und Irrtum"* in ihrer eigenen Geschwindigkeit zu entwickeln. Was wesentlich und wichtig ist für diese Entwicklung, ist unser Beistand und unsere wohlwollende Begleitung. Das zeigt sich, indem wir innerhalb der Aussprachen einerseits die Möglichkeit bieten, bestimmte Themen einzubringen, und andererseits den Wunsch äußern, dass jeder der Teilnehmer seine ganz persönlichen Erfahrungen aus der Ich-Perspektive eröffnet.

Jedes Kind – ebenso wie jeder andere Angehörige – darf, kann und soll hernach für sich selbst herausfinden, ob er hochsensibel oder nichthochsensibel ist. Es gibt die Introvertierten, die womöglich viele Monate oder Jahre kein einziges Wort sprechen. Vergessen wir dabei nicht, dass stille Wasser sehr tief sind. Wir dürfen unsere Kinder nicht auf Basis unserer eigenen Ängste erziehen. Eine unvorsichtige und unbedachte Bemerkung – und entweder ist der Teufel wieder heraus oder die Schnecke verkriecht sich im Schneckenhaus. Auch wenn viele von uns selbst den Weg der Krankheit gehen mussten, so ist ihr gemeinsames Hauptsymptom die Beschämung von gestern. Was heute für uns zählt, ist die Erfahrung, die wir anderen zugänglich machen wollen. Vor allem die Mehrheit der psychisch Kranken unter uns sind der Gesellschaft als empfindsame Wesen bekannt. Nutzen wir unsere Vulnerabilität dafür, um das Wort Hochsensibilität unter die Menschen zu bringen, nach dem Motto: *„Sprich nur ein Wort, und deine Seele wird gesund.“* Manche von uns brauchen lange, um über diese ernsthafte, seelische Behinderung hinauszuwachsen.

Der Vorteil aber, den die meisten psychisch Kranken durch ihre ursächliche Veranlagung mit Hochsensibilität mitbringen, ist, dass sie aufgrund ihrer Beschaffenheit schnell zu begeistern sind. Sie fallen von einem Extrem ins andere. Über die Ausprägung der High-Sensation-Seeker haben wir ja auch schon einiges erzählt. Am Anfang der Genesung schlagen sie gewöhnlich einen von zwei Wegen ein. Entweder stürzen sie sich kopfüber in ihren Beruf, um wieder auf die Füße zu kommen, oder sie sind von ihrem neuen Leben so gefesselt, dass sie kaum noch an etwas anderes denken und kaum noch von etwas anderem reden. Wissen wird sozusagen zur Ersatzdroge. Das gibt zwangsläufig Ärger in allen Bereichen des Lebens. Jeder von uns kann davon ein Lied singen.

Wir meinen, es ist gefährlich, wenn sich der frisch entpuppte Hochsensible Hals über Kopf auf die vermeintliche Lösung seiner wirtschaftlichen, familiären, geschäftlichen und gesellschaftlichen Probleme stürzt. Denn davon wird auch wieder die Familie berührt. Zuerst womöglich angenehm, weil sie merkt, dass sich die finanziellen Schwierigkeiten langsam lösen; dann weniger angenehm, weil sie sich vernachlässigt fühlt. Im Falle einer vormals suchtkranken High-Sensation-Seeker-*Vaterfigur (m, w, d)* ist der Betroffene durch ein solches Leben tagsüber ganz in Anspruch genommen und abends hundemüde. Oder er gibt überhaupt eine Woche Vollgas, und dann liegt er wieder eine ganze Zeit darnieder. Er zeigt wenig Interesse an den Kindern und reagiert ärgerlich, wenn man ihm deshalb Vorwürfe macht. Wenn er nicht gerade gereizt ist, wirkt er träge und langweilig, überhaupt nicht fröhlich und liebevoll, wie ihn die Familie gerne haben möchte. Die anderen beginnen damit, seine Unaufmerksamkeit zu beklagen – und alle sind enttäuscht und lassen es ihn spüren. Durch solche Vorhaltungen wird eine neue, altbekannte Barriere gegen das wirkliche Seelenleid des Betroffenen aufgebaut. Er macht jede Anstrengung, um die verlorene Zeit aufzuholen. Er versucht verzweifelt, Wohlstand und Ruf wiederherzustellen und gibt nach eigener Meinung sein Bestes. Perfektionismus als Fahrstuhl ins Burn-out ist den meisten von uns nur zu gut bekannt.

Die anderen Familienmitglieder denken da manchmal ganz anders. Vernachlässigt und schlecht behandelt in der Vergangenheit meinen sie, dass der *Vater (m, w, d)* ihnen mehr schuldet, als sie bekommen. Sie möchten, dass er mehr Aufhebens um sie macht. Sie erwarten von ihm, dass er ihnen das Leben bietet, das sie hatten, bevor er seinen Zusammenbruch hatte. Er soll auch Reue zeigen für das, was er ihnen angetan hat. Aber von Vater kommt nichts. Die Verstimmung wächst. Er wird immer verschlossener. Oft geht er wegen Kleinigkeiten in die Kiste oder dann wieder mal gleich in die Luft. Sie kritisieren ihn und werfen ihm vor, dass er sein spirituelles Programm vernachlässigt. Der Familie war das bislang ein Rätsel, heute sind wir einsichtiger.

Das alles kann vermieden werden, doch nicht allein aufgrund unserer neuen Erkenntnisse und unseres dahingehenden Bewusstseins.

Alle haben einander missverstanden, obwohl jeder seine Rechtfertigung haben mag. Streit führt zu nichts und macht die Sache nur noch schlimmer. Die Familie muss sich in solchen Lebenssituationen wieder völlig klar darüber werden, dass es eben einmal zwischen Hochsensiblen und Nichthochsensiblen typische Unterschiede gibt, die von Introvertierten, Extravertierten, High-Sensation-Seekern, Scannern über Anpassungskünstler und Kopierer hin bis zu Empathen, Altruisten oder sonst einer Hauptneigung im Spektrum der Sensibilität reichen. Wir sind zur Erkenntnis gelangt, dass ein sehr minimaler Grad im Extrembeispiel der Alexithymie zu finden ist. Im Gegensatz dazu als Beispiele maximal ausgeprägter Hochsensibilität dienen uns Persönlichkeiten wie der Dalai Lama, Jesus von Nazareth oder Siddhartha Gautama zur Veranschaulichung. Für die meisten von uns genügt jedoch der Leitspruch: „Gut ist dabei gut genug.“ Tägliche Übung macht dabei den Meister.

Wir dürfen dabei lernen, die Eigenschaften von Hochsensibilität und die mit Spiritualität verbundenen Werte als Heilmittel in unsere Familien und in unsere Gesellschaft einzubringen. Uns muss bewusst sein, dass falsch gelebte Hochsensibilität ebenso Folgen nach sich zieht wie die völlige Unwissenheit darüber. Und bis sich der begabte Mensch selbst als natürliche Schutzeinrichtung und Alarmanlage der Gesamtschöpfung erkannt hat, sich seiner Funktion bewusst geworden ist und ein dementsprechendes Leben lebt, kann das einige Zeit dauern. Selbstjustierung weicht dem Drang nach Selbstjustiz.

Es mag sein, dass Betroffene aus Sicht der heutigen Gesellschaft schon sehr erstaunliche Fortschritte machen, aber wir dürfen dabei nicht vergessen, dass womöglich die gesamte Gesellschaft an einem Zustand geistiger und seelischer Umnachtung leidet. Wir wollen mit dieser Aussage niemanden brüskieren oder diffamieren. Wir sprechen hier lediglich über unsere Wahrnehmung, die auf den Erfahrungen leidgeprüfter, hochsensibler Menschen gründet. Wir selbst sind noch immer auf dem Weg der Genesung, und wie bereits an anderer Stelle erwähnt, sind wir bei *„Gott“* noch keine Heiligen. Wir alle sollten einfach dankbar sein, dass es diese globale Entwicklung und all diese Menschen gibt und dass sie sich bemühen, dass wir alle wieder in diese Welt passen. Wir alle sollten die Entwicklung eines jeden Einzelnen von uns würdigen und niemals vergessen, dass durch das Leiden der Betroffenen uns allen zwar vielerlei Schaden entstanden ist, dieser Schaden jedoch nur als Sinnbild dafür steht, was wir in der Vergangenheit mit der menschlichen Natur im Wesentlichen angestellt haben. Diese Schäden können nicht so schnell, wie wir das womöglich gerne hätten, behoben werden. Darum nennt man den Prozess der Wiedererlangung von Gesundheit auch Genesung oder Regeneration. Wobei es sein mag, dass wir eines Tages eines viel Besseren belehrt werden. So bleibt uns die Hoffnung, dass dieser eine Tag schon bald kommen mag, und bekanntlich stirbt die Hoffnung ja zuletzt.

Bis dahin erweist sich für uns jedenfalls jeder Tag aufs Neue als Möglichkeit, aus unserem Dornröschen-Schlaf zu erwachen und durch Bewusstwerdung den Tag, der sozusagen zur Nacht wurde, seiner eigentlichen Bestimmung nach in vollem Wachbewusstsein zu leben. Wenn du selbst ein Gespür für dein Feingefühl und für hochsensible Menschen entwickelst, dann wirst du auch die zeitweilige Verschrobenheit des anderen, seine Niedergeschlagenheit oder seine Gleichgültigkeit, nicht länger als Hirngespinst vernehmen, wobei diese Anwandlungen ohnehin verschwinden werden, wenn an ihre Stelle Toleranz, Liebe und spirituelles Verständnis treten.

Obwohl viele von uns sich im Laufe der Zeit wirtschaftlich erholten, mussten sie erkennen, dass Geld nicht an erster Stelle stehen kann. Für uns kam ab dem Zeitpunkt geistiger Bewusstwerdung der Fortschritt materiellen Wohlstandes immer nach der Entwicklung unseres spirituellen Potenzials, nie umgekehrt. So möchten wir all jenen als Hoffnungsschimmer leuchten, die es uns gleichtun möchten und die aus der Entwicklung von Hochsensibilität die Entfaltung ihrer Spiritualität gewahren, dem wesentlichen Sinn und Zweck nach als von materiellen Gütern unabhängig. Und als Kinder dieser Schöpfung haben wir alle eines gemeinsam: Wir alle sind als Menschen auf diese Welt gekommen. Als Babys wurden wir gefeiert und zur Freude aller bejubelt. Doch jene von uns, die sich nach und nach als Hochsensible und Spirituelle zu entpuppen begannen, wurden geächtet und von den bestehenden Machtsystemen, ganz gleich ob von weltlicher oder geistlicher Art, zum Scheitern verurteilt. Und das verhält sich im Kleinen ebenso wie im Großen, in der Familie wie innerhalb der Gesellschaft, und natürlicherweise auch umgekehrt.

Wir hoffen, dass durch die Veröffentlichung dieses Buches derart menschenunwürdige und naturverachtende Verhaltensmuster ein für alle Mal ein Ende nehmen. Und wir Hochsensiblen können dann endlich einmal damit aufhören, die Highlander oder Terminatoren zu spielen, mit dem Anspruch, dass es nur einen geben könne. Wir alle – ob Hochsensible oder Nichthochsensible – haben die Pflicht, im Sinne der Schöpfung zusammenzuwirken und uns als Gemeinschaft darüber einig zu werden, in welche Richtung es aus Sicht der Natur sinnvoll und zweckmäßig ist, weiterzugehen. Und immerhin hat nach jetzigem Wissensstand eine jede Familie so ihren persönlichen Jesus, ihr Unschuldslamm, ihr schwarzes Schaf, ihren Sündenbock, ihren Schwarzmaler, ihren Schamanen, ihre Hexe oder sonst einen Menschen, wie auch immer ihr einen solchen in eurer Mitte benennen mögt, in unseren Worten: ihren Hochsensiblen. Drängen wir sie nicht länger an den Rand unserer Gesellschaft und Familien, sondern versammeln wir uns um sie und hören wir an, was sie zu sagen haben.

So liegt es jetzt auch an allen Hochsensiblen in den führenden Rängen und ersten Reihen, keinen einzigen Tag länger unwissende Menschen, in Reihe und Glied geordnet, zum Selbstschutz vorzuschieben. Durch diese Art von Demoralisierung haben sich die Krisenherde in jeden Bereich der Gesellschaft verlagert, in erster Linie in die Familien.

Und so gleicht unsere gesamte westliche Gesellschaft mittlerweile einem solchen Krisenherd. Wir haben uns untereinander zu verständigen und die Missstände dieses kollektiven Unbewusstseins aufzuklären. Sinnbildlich für den Zustand höchstmöglicher natürlicher Harmonie, den wir durch das beschriebene Vorgehen zu erreichen können glauben, steht für uns das Symbol der *„Blume des Lebens“. Ihre Schönheit und ihr Anblick sollen uns von* *nun an das Ziel unserer gemeinsamen Reise im Zentrum unseres Selbst in momentane Erinnerung rufen.*

Weil dadurch das Familienleben mehr noch als der Einzelne unter dem vermeintlichen Fluch dieser wundervollen Begabung gelitten hat, ist es angezeigt, dass sich ein geläuterter Mensch nach erfolgter Bewusstwerdung besonders bemüht, wieder gesund zu werden. Vor allem die Männer unter uns sind jetzt gefragt, wieder Güte, Sanftmut und Mitgefühl walten zu lassen. Ein starker Mann zeigt seine Hochsensibilität. Das tut er nicht, indem er glänzende Luxuskarossen fährt, mit Privatjets herumfliegt, Milliarden von Dollars scheffelt oder für andere umschichtet oder aber seine Partner mit Jüngeren betrügt, sondern indem er die Eigenschaften seiner Hochsensibilität als Zeichen von Dankbarkeit gegenüber der Schöpfung und ihren Wundern lebt. Er kommt in keiner Richtung weiter, wenn er nur dafür sorgt, dass unter seinem eigenen Dach Sanftmut, Eigenverantwortlichkeit, Mitgefühl und Liebe *herrschen*. Wirklichen Reichtum wird er empfinden, wenn er die Spiritualität als Geschenk und Sinnesgabe der Natur schätzen lernt und sie demnach auch zu ihrem Schutz einsetzt.

Wir wissen, dass es schwierige Partner und Angehörige gibt. Und wenn wir, wie oben erwähnt, davon ausgehen, dass die Bezeichnungen *„Mann“* und *„Frau“* lediglich symbolische Wirkung haben, dann wird dir klar, wie heutzutage diese Rollen unter den verschiedensten Geschlechtern verteilt sind. Und da gibt es Männer, die sich albern aufführen. Frauen, die den Kerl heraushängen lassen. Diverse, die die längste Zeit ihres Lebens darüber verzweifelt waren, ob sie Mann oder Frau oder beides sind. An dieser Stelle bitte wir dich einfach, dich in der jeweiligen Rolle wiederzufinden, umgemünzt auf die konkreten Verhältnisse in eurem Familiensystem, ganz gleich ob du aus geschlechtlicher Sicht Mann, Frau oder ein Diverser bist. Dabei vergiss bitte auch nicht den Abgleich mit der jeweiligen Herkunftsfamilie. *Und für alle Menschen, die sich an dieser Stelle bemüßigt sehen, andere wegen ihrer Lebenseinstellung oder Geschlechteridentität zu kritisieren:* ihnen sei vor Augen geführt, dass das Erscheinungsbild von Sinnverlust die seltsamsten Formen annimmt. Doch dies begründet sich niemals auf Charakter- oder Willensschwäche, sondern ist im Großen stets als Versuch der Schöpfung anzuerkennen, die sich dadurch freie Entwicklung und Entfaltung verspricht. Und wir sind der Meinung, dass es immer noch besser ist, wenn ein Kind bei liebevollen und mitfühlenden Pflegeeltern aufwächst, wenn auch gleichen Geschlechts, als bei uneinsichtigen und gewalttätigen Leuten.

Der Teil, der eine akute Krankheit überwinden und seine Regeneration bewirken will, sollte daran denken, wie viel er dazu beigetragen hat, dass seine Familie und die einzelnen Mitglieder so geworden sind.

Wenn jedes Mitglied einer Familie, in der noch solche Spannungen bestehen, eigene Fehler einsieht und sie anderen gegenüber zugibt, besteht die Grundlage für eine hilfreiche Aussprache. Diese Familiengespräche werden dann konstruktiv sein, wenn sie ohne hitzige Argumente, ohne Selbstmitleid, Selbstgerechtigkeit oder gereizte Kritik geführt werden. Nach und nach werden Mütter, Väter und Kinder einsehen, dass sie zu viel verlangen, und das Oberhaupt wird erkennen, dass es zu wenig von sozial-emotionaler Intelligenz geschenkt und sich selbstdarstellerisch und intellektuell über andere gestellt hat. Die Zeit ist reif für Zärtlichkeit. Es ist Zeit, dass wir uns alle auf die gleiche Augenhöhe begeben. Das Prinzip ausgleichender Gerechtigkeit soll uns hier als oberstes Gebot dienen, im Sinne eines Naturrechtes eines universell gültigen Ordnungsprinzips. Und wie durchgängig in diesem Buch erwähnt, möchtest du auch in diesem Bereich nach deiner ureigenen Empfindsamkeit und nicht nach irgendwelchen *Gepflogenheiten* irgendeiner Verbindung oder Vereinigung agieren. Es ist von wesentlicher Bedeutung für uns alle, dass jeder Einzelne sich seiner eigenen Einheit wieder bewusst wird und dazu keine Mitstreiter oder die Beziehung zu irgendwelchen anderen Verbindungen braucht. Ebenso wenig wie zu unserem Verein. Alles, was wir in unserem Leben nicht von selbst herauszufinden bereit sind, macht wenig Sinn, es mit anderen weiterzuverfolgen. Denn im Endeffekt macht es uns einfach nur wieder von irgendwelchen Personen, Menschen, Machenschaften oder Glaubenskonstruktionen abhängig.

Nehmen wir einmal an, dass einer von euch am Tiefpunkt eine aufwühlende spirituelle Erfahrung gemacht hat. Bezeichnen wir solcherlei Erfahrung an dieser Stelle einmal als *Psychose*, besser bekannt auch als das *Jerusalem-Syndrom*. Über Nacht ist er ein anderer Mensch geworden. Er wurde ein religiöser Schwärmer. Nichts anderes interessiert ihn mehr. Sobald es eine Selbstverständlichkeit geworden ist, dass er – im Falle eines Alkoholikers – nichts mehr trinkt, wird die Familie zuerst mit Besorgnis, später mit Entrüstung auf ihren seltsamen, neuen Vater schauen. Morgens, mittags und abends dreht sich das Gespräch nur noch um religiöse Dinge und irgendwelche Weltanschauungen, die für einen als *„normal“* bezeichneten Menschen einfach nicht nachvollziehbar sind. Vielleicht verlangt er sogar, dass auch die Familie *„Gott“* im Schnellverfahren findet. Oder er begegnet der Familie mit einer erstaunlichen Gleichgültigkeit und meint, er stünde nun über den weltlichen Dingen. Er mag auch jener Person, die die Mutterrolle übernommen hat, die ihr Leben lang gläubig war, vorwerfen, sie hätte keine Ahnung davon, worum es im Eigentlichen geht. Sie sollte sich seiner Meinung nach, solange es noch Zeit ist, seine Art von Religion verschaffen. Hier gilt es nur eines: das Eigentliche, sprich die Religiosität, vom Wesentlichen, also von Spiritualität, zu unterscheiden. Wenn ein Suchtmittel oder -verhalten wegfällt, rutschen viele der Betroffenen, vor allem Hochsensible mit äußerster Graduierung, in psychotische Zustände. Das ist ein Schutzmechanismus des Organismus, um den Betroffenen vor weiteren seelischen Verletzungen zu schützen, an Stelle des zuvor eingesetzten Suchtmittels oder -verhaltens als Schutzbarriere.

Wenn der Vater diesen Weg einschlägt, kann es sein, dass die Familie ungnädig reagiert. Vielleicht ist sie eifersüchtig auf einen *„Gott“*, der ihnen Vaters Zuneigung gestohlen hat. Obwohl die Angehörigen dankbar sind, dass er nicht mehr trinkt, gefällt ihnen der Gedanke nicht, dass der *„Gott“* irgendeiner Religion das Wunder vollbracht hat, wo sie selbst versagten und kläglich scheiterten. Oft vergessen sie, dass menschliche Hilfe Vater nicht mehr erreichen konnte. Sie können nicht begreifen, warum ihre Liebe und Zuneigung ihm nicht helfen konnte. Sie finden, Vater ist gar nicht so fromm, wie er tut. Wenn er die Fehler der Vergangenheit wirklich gutmachen will, warum kümmert er sich um jeden in der Welt, nur nicht um seine eigene Familie? Was soll sein Gerede, dass „Gott“ sich ihrer annehmen werde? Sie vermuten: *„Jetzt ist er schon völlig übergeschnappt!“*

So verrückt, wie sie glauben, ist er gar nicht. Es ist einfach der natürliche Ausgleich der Waage. Deshalb sind auch das Empfinden und die Ahnung der anderen nicht von sehr weit hergeholt. Das Maß der goldenen Mitte gilt es hier zu durchschauen. *Man beachte dabei einfach, dass Religiosität nicht länger mit Spiritualität zu verwechseln ist*. Jene von uns, die in erster Linie mit einer Sucht aufhören wollen und Spiritualität noch nicht bewusst und verstandesgemäß als Sinnesorgan begreifen konnten, haben sehr ähnliche Höhen- und Tiefenflüge mitgemacht und erfolgreich hinter sich gebracht. Wir haben beinahe wie in *religiöser Trunkenheit* geschwelgt. Uns ging es wie einem ausgehungerten Goldgräber, der nach seinem letzten Bissen Brot den Gürtel noch enger geschnallt hatte und der nun auf eine Goldader gestoßen ist. Die Freude darüber, dass lebenslanger Misserfolg nun ein Ende hatte, kannte keine Grenzen.

Vater ist überzeugt davon, dass er noch etwas viel Besseres als Gold gefunden hat. Eine Zeitlang mag er versuchen, den Schatz ganz für sich zu behalten. Vielleicht sieht er nicht gleich ein, dass er durch seinen religiösen Wahn erst die Oberfläche einer unendlichen Goldader angekratzt hat. Und auch wenn wir es dir und allen anderen Menschen durch dieses Buch einfacher und begreiflicher machen, als je zuvor es irgendjemand zu vollbringen vermochte: *Bewusstsein über den eigenen Sinnreichtum bringt dem Einzelnen erst dann Ertrag, wenn er sein Leben lang einsieht und bereitwillig all jenes, was er in dieser Ader findet, weiterschenkt*. Den Nüchternen gehört die Zukunft. Zustände wie der oben beschriebene sind nur eine weitere Station auf dem Weg eines jeden Menschen zu sich selbst. Und heilen kann nur, was fließt. Alles ist Schwingung. Durch die Arbeit im Programm änderst du deine Schwingung, und dadurch änderst du das Leben. Also dürfen und sollen wir uns auch in solchen Phasen unseres Lebens wohlwollend und verständnisvoll bemühen, dem anderen beizustehen. Wobei es immer gilt, je nach Entwicklung aller Beteiligten, eine gesunde Distanz zu wahren. Nicht durch Verschlossenheit, sondern vielmehr durch das passende Eingeständnis.

Wenn die Familie mitzieht, wird Vater bald merken, dass seine Weltsicht und seine Wertvorstellungen verzerrt sind. Er wird einsehen, dass seine religiösen Auswüchse nur in eine Richtung führen, nämlich in die Richtung spirituellen Gewahrseins. Für einen Durchschnittsmann wie ihn ist ein spirituell orientiertes Leben, das nicht auch die Verpflichtungen gegenüber seiner Familie einschließt, gar nicht so vollkommen. Wenn die Familie erkennt, dass Vaters derzeitiges Benehmen nur eine Entwicklungsphase ist, wird alles gut werden. Inmitten einer verständnisvollen und einfühlsamen Familie wird Vater schnell aus den Kinderschuhen seiner spirituellen Entwicklung herauswachsen. Wobei es noch immer besser ist, vorerst Sicherheit in religiösen Verhältnissen zu finden, jedoch im erwachten Bewusstsein darüber, dass die jeweilige Religion lediglich als Vorkehrung eines sinnvollen Entwicklungsprozesses auf dem Weg zu natürlicher Entfaltung dient. Das ist immer noch zweckdienlicher, als wenn er im Siechtum des Alkoholismus wieder zu trinken beginnt oder andere Dummheiten begeht. So wollen einige von uns in den unterschiedlichsten Weltreligionen, Glaubensrichtungen, Therapiezentren und Psychiatrien die Wartehallen für spirituell veranlagte Hochsensible erkannt haben, durch deren Tore sie hernach, durch neues Bewusstseins, die universelle Weltordnung einsehen dürfen, mit dem Sinn und Zweck, als Erwachte den noch Schlafenden den Weg zu weisen. Wenn ihr das selbst einmal verstanden habt, dann wird er sich benehmen wie ein Lämmchen, und er wird die Ruhe in Person sein, gleich einem Leuchtturm, in dessen Licht der Seefahrer einen Orientierungspunkt zu erkennen versucht. Mit dem einzigen Unterschied, dass wir durch dieses Buch einem jeden Seefahrer klar aufzeigen wollen, dass es gilt, das Licht der eigenen Spiritualität wieder als Orientierungspunkt in sich selbst zu finden.

Sollte die Familie den Besagten dennoch verurteilen und kritisieren, könnte das genaue Gegenteil eintreten. Vater könnte das Gefühl haben, durch sein Trinken jahrelang bei jeder Meinungsverschiedenheit den Kürzeren gezogen zu haben. Jetzt aber – so denkt er – sei er mit *„Gott“* an seiner Seite der Überlegene. Falls die Familie weiter kritisiert, könnte sich dieser Trugschluss des Vaters noch mehr verhärten. Anstatt die Familie zu behandeln, wie er sollte, zieht er sich weiter in sich zurück. Er empfindet, er habe eine religiöse Rechtfertigung, so zu handeln. Dann scheint es leider so zu sein, dass ihm Spiritualität als genetisch bedingtes Sinnesorgan noch nicht gänzlich eingeleuchtet ist. Setzt euch damit täglich auseinander, und ihr werdet sehen, dass irgendwann der Moment kommt, wo ihr dieses *Wow-Empfinden* erleben werdet. Und dann werdet ihr sagen: *„Mein Gott, jetzt hat er's!“*

Solange das nicht geschieht, ist der Betroffene zwar schon auf einem guten Weg, doch noch immer bis zu einem gewissen Grad der *„wunde Punkt“*. Hochsensibilität und Spiritualität sind noch nicht zu jener sinnvollen Kraft erwachsen, als welche sie uns durch die Macht der Natur mit in die Wiege gelegt wurden. Daher solltet ihr, obwohl ihr als Familie mit den spirituellen Aktivitäten eures Vaters nicht ganz einverstanden seid, ihm ruhig seinen eigenen *„Kopf“* lassen. Ein starker Wille braucht eben Zeit, um sich mit Sanftmut auf gleiche Augenhöhe zu begeben. Weist ihn einfach auf Folgendes hin:

Wer mit dem Kopf durch die Wand möchte, sollte sich immer fragen, was er in dem Raum, in den er vordringen will, zu finden glaubt.

Wenn ihr es gut mit ihm meint, weist ihm den Weg zur Tür, indem ihr ihm dieses Buch zu lesen gebt. Bitte vergesst dabei nicht, wie schon einige Male von uns erwähnt: vor allem Männer haben es sehr schwer, ihren Intellekt auf gleiche Höhe mit ihrer Güte, ihre Männlichkeit auf Höhe ihrer Weiblichkeit zu bringen. Selbst wenn er seine Familie bis zu einem gewissen Grad vernachlässigt und ihr gegenüber teilweise verantwortungslos handelt, sollte man ihn trotzdem seinen eigenen Weg finden lassen. In der ersten Zeit seiner Genesung festigt das mehr als alles andere seine Einstellung. Obwohl einige seiner Äußerungen beunruhigend und unangenehm sind, glauben wir doch, dass Vater auf einem festeren Fundament steht als der Mann, der Geschäft und beruflichen Erfolg vor seine spirituelle Entwicklung stellt. Er wird wohl kaum wieder eine Kehrtwendung machen. Und alles, was er macht, um zu seiner Spiritualität vorzudringen, ist besser als ein Rückfall in selbst- oder fremdschädigendes Verhalten.

Diejenigen von uns, die viel Zeit in einer spirituellen Scheinwelt verbracht haben, merkten schließlich, dass das lediglich die Vorkehrung vor dem eigentlichen Hausputz war. Wir verstehen es als eine Form Kinderkrippe, in der wir die ersten spirituellen Gehversuche wagen durften. Diese Art Traumwelt ist durch Spiritualität als Sinn der

Wirklichkeit ersetzt worden, begleitet von einem wachsenden Bewusstsein um die *„Macht Gottes“* in unserem Leben. Wir kamen zu dem Glauben, insofern es einen *„Gott“* gibt, dass *„Er“* unsere Köpfe über den Wolken bei *„Ihm“* wissen möchte, dass wir mit unseren Füßen dabei fest auf der Erde stehen sollen. Diese Basis zu erreichen, ja genau dort steht ihr und eure Angehörigen als unsere Weggefährten. Und genau durch dieses Tagewerk muss unsere Pflicht auf Erden als Menschen erfüllt werden. Für uns sind das die Realitäten. Für uns besteht kein Widerspruch mehr zwischen einer machtvollen, spirituellen Erfahrung und einem Leben in gesunder, naturnaher und glücklicher Weltlichkeit. Ob die Angehörigen ein spirituelles Programm akzeptieren oder nicht – der Spirituelle muss es, wenn er genesen will. Tut er es nicht und kommt er vom Spirit ab, wird er bald wieder zum Spiritus greifen, um ihm selbst und uns hernach aufzuzeigen, *„wo Gott wohnt“*, klarerweise nur für den Fall, dass wir ihn nicht von selbst bereit sind zu finden. Die anderen müssen von seiner Veranlagung überzeugt sein, ohne den geringsten Schatten eines Zweifels. Wir müssen die feuerspeienden Drachen vor uns auf den Boden werfen, wenn wir als Menschheit genesen wollen. Den Anfang machen wir bei uns selbst und in unseren Familien. Glauben heißt für die meisten Familien, die mit einem Abtrünnigen gelebt haben, erst zu sehen und dann zu glauben. An dieser Stelle möchten wir unsere Sichtweise wie folgt erörtern, angelehnt an die oben erwähnte Sichtweise.

Das Geheimnis der Macht liegt in der Spiritualität des Menschen. Hochsensibilität dient lediglich als sinnvoller und zweckmäßiger Schutzfilter des Organismus. Unsere Empfindsamkeit ist der Wahrnehmungskanal, damit der einzelne Mensch das Zentrum seiner Spiritualität einfacher orten kann. Das gegenständliche Programm möchte dir den Weg dorthin schrittweise ermöglichen. Unsere Spiritualität ist der Sinn, durch den wir erst die Komplexität unseres willentlichen Verstandes, unserer Innenwelt und all unseres Sinnreichtums zu durchschauen vermögen. Sie ist wie eine Spirale im Zentrum unseres Daseins, die den direkten Draht zur Schöpfung in uns selbst darstellt.

Durch diesen Sinn erst wird es uns von Natur aus möglich, die Probleme und das Chaos auf der Welt als Umstände anzuerkennen, die sich erst aus dem ihm entgegengesetzten Denken, Handeln und Fühlen ergeben haben. Und weil wir immer eindringlicher fühlen mussten, was wir mit unserer Natur anrichten, nachdem wir mit unseren physiologischen Sinnen nicht „hören“ wollten, wurden viele von uns mit Hochsensibilität ausgestattet.

Ob *„Gott“* oder *„Teufel“*, ob *„Frau“* oder *„Mann“*, ob *„Gut“* oder *„Böse“*, ob *„Links“* oder *„Rechts“*, ob *„Christ“* oder *„Muslime“*, ob *„Hindu“* oder *„Buddhist“*, ob *„Oben“* oder *„Unten“*, ob *„Vorne“* oder *„Hinten“*, ob *„Norden“*, *„Süden“*, *„Westen“* oder *„Osten“*:

Das Durchwandern dieser Schwarz-Weiß-Malerei, dieses Alles-oder-nichts-Denkens, dieser Tag-Nacht-Wanderung zwischen Licht und Dunkel war und ist erforderlich – *für jeden von uns* –, damit wir das Chaos und die daraus erwachsenen Grausamkeiten innerweltlich einsehen können. Die Nebel und Schatten lichten sich, und erst jetzt vermögen wir die volle Farbenpracht und die Artenvielfalt des Lebens zu erkennen und schätzen zu lernen.

So durften wir auf unserem Weg über den Regenbogen das *„Reich Gottes“* erreichen, dass sich von nun *„Macht der natürlichen Schöpfung“* durch Hochsensibilität und

Spiritualität als der Himmel auf Erden erschließt. In den Tiefen unseres Selbst haben wir es zu empfinden gelernt. Diesen Zustand, einmal erreicht, sollen wir dort nicht wie Borderliner manisch vor uns dahinschwelgen, sondern wachbewusst erkennen, was uns überhaupt erst in diese Zustände versetzt hat.

Jedem Einzelnen von uns wurde bewusst, dass, ob wir uns im Himmel oder in der Hölle zu befinden glaubten, darin keine geografischen Orte zu begreifen waren. Sie waren erst zu Umständen auf Erden geworden, weil sich dadurch erst unsere inneren Zustände von Himmel und Hölle, von Gut und Böse, von Gott und Teufel sichtbar machen konnten. All diese Umstände sind sichtbare, augenscheinliche und fassbare Zeichen und Auswirkungen der im Wesentlichen unfassbaren, aussichtslosen und unglaublichen Widrigkeiten in uns selbst.

Auf unserem Weg von der Erde über die Hölle im Himmel angekommen, haben wir erkennen müssen, dass es nun gilt, auf direktem Weg auf die Erde zurückzukehren, auf den Boden der Realität zu kommen, um auf diesem wundervollen Planeten, wo und wann auch immer es nur geht, mitzuhelfen, diese chaotischen Zustände in Ordnung zu bringen. *Den Anfang kann und hat jeder von uns bei sich selbst zu machen, indem er die innere Unordnung einzusehen und seine Spiritualität abseits jedes Religions-, Glaubens- oder Volkskultes als sinnvolles Geschenk einer natürlichen Schöpfung zu begreifen lernt.* Seine Veranlagung mit Hochsensibilität hat er dafür einzusetzen, um der Natur in selbstwirksamer Weise dabei zu helfen, sich zu regenerieren. Sowohl der inneren wie der äußeren Natur.

Daraus resultierend haben wir demütig erkennen dürfen, dass alle bisherigen Versuche heuristisch inszenierter

Maßnahmen von Psychohygiene uns genau an jene Stelle gebracht haben, wo wir uns heute eingefunden haben. Unsere Erkenntnisse über die Auswüchse mangelnder Seelenhygiene, die uns geplagt haben, durften wir deuten und für uns selbst in naturbewusstes und vernünftiges Handeln umwandeln.

Dadurch erst wurde der Einzelne wieder Herr seiner Sinne und vermag hernach in vollem Bewusstsein, nach bestem Wissen und Gewissen, sowie aus reinstem Herzen, zu sich selbst zu sagen: *„Willkommen daheim. Hier bin ich Mensch. Hier schau ich rein.“*

Ob die Angehörigen derlei spirituelle Überzeugungen haben oder nicht, sie tun gut daran, sich die Grundsätze genauer anzusehen, nach denen der Leidgeprüfte zu leben versucht. So kann es auch vorkommen, dass die Angehörigen in vielen Fällen diesen einfachen Grundsätzen eher zustimmen und folgen können, auch wenn das Familienoberhaupt sich noch etwas schwertut, sie zu praktizieren. Nichts wird dem Betreffenden, der von dem spirituellen Weg abgekommen ist, so viel helfen wie eine Familie, die ein spirituelles Programm annimmt und einen besseren, praktischen Gebrauch davon macht. Es ist zwar seltsam, dass die Leidgeprüftesten oftmals am wenigsten Einsicht zeigen, doch sie mussten ja auch sehr viel Leid ertragen. *Schenken wir ihnen die gemeinsame Zeit.*

So wird es bestimmt weitere tiefreichende Änderungen in der Familie geben. Die Krankheit hat den Vater für viele Jahre so untüchtig gemacht, dass Mutter das Oberhaupt im Haus wurde. Tapfer übernahm sie diese Verpflichtungen. Die Umstände zwangen sie oft, den Vater wie ein krankes und widerspenstiges Kind zu behandeln. Selbst wenn er mal sein Recht behaupten wollte, so gelang ihm das nicht, seine Gebärden setzten ihn ständig ins Unrecht. Mutter plante alles und gab die Anweisungen. Wenn er dann doch einmal kurzzeitig fast wie *„normal“* war, gehorchte Vater für gewöhnlich. So gewöhnte sich Mutter ohne eigenes Zutun daran, dass sie in der Familie die Führungsrolle innehatte. Und wie schon erwähnt, hat dieses Fortschreiten einer sozial-emotional nachlässigen Gesellschaft bereits unsere Jüngsten eingeholt, die dann oftmals die Vater- und oder Mutterrollen übernehmen müssen.

So kommt es im Heilungsprozess zu Phasen, im Glauben zu neuem Leben erwacht zu sein, dass der Betroffene plötzlich anfängt, sich selbst zu behaupten. Das bringt Ärger, der vermieden werden kann, wenn in der Familie jeder jedem seinen Freiraum lässt. Du wirst dabei erkennen, dass hier über viele Jahre und Generationen hinweg die Unterdrückung der Frau dem genauen Gegenteil weichen musste. Ja, so ist das mit der Natur im Menschen. Dort, wo Sinnreichtum verlorengeht, werden wir oftmals über Generationen hinweg dazu aufgerufen, von uns selbst aus umzukehren. Die Natur misst da in völlig anderen Einheiten und Verhältnissen und mag daher auf uns Menschen manchmal sehr kalt und unsensibel wirken. Doch dem ist nicht so. Wir hatten sehr viele Möglichkeiten, unser bisheriges Fehlverhalten einzustellen. Wir sind zur Ansicht gekommen, dass die Natur lediglich reagiert. Wenn wir es jetzt noch immer nicht einsehen wollen und wir als Gemeinschaft die Meinung vertreten, dass wir der Natur unseren Willen aufzwingen müssen, dann begnadigt uns auch kein „Gott“ mehr. Wer versucht, die Natur zu isolieren, wird immer eines Besseren belehrt.

So kommt es als sinnbildliches Zeichen des oben Erwähnten in den besten Familien vor, dass die Krankheit die meisten Familien von der Außenwelt isoliert. Sozusagen schottet sich der Hochsensible von den übermäßigen Reizen seiner schädigenden Umwelt ab. Wir können das wieder mit dem Bild eines Sturmes vergleichen. Wenn wir uns bewusst darüber sind, in welche Höhen uns der Wind steigen lassen kann, dann werden wir alles dafür tun, um ihn als Naturgewalt für unerreichbare Empfindungen zu nutzen. Erwischt uns der Sturm jedoch zur falschen Zeit am falschen Ort, werden uns die Trümmer nur so um die Ohren fliegen, oder wir gehen gleich im Meer der Reizüberflutung unter. Je weniger Unrat, desto gesünder und eindringlicher das Erlebnis.

Menschen in länger andauernden Phasen psychischer Krankheit als Folge seelischer Störungen neigen dazu, jegliche Interessen zu verlieren – Vereine, Bürgerpflichten, Sport. Heute wissen wir, dass Suchtfolgeerkrankungen die Gründe dafür sein können. Doch auch wenn du jetzt an dieser Stelle behaupten magst, dass solche Fälle aus grauer Vorzeit stammen und es das heutzutage in der Form nicht mehr gibt, so magst du damit augenscheinlich recht haben. Doch wenn du dahinter blickst und die Grundannahme, die wir dir hier vermitteln wollen, zugrunde legst, dann wirst du dir eingestehen, dass die Zustände sich womöglich gebessert haben. Aber nicht deshalb, weil wir willens wurden, umzukehren und unsere Spiritualität und die damit einhergehende Hochsensibilität zu leben, sondern weil wir einfach die Wahl der Mittel verändert haben. Insofern sich unser Grundverständnis nicht ändert, würde das zwar eine oberflächliche Änderung bewirken, doch in irgendeiner der folgenden Generationen würden dann unsere Nachkommen an der gleichen Stelle ankommen, an der wir heute dazu aufgerufen werden, umzukehren. Die Pyramiden und andere Weltwunder dieser Zeit stehen uns noch heute als Mahnmale. Möchten wir das wirklich? Eine Menschheit, die wie die Ausschläge eines Kardiogrammes zwischen den Spitzen von Depression und Manie herumpendelt bis in alle Ewigkeit?

Man wird neue Bekanntschaften mit Menschen machen, die bisher nichts über psychische Krankheiten wissen. Ebenso wenig wie andererseits über die Hochsensibilität als zweckmäßige Schutzeinrichtung der Natur. Deren Bedürfnissen sollte man Rechnung tragen, indem man sich ansieht, wo der Entwicklungsstand der Genannten zu sein scheint. Bitte überfordere niemand, denn Hochsensible haben einen oftmals hohen Intellekt, der von weniger intellektuell ausgebildeten Menschen als Arroganz, Siebenklugheit oder Überheblichkeit interpretiert werden könnte. Sei kein Nerd. Die eigene Familiengeschichte könnte auch die Aufmerksamkeit der Gemeinde zur Folge haben. Obwohl die Familie bisher keine Bindungen hatte, kann der Wunsch geweckt werden, neue Kontakte zu suchen und Menschen zu begegnen. Erinnere dich dann einfach in jeder neuen Begegnung auf jene Empfehlungen und Prinzipien, die wir in diesem Buch nach unseren Erfahrungen in zwischenmenschlichen Beziehungen gemacht und geäußert haben.

Für einen Leidgeprüften kann es schwer sein, freundliche Beziehungen zu seinen Kindern oder anderen Angehörigen wiederherzustellen. Wenn ein Mann beispielsweise an einer Sucht gelitten hat, dann hat das oftmals in den empfindsamen Seelen der Jüngsten tiefe Spuren hinterlassen. Ohne es aussprechen zu brauchen oder zu können, hassen sie ihn aus ganzem Herzen für das, was er ihnen und ihrer Mutter angetan hat.

Kinder werden oft von einem erschütternd harten und grausamen Denken beherrscht. Sie scheinen nicht vergeben und vergessen zu können, vor allem dann, wenn die Peiniger uneinsichtig sind. Wahre Wunder geschehen jedoch, wenn der Täter sich in seiner eigenen Opferrolle zu erkennen gibt. Das Bedürfnis nach Wiedergutmachung aus Reue und Gefühle tiefer Scham dürfen hier jedoch nicht vor dem Wohl des Kindes stehen. Das mag manchmal Monate oder Jahre dauern, nachdem ihre Mutter den Vater in seinem neuen Leben und Denken längst angenommen hat. Und es mag vorkommen, dass Wiedergutmachung nicht mehr in diesem Leben möglich zu sein scheint. *Denk daran: Seelenheil beginnt im eigenen Vergeben und durch Fürbitten in den tiefsten Tiefen unserer Innenwelt.*

Irgendwann werden die Kinder einsehen, wer ihr Vater wirklich gewesen ist, und sie werden es ihren Vater auf ihre Art empfinden lassen. Lebt die Familie als solche noch zusammen, dann kann man die Kinder zu einem gegebenen Zeitpunkt anregen, an der regelmäßigen Meditation und/oder Aussprache teilzunehmen. Ohne Groll und Voreingenommenheit nehmen sie jetzt auch am täglichen Gespräch über das Programm teil. Von diesem Punkt an wird es schnell aufwärts gehen. Ein solches Sich-Wiederfinden trägt oft die seltsamsten und wunderbarsten Früchte.

Gerade den *spirituell Reanimierten*, die früher religiöse und andere Menschen sogar verspottet haben, wird durch solche Rituale und Begegnungen geholfen. Weil sie als Hauptleidtragende selbst eine spirituelle Erfahrung gemacht haben, werden sie mit vielen Menschen einiges gemeinsam haben, wenn der Betroffene auch in manchen Dingen anderer Meinung sein sollte. Wenn ihr darüber nicht streitet, schafft ihr euch dadurch gewiss neue Freunde und findet mit Sicherheit auch neue Wege zu echter Lebensfreude und einem bewusst geführten Leben. Ihr werdet im wahrsten Sinn des Wortes zur Bereicherung der menschlichen Gemeinschaft beitragen – nicht durch Geschenke materieller Art, sondern durch euch selbst als Engel auf Erden.

Vielleicht bringt ihr sogar neuen Mut und neue Hoffnung zu manchem Priester, Pfarrer oder Rabbiner, die ihr Leben schon bisher dem Wohl unserer geplagten Welt opferten. Denn dort, wo Seelsorge oftmals endet, kann in vielen Fällen das Programm als Seelenheiler wirken. Das hier Gesagte ist nur als hilfreiche Empfehlung gemeint, wir sehen darin aber keinerlei Verpflichtung. Wie du es verstehst, bleibt ganz allein dir überlassen. Als an keine Konfession gebundene Menschen können wir für andere keine Entschlüsse fassen oder irgendwelche *Vorkehrungen* treffen, als sie das selbst bereits mit ihrer Wahl getan haben. Doch wie das Wort schon sagt: die Vorkehrung folgt der Hauptkehrung. Jeder sollte sein eigenes Gewissen befragen und hernach den entsprechenden Impulsen folgen. Eine kurze Erwähnung des Wortes und der dadurch gewonnenen Erkenntnisse kann auch hier nicht schaden.

Wir haben bis jetzt zu dir über ernste, manchmal tragische Dinge gesprochen. Wir haben die Folgen unbewusst gelebter Hochsensibilität in ihren schlimmsten Formen abgehandelt. Dennoch sind wir dabei mit niemand anderem hart ins Gericht gegangen, außer mit uns selbst. Wir sind ehrlich, aufrichtig und offen. Aber wir sind kein trauriger Verein. Wenn Neue nicht die Freude und die Liebe in unserem Dasein sähen, wollten sie diese Lebensweise nicht. Wir bestehen darauf, uns des Lebens und seiner natürlichen Erscheinungen zu erfreuen. So auch an den Eigenschaften unserer Hochsensibilität, die unserer Natur nicht länger schadet, sondern ihr aus einem bestimmten Zweck als Schutzeinrichtung dient. Wir versuchen, uns nicht über den Zustand der Welt zynisch oder sarkastisch auszulassen – und wir tragen auch nicht länger die Sorgen dieser Welt auf unseren Schultern. Wenn wir einen Menschen im Sumpf des Sinnverlustes versinken sehen, leisten wir ihm Erste Hilfe und stellen ihm das zur Verfügung, was wir haben. Die Anleitung dafür findest du im Buch. Um seinetwillen erzählen und erleben wir in Erinnerung nochmals die Schrecken unserer eigenen Vergangenheit. Diejenigen jedoch, die versuchten, die ganze Last und die Sorgen anderer auf ihren Schultern zu tragen, wurden bald von dieser Last erdrückt. Jeder von uns kann nur die Last des eigenen Kreuzes seiner Veranlagung tragen, nicht mehr und nicht weniger. Und da wir spätestens an dieser Stelle erkannt haben, dass dieses Kreuz uns nicht länger Kreuz zu sein braucht, können wir ab heute Licht ins Dunkel bringen, indem wir anderen dabei helfen, das Kreuzworträtsel ihres Lebens zu lösen, mit dem einfachen Wort: *Hochsensibilität*.

Wir glauben, dass Weinen und Trauern ebenso sinnvolle Eigenschaften sind wie Lachen und Fröhlichsein. Außenstehende sind manchmal schockiert, wenn wir in fröhliches Gelächter über eine tragische Erfahrung aus unserer Vergangenheit ausbrechen. Aber warum sollten wir nicht lachen? Wir sind genesen – und uns wurde die Kraft gegeben, anderen zu helfen. Stigmatisierung und Diskriminierung gehören ab jetzt der Vergangenheit an, sowohl im Bereich unserer Erkrankungen wie auch in Bezug auf unsere Hochsensibilität und Spiritualität. Wir stehen dazu, dass wir alle näher am Wasser gebaut sind, als wir es in der Vergangenheit jemals vermocht hatten, uns selbst und einem anderen gegenüber zuzugeben.

Jeder weiß es, dass kranke Menschen und solche, die nicht unbeschwert sein können, selten lachen. Wir haben das am eigenen Leib zu spüren bekommen, nämlich in jenen Phasen, in denen uns unsere Begabung zum Fluch geworden war, sowohl durch äußeren wie auch durch inneren Missbrauch.

So lasst jeden Menschen und seine Familie, ob für sich selbst, zusammen oder mit euch gemeinsam, unbeschwert sein, so oft die Zustände und Umstände es erlauben. Gestaltet euch eine Innenwelt, die euch in der Entwicklung und Entfaltung eurer Natürlichkeit guttut und es auch erlaubt, wieder mit dem Wesentlichen in den Menschen, Tieren und der Natur in eurer Umwelt in Kontakt zu kommen. Wir sind sicher, dass *„Gott wie wir ihn empfinden“* uns glücklich, froh und frei haben möchte. Wir können uns nicht dem Glauben verschreiben, dass dieses Leben ein Jammertal sein soll, obwohl es genau das für viele von uns einmal gewesen ist. Unser Elend war hausgemacht. Kein *„Gott“* hat es verursacht. Die Katastrophe, die uns durch das Chaos in der Umwelt gespiegelt wurden, ist nur ein Spiegel der eigenen Katastrophen, die sich in uns selbst in den unterschiedlichsten Formen manifestiert hatten. Wir brauchen nicht länger vorzugeben, die Leidigen zu sein und vorsätzlich Trübsal zu blasen. Wenn Schwierigkeiten kommen, sehen wir sie als Herausforderungen und ziehen freudig Erkenntnisse daraus, als neue Gelegenheit, uns zu entwickeln und uns im Sinne der Vorsehung größtmöglich zu entfalten. Und dabei lassen wir es gut sein. So sind wir ein sichtbarer Beweis für unsere Mitmenschen, dass sich die *„Allmacht Gottes“* in uns wirksam entfalten konnte.

Doch was wäre unsere gesamte Erkenntnis ohne die Gesundheit unseres Körpers? Ein Körper, der durch einen unbewussten Geist schwer mitgenommen und in Mitleidenschaft gezogen worden ist, erholt sich nicht über Nacht, genauso wenig wie verdrehtes Denken und Niedergeschlagenheit sofort verschwinden. Wir sind überzeugt, dass ein Leben aus der Seele heraus eine ungeheure Kraft zur Wiederherstellung der Gesundheit darstellt. Wir, von schweren psychischen Krankheitsbildern als Folge seelischen Missbrauchs genesen, sind wie lebendige Wunder geistiger Gesundheit. Wir haben bemerkenswerte Veränderungen in unserem Körper festgestellt. Kaum einer aus unserer Gemeinschaft trägt jetzt noch Zeichen des früheren, ausschweifenden Lebens. Es sei denn, er hat dabei körperliche Gliedmaßen verloren oder derlei schwere psychische oder geistige Verletzungen erlitten, dass er an der Teilhabe des täglichen Lebens von der Mehrheit der Gesellschaft behindert wird. Ja, auch solche Freunde haben wir in unseren Reihen. Was Österreich betrifft, gibt es in diesem Bereich die Möglichkeit, in den geschützten Kreis von Menschen mit besonderen Bedürfnissen aufgenommen zu werden. Wenn dem so ist, schäme dich nicht, ein entsprechendes Angebot anzunehmen, denn oftmals erleichtert dir ein Behindertenausweis den Weg durch den beschwerlichen Alltag einer fortschreitenden Gesellschaft.

Aber das bedeutet dennoch nicht, dass wir die Gesundheit vernachlässigen und den Kopf hängen lassen; im Wesentlichen zählt noch immer die Gewissheit, dass wir nicht umsonst leiden mussten und allen, die an irgendwelchen körperlichen, geistigen und oder psychischen Erkrankungen zu leiden hatten, als Denk- und Mahnmäler dienen dürfen, all jenen, die noch an geistiger Umnachtung leiden. Auch für den Fall oben erwähnten Fall, dass der eine oder die andere an einer Behinderung als gesundheitlichen Folgeschaden leidet, sehen wir darin eher eine Chance als einen Nachteil. Denn in Sozialstaaten kommt man dadurch in den Genuss innerstaatlicher Schutzmaßnahmen in Form von Invaliditäts- oder Arbeitsunfähigkeitspensionen. Zudem gibt es für Menschen mit besonderen Bedürfnissen besondere Begünstigungen und/oder geschützte Arbeitsbereiche. Es ist wichtig, dass wir in jeder erdenklichen Form an der sozial-emotionalen Entwicklung der menschlichen Gemeinschaft teilnehmen und uns einbringen. Was wir dabei jedoch nicht machen dürfen, ist, uns wieder aus falschen Sehnsüchten heraus selbst zu betrügen. Denn dann geht deine Reise genau an jener Stelle weiter, wo du damals vom Weg abgekommen bist. Die Kerze fängt dabei nicht von Neuem zu brennen an, sondern dort, wo sie zuletzt ausgeblasen wurde.

Wenn du jetzt aufmerksam wirst und damit beginnen kannst, auch deine Umwelt wieder in der gesamten Farbenpracht zu sehen, dann wird dir bewusst, dass die Vorsehung sich bereits vor deinen Augen erfüllt. So hat sie diese Welt auch reichlich versorgt mit guten Ärzten, Psychologen und Therapeuten verschiedenster Art. Zögere deshalb nicht länger, diese Fachleute aufzusuchen, wenn du gesundheitliche Probleme hast und berichte ihnen von deinen Erfahrungen. Zeig Eigenverantwortlichkeit, und du wirst sehen, dass die meisten dieser Fachleute die längste Zeit auf einen Patienten, wie du einer bist, gewartet haben. Du bist nicht einfach der 08/15-Typ. Gut so. Erzähl von deiner Begabung. Zeig Bereitschaft zur Mitwirkung und hilf gern, damit du selbst und deine Mitmenschen sich eines wachen Geistes, eines ihm entsprechenden Körpers und einer gütigen Seele erfreuen können.

Denk daran, dass die Natur zwar Wunder an uns selbst vollbracht hat, dass wir jedoch das Können und Geschick eines wohlwollenden Arztes, Psychiaters oder Therapeuten dennoch schätzen sollten. Ebenso wie alles andere, was uns als Gemeinschaft und Teil der Natur zu Wohlstand und Frieden gereichen möchte. *Denn immerhin war es auch das Zusammenwirken von Natur- und Geisteswissenschaften, die uns Hochsensibilität und Spiritualität verstandesmäßig begreiflich und fassbar gemacht haben.* So durften wir uns von wissenschaftlicher Seite bestätigen lassen, was jeder Einzelne von uns schon seit seiner Geburt an zu empfinden vermochte und geahnt hatte. Du hilfst einem noch Leidenden eher damit, ihn in den Dienst eines Arztes zur Behandlung und zur späteren Beobachtung seines Falles zu stellen, als mit ihm gemeinsam an irgendwelchen Symptomen herumzudoktern. Solche Vorgehensweisen sind nach vorliegender Erkenntnis und eindringlicher Psychoanalyse mehr als entbehrlich geworden.

Kapitel Zehn

An Arbeitgeber, Institutionen & Rechtsträger

In Anbetracht der unzähligen Arbeitgeber in Form von EPUs, KMUs, Großkonzernen oder als neue Selbstständige möchte sich des besseren Verständnisses wegen wieder ein Freund der Gemeinschaft der Anonymen Alkoholiker zu Wort melden, der einen großen Teil seines Lebens in der großen Geschäftswelt verbracht hat. Er hat Hunderte von Mitarbeitern eingestellt und entlassen. Er kennt den psychisch Erkrankten aus der Sicht des Arbeitgebers. Seine diesbezügliche Sichtweise und seine Erfahrungen können für alle Geschäftsleute auf der ganzen Welt außerordentlich nützlich sein und stehen somit symbolisch für alle Menschen, die durch die Unwissenheit über ihre Empfindsamkeit an Körper, Geist und Seele erkrankt sind. Aber er soll selbst berichten:

„Ich war stellvertretender Direktor eines Unternehmens, das 6.600 Personen beschäftigte. Eines Tages kam meine Sekretärin und sagte, Herr B. bestehe darauf, mich zu sprechen. Ich ließ ihm mitteilen, dass ich nicht daran interessiert sei. Wieder einmal hatte ich ihn gewarnt, dass ich ihm nur noch eine letzte Chance geben würde. Kurz darauf hatte er mich an zwei aufeinanderfolgenden Tagen aus Hartford angerufen, wobei er so betrunken war, dass er kaum sprechen konnte. Ich sagte ihm, nun sei es aus – ein für alle Mal.

Meine Sekretärin kam einige Tage später zurück, um zu sagen, dass nicht Herr B. am Telefon sei, sondern dessen Bruder. Er müsse mir etwas mitteilen. Ich erwartete eine Bitte um Nachsicht. Aber es kamen folgende Worte durch den Hörer: ‚Ich wollte Ihnen nur sagen, dass Paul am letzten Samstag in Hartford aus einem Hotelfenster gesprungen ist. Er hinterließ uns einen Brief, in dem steht, Sie seien der beste Vorgesetzte gewesen, den er je hatte. Ihnen sei in keiner Weise ein Vorwurf zu machen.'

Ein anderes Mal, als ich einen Brief öffnete, der auf meinem Schreibtisch lag, fiel ein Zeitungsausschnitt heraus. Es war die Todesanzeige von einem der besten Verkäufer, die ich je hatte. Nachdem er zwei Wochen durchweg getrunken hatte, steckte er seine Zehe an den Abzug einer geladenen Schrotflinte und den Lauf in seinen Mund. Sechs Wochen vorher hatte ich ihn wegen übermäßigen Trinkens entlassen .

Noch eine andere Erfahrung: Die Stimme einer Frau kam schwach als Ferngespräch aus Virginia. Sie wollte wissen, ob ihr Mann noch durch die Firma versichert sei. Vier Tage vorher hatte er sich in seinem Holzschuppen erhängt. Ich hatte ihn wegen seines Trinkens entlassen müssen, *obwohl er hochbegabt, anpassungsfähig und einer der besten Organisatoren* war, die ich kannte.

So sind drei Männer aus dieser Welt gegangen, nur weil ich über den Alkoholismus nicht so Bescheid wusste wie heute. Ironie des Schicksals: Ich wurde selbst zum Alkoholiker. Wenn nicht ein verständnisvoller Mensch eingegriffen hätte, wäre ich einen ihrer Wege gegangen. Mein

Abstieg kostete das Unternehmen etliche tausend Dollar. Es kostet nämlich viel Geld, jemanden für eine Führungsposition auszubilden. Solche unnötigen Ausgaben sind gang und gäbe. *Wir meinen, dass unser Geschäftsleben durchzogen ist von einem Problem, das durch umfassendes Verständnis und Aufklärung behoben werden könnte.*“

Fast jeder aufgeschlossene Arbeitgeber fühlt eine moralische Verantwortung für das Wohlbefinden seiner Mitarbeiter und versucht, dieser Verantwortung gerecht zu werden. Dass er sich den psychisch Kranken unter den Angestellten gegenüber nicht immer so verhält, ist zu verstehen. Ebenso ist ersichtlich, dass für viele von ihnen der psychisch Kranke einen Narren ersten Ranges darstellt. Wegen *besonderer Fähigkeiten* oder aufgrund einer *persönlichen Sympathie* hat der Arbeitgeber ihn manchmal länger behalten, als es verständlich war. Manche Arbeitgeber haben jedes Mittel versucht. Nur in ganz wenigen Fällen hat es an Geduld und Toleranz gefehlt. Und viele von uns, die wir die besten Arbeitgeber hintergangen haben, konnten uns kaum darüber beklagen, wenn schließlich doch noch kurzer Prozess mit einem solchen Menschen gemacht wurde. Bis zur Erkenntnis über die wirkliche Ursache unserer Leiden.

Hier als typisches Beispiel für Unwissenheit und Mangel an Psychoedukation ein Kommentar von dem Manager einer großen Bank, darauf hingewiesen, dass eine seiner leitenden Mitarbeiterinnen, nach einem erlittenen Burnout, über Hochsensibilität und psychische Krankheit erfahren sollten:

„Sehr interessant. Aber ich bin sicher, dass diese Frau bald wieder voll fit ist. Sie ist gerade zurück von einem achtwöchigen Krankenstand, hat eine Rehabilitation ge-

macht und sieht blendend aus. Um der Sache Nachdruck zu verleihen, hat ihr der Vorstand erklärt, das sei ihre letzte Chance.“

Aus unserer eigenen Erfahrung heraus können wir nur erahnen, dass es mit ihr noch viel schlimmer kommen wird, wenn die Sache den üblichen Gang nähme. Wäre es nicht besser, die Frau über Hochsensibilität aufzuklären und sie selbst entscheiden zu lassen, ob die bisherigen Anforderungen ihrem eigentlichen Leistungskalkül entsprochen haben? Sie könnte sich dadurch zur ersten Instanz sozial-emotionaler Intelligenz innerhalb ihres Unternehmens entwickeln und bei der Entwicklung eines Arbeitsklimas mithelfen, das dem Unternehmen, den Sozialversicherungsträgern sowie den Pensionskassen auf mittel- bis langfristige Sicht sehr hohe Kosten einsparen würde. Denn das Wissen, welches die betroffenen Mitarbeiter in psychotherapeutischen Maßnahmenprogrammen während eines vom Unternehmen oder den Kassen bezahlten Krankenstandes gezwungenermaßen lernen mussten, können die Leidgeprüften hernach zum Wohle aller ins Unternehmen einfließen lassen. Dazu ist es jedoch erforderlich, dass sich der Betreffende weder für seine Krankheit schämt noch für seine Hochsensibilität und dass er davon überhaupt erst einmal Kenntnis erlangt hat. Denn diese Hochsensibilität wollen sehr viele der Mitarbeiter oftmals mit antrainierter *Willenskraft und Charakterstärke* wettmachen. Doch wohin dieser innere Wettkampf in jedem Fall führt, haben wir unserer Meinung nach bereits sehr klar und ausführlich aufgezeigt.

Am Anfang unserer eigenen Entwicklung hätten wir über solcherlei Aussagen wie der oben erwähnten oftmals verzweifelt die Hände über dem Kopf zusammengeschlagen. Weil wir es nicht fertiggebracht hatten, dass wir Mitmenschen über die Zusammenhänge von psychischen Erkrankungen und der Missachtung von Hochsensibilität als mögliche Ursache in einer für sie verständlichen Weise aufklären konnten. Entweder wollten die Arbeitgeber nicht einsehen, dass ihre Arbeitnehmer und Kollegen an einer schweren Krankheit litten, oder sie taten Hochsensibilität als vermeintliche Schwäche mit einem süffisanten Lächeln ab und verwiesen uns an andere Zuständigkeiten. Da konnte man nur noch abwarten.

Ebenso erging es vielen von uns während der persönlichen Spießrutenläufe zwischen den Geldtöpfen der einzelnen Institutionen und sozialstaatlichen Einrichtungen.

Nicht selten hatten wir dann miterlebt, dass Menschen nach Rückfällen und neuerlichen Zusammenbrüchen ihren Arbeitsplatz verloren und hernach sozial und gesundheitlich völlig abgerutscht sind. Einige von uns mussten trotz aller Bemühungen so manchem unserer Nächsten sogar ins Grab nachschauen.

Doch andererseits kam es auch öfter mal vor, dass Betroffene nach einer Entlassung oder noch während einem Klinikaufenthalt mit einem von uns Kontakt aufgenommen hatten. Ohne viel Aufhebens akzeptierten sie die Grundsätze und die Vorgehensweise, die uns selbst geholfen hatten. Mit Interesse holten sie sich die für sie wichtig erscheinenden Informationen und gingen wieder ihren eigenen Weg. Zweifellos waren sie von diesem Zeitpunkt an auf dem Weg der Genesung.

Uns zeigen die oben genannten Beispiele den systemischen Mangel an Verständnis auf, für das, was einem Hochsensiblen wirklich fehlt, und den Mangel an Wissen über die Hilfestellung, die ein Arbeitgeber sowie Ämter und Behörden in nützlicher Weise gegenüber kranken Arbeitnehmern leisten könnten.

Wenn Sie als Arbeitgeber helfen möchten, lassen Sie dann Ihr eigenes Potenzial aus dem Spiel. Ob Sie ein feinfühliger Mensch sind oder nicht, ob Sie vermeintlich gesund sind oder selbst psychisch krank, so haben Sie doch festgefahrene Meinungen, vielleicht sogar Vorurteile und gewisse Anforderungsprofile an Ihre Mitarbeiter. Von den Exzessen mancher Angestellter bei Weihnachtsfeiern weiß jeder für sich seine Geschichten zu erzählen. Wer beispielsweise mäßig trinkt, ärgert sich über einen Alkoholiker vielleicht mehr als jemand, der gar nichts trinkt. Wenn Sie nur gelegentlich trinken, kennen Sie ihre eigenen Reaktionen. Es ist möglich, dass Sie in vielen Dingen ganz sicher werden; für den suchtkranken Hochsensiblen aber ist das nicht immer so.

Als jemand, der mit Substanzen *umgehen* und sie maßvoll wie gezielt einsetzen kann, können die Menschen trinken oder es sein lassen. Sie sind in der Lage, ihr Trinken immer zu kontrollieren. Dennoch handelt es sich dabei um den kontrollierten Einsatz eines Nervengiftes, das in jedem Fall eine Wirkung auslöst. Das kann auf jede andere Form der substanz- und oder verhaltensabhängigen Sucht umgemünzt werden. *Die Angaben der WHO über Unbedenklichkeit im Bereich von Konsumverhalten und im Umgang mit Substanzen sind unseren Erfahrungen nach für Hochsensible viel zu hoch angesetzt.* Viele von unseren Freunden mit Suchterfahrung berichten, dass sie bereits beim ersten Schluck oder bei Einnahme der ersten Dosis eine Art psychedelischer Wirkung empfanden, die sich durch eine von den Beinen her aufsteigende Wärme auch in ihren Körpern bemerkbar gemacht hatte.

Wenn sie sich mal abends ein wenig betrunken haben, stehen sie frühmorgens auf, schütteln ihren Kopf und gehen ihrer Arbeit nach. Für sie ist der Alkohol kein Problem. Deshalb können sie nicht verstehen, warum es für jemand anderen ein Problem sein kann, es sei denn, dieser andere ist ihrer Ansicht nach dumm und haltlos. In beiden Fällen haben sie recht. Denn erstens war ihm durch die Unwissenheit über Hochsensibilität als genetische Veranlagung die Möglichkeit auf inneren Halt nicht bewusst, und andererseits bedeutet Dummheit die mangelhafte Fähigkeit, aus Wahrnehmungen angemessene Schlüsse zu ziehen beziehungsweise daraus zu lernen. Dieser Mangel beruhte in jedem Fall auf Unkenntnis von Tatsachen, die zur Bildung eines Urteils erforderlich sind, teils auch auf mangelnder Intelligenz oder Schulung des Geistes oder auf einer gewissen Trägheit und Schwerfälligkeit im Auffassungsvermögen beziehungsweise der Langsamkeit bei der Kombination der zur Verfügung stehenden Fakten. Also ist es unser aller Aufgabe als Menschen, im Sinne der Nächstenliebe und Barmherzigkeit bei der Aufklärung der Dummen, Törichten und Abtrünnigen mitzuhelfen.

Auch wenn Ihnen jetzt noch immer beim Gedanken daran ein nachvollziehbarer Widerwille aufkommt, dass ein Mensch Ihrem bisherigen Verständnis nach so schwach, dumm und verantwortungslos sein kann: sozial-emotionale Kompetenz kann ein Mensch nur lernen, wenn er die Gewissheit erlangt, dass sie ihm als Sinnesgabe innewohnt. Erst wenn er einerseits die Krankheit und andererseits die Ursache besser verstehen kann, ist das möglich. Manche von uns haben Jahre gebraucht, bis sie das wirklich verstanden haben.

Daher ist der Blick auf den Süchtigen in Ihrem Betrieb

in den meisten Fällen recht aufschlussreich in Bezug auf Menschen mit psychischen Erkrankungen im Allgemeinen und Hochsensibilität als Veranlagung im Besonderen. Ist der Süchtige nicht meistens scharfsinnig, schnell denkend, einfallsreich und liebenswert? Auch für den Fall, dass es sich bei ihm um einen ganz einfachen Arbeiter handelt: Arbeitet er nicht hart und bemüht, hat er nicht dieses „gewisse Gespür" dafür, was erledigt werden muss, wenn er nüchtern ist? Ist er es Ihnen aus heutiger Sicht als Mensch wert, gerettet zu werden? *Wenn sie diese Fragen aus humanitären und oder geschäftlichen Gründen bejahen, können die folgenden Empfehlungen hilfreich sein.*

Wir bitten Sie an dieser Stelle darum, einmal das Gefühl beiseite zu schieben, dass weder psychische Krankheit noch Hochsensibilität nur etwas mit schlechter Gewohnheit, Halsstarrigkeit, Willens- oder Charakterschwäche zu tun haben. Wenn Ihnen das dennoch Schwierigkeiten macht, kann es sich lohnen, die *Kapitel Zwei und Drei*, in denen die Vulnerabilität am Beispiel von Alkoholismus ausführlich behandelt wird, nochmals zu lesen.

Sie als Geschäftsmann wissen, dass man vor Vertragsabschluss die Bedingungen kennen muss. Dieses Buch stellt sozusagen ein Pflichten- und Lastenheft zugleich dar, in der Beziehung zwischen unserer Natur als Auftraggeber und uns Menschen als Auftragnehmer.

Wenn Sie zugestehen, dass Ihr Angestellter ein erkrankter Hochsensibler aufgrund seiner ganz persönlichen Lebensgeschichte ist, kann ihm dann seine Vergangenheit und der Grund seines Versagens als Mensch vergeben werden, auch wenn Sie nicht jedes kleinste Detail daraus kennen? Kann man seine vermeintliche Dummheit und seinen Mangel an Uneinsichtigkeit als Mensch vergessen? Kann man ihm zugutehalten, dass er das Opfer einer bislang unbewusst gelebten Veranlagung war, die direkt durch die Einwirkungen der Reizüberflutung auf sein Gehirn und seinen gesamten Organismus gesundheitliche Schäden bewirkt haben? Konnte es sein, dass das Leistungskalkül durch die Anforderungen, die Sie als Unternehmer bisher an ihn als hochsensibel begabten Menschen gestellt hatten, für ihn einfach nicht mehr tragbar waren?

Wir haben von Fällen erfahren, bei denen der Druck der Rückenmarkflüssigkeit das Hirn schädigt; bei denen Menschen Aggressionsausbrüche haben und Attentate begingen; die sich in einer Pause auf ihrem Arbeitsplatz das Leben genommen haben; die über Jahre hinweg von einer Stelle zur anderen irren, mit dem innersten Wunsch nach Entlastung; die von Leid gequält zwischen den Geldtöpfen von Arbeitgebern, Arbeitsvermittlungen, Sozialversicherungen und Pensionsanstalten hin- und hergeschoben werden.

Kein Wunder, dass vor allem die Suchtkranken unter uns so seltsam unvernünftig erscheinen. Wer würde es nicht sein, wenn er solcherlei Umstände und Zustände als systematische Repressalien empfindet?

Heute wissen wir, dass jeder Mensch die Voraussetzungen in seinen Genen trägt, eine Psychose zu erleiden. Die Frage, wann das soweit ist, hängt lediglich vom Grad seiner Empfindsamkeit ab oder, anders betrachtet, von der Dauer der ihm zugefügten Reize, also von den Bedingungen. Getestet wurde das am Beispiel von Schlafentzug. Einer fängt bereits am zweiten Tag des Entzuges zu halluzinieren an, ein anderer erst nach fünf Tagen. Daraus lässt sich erkennen, dass der Nichthochsensible normal konsumieren kann, weil er mangels Veranlagung unter dem Leistungsdruck (noch) nicht solchen Leidensdruck empfindet wie der Hochsensible. Und wie wir bereits wissen, reicht das Spektrum bei Hochsensiblen von äußerst hypersensiblen und extravertierten Individuen bis hin zu den sehr verhaltenen und introvertierten Hochsensiblen.

Worauf sie aus oben angeführtem Beispiel aufgrund ihrer intellektuellen Fähigkeiten gewiss schließen können, ist, dass unsere Wirtschaft und Gesellschaft sich am Leistungskalkül von Nichthochsensiblen messen. Und dass diese Tatsache zu großen Problemen führt, sehen wir mittlerweile in allen Bereichen unseres Zusammenlebens. Womöglich können sich die meisten der Arbeitgeber selbst nur deshalb noch schützen und heil fühlen, weil sie von äußeren Reizen, im Gegensatz zu ihren Mitarbeitern in den unteren Etagen, noch besser abgeschottet sind. Das schließt jedoch nicht aus, dass auch Sie ein Mensch mit hochsensibler Veranlagung sind. Erinnern Sie sich dabei einfach an ihre Kindheit.

Anders können Sie sich ansonsten nicht vergegenwärtigen, wie ein überdurchschnittlich leistender Mitarbeiter überhaupt in eine solche Lage gerät. Sie sollten diese Entgleisungen, so schrecklich sie auch sind, der abnormen Wirkung zuschreiben, die langanhaltender Leistungsdruck auf einen Hochsensiblen hat. Hochsensible Menschen können bei voller Belastung schier Unglaubliches schaffen. Doch wenn sich diese Last als Dauerlast erweist und der Sinn und Zweck des Schaffens verlorengeht, taumeln sie herum, als wären sie von Sinnen. Das Beispiel mit dem Hamsterrad und dem Ringelspiel kennen Sie bestimmt. Bei einem Hochsensiblen verhält es sich so, dass er das Ringelspiel in sich hat, weil er dem Druck in sich, der den Kräften in einer Zentrifuge gleichkommt, einfach nicht mehr standhält. Bei oder nach einem Trinkgelage beispielsweise tut ein Alkoholiker, auch wenn er in nüchternem Zustand ein Vorzeigebeispiel für Ehrlichkeit ist, unglaubliche Dinge. Danach ist seine Scham grenzenlos. Fast immer sind solche Verrücktheiten nicht mehr als ein vorübergehendes Ereignis, zum Leidwesen aller handelt es sich um ständig sich wiederholende Zustände. Der Abscheu gegen die Betroffenen steigt dadurch im besonderen Fall gegen Alkoholiker sowie im weiteren Sinne gegen alle Menschen mit psychischen Erkrankungen.

Das soll nicht bedeuten, dass alle suchtkranken Hochsensiblen ehrlich und aufrichtig sind, wenn sie beispielsweise nicht trinken. Natürlich stimmt das nicht. Sie als Arbeitgeber werden oft von solchen Leuten ausgenutzt, die zum unbewussten Schutz ihrer Hochsensibilität gelernt haben, manipulativ zu sein. Aus dem einfachen Grund, weil sie sich selbst ausgenutzt fühlen. Doch eines können wir an dieser Stelle mit an Sicherheit grenzender Wahrscheinlichkeit sagen:

Die meisten Hochsensiblen werden Vorteile aus Ihrer Freundlichkeit und Menschlichkeit ziehen, wenn Sie als Arbeitgeber Verständnis und Hilfsbereitschaft erkennen lassen und Sie die entsprechenden Mitarbeiter sowohl über die mögliche Krankheit als auch über die mögliche Ursache in Form von Hochsensibilität hinweisen. Wenn Sie davon überzeugt sind, dass Ihr Mitarbeiter sein Verhalten dennoch nicht ändern will, erarbeiten Sie doch gemeinsam ein Konzept, mit dem Sie beide sich wohlfühlen und er die Möglichkeit bekommt, eine oder mehrere Eigenschaften seiner sozial-emotionalen Begabungen wissentlich zum Wohle des Unternehmens einzusetzen. Je früher, desto besser. Ihre Zusammenarbeit wird von da an von ungeahntem Erfolg gekrönt sein. Sie tun weder ihm einen Gefallen, wenn Sie ihn unter den bisherigen Umständen behalten, noch sich selbst. Wenn Sie ein Unternehmer sind, der wirtschaftlichen Profit vor Menschlichkeit stellt und nicht an der Aufklärung mitwirken möchte, aus Angst vor Gewinneinbußen, dann wissen Sie natürlich, was in solchen Fällen wie bisher zu tun ist. So mag der Rausschmiss für einen solchen Menschen sogar zum Segen werden. Die Entlassung kann der Anstoß sein, den er braucht, um zu erwachen.

Einige von uns wissen, dass in ihrem speziellen Fall nichts, was die Firma hätte tun können, sie von selbst- oder fremdschädigendem Verhalten abgehalten hätte. Solange wir *die Stellung halten* konnten, sahen wir absolut nicht den Ernst unserer Lage ein. Hätten uns unsere damaligen Arbeitgeber nicht erst entlassen und wären darauf nicht Schritte wie Klinikaufenthalte gefolgt, die uns zumindest die Behandlung psychischer Erkrankungen aufzuzeigen vermochten, wären wir heute wahrscheinlich nicht dort, wo wir sind. Denn in solchen Einrichtungen wurden wir durch das Therapieangebot dazu angehalten, von Grund auf unsere sozial-emotionale Kompetenz erlernen zu dürfen. Jene von uns, die in Unwissenheit über Hochsensibilität als genetische Veranlagung wieder ins Arbeitsleben entlassen wurde, erwartete der nächste Rückfall. Doch jene, die auf Hochsensibilität als besondere Begabung hingewiesen wurden und die Unwissenheit darüber für sich selbst als Ursache ihrer Krisen annehmen durften, wie es in diesem Buch geschildert wird, sind oftmals sehr bald als teilweise gesunde und zudem aufgeklärte Menschen zu ihren Familien und Arbeitgebern zurückgekehrt.

Es gibt viele, die genesen wollen – und mit uns gemeinsam kommen sie weiter. Ihr verständnisvoller Umgang mit Mitarbeitern unserer Sorte zahlt sich also aus, weil wir *das gewisse Etwas* mitbringen. Vielleicht könnte man so an den Fall herangehen:

Sagen Sie dem Betroffenen, dass Sie einiges über die Entstehung von psychischen Krankheiten und deren möglichen Ursachen herausgefunden haben und Sie nachvollziehen können, was er als Mensch durchgemacht hat. Sie können ihm getrost sagen, dass Sie seine Fähigkeiten schätzen. Dabei überreichen Sie ihm eine Information über die jeweilige Erkrankung sowie mögliche Therapieeinrichtungen. Dabei vermitteln Sie ihm, dass Sie ihn gern behalten würden, aber nicht unter den vorliegenden Umständen. Eine entschiedene Haltung in diesem Punkt hat vielen von uns geholfen.

Als Nächstes können Sie ihm versichern, dass Sie nicht beabsichtigen, Moral zu predigen oder ihn zu verdammen. Sollte das früher geschehen sein, dann nur aufgrund eines Missverständnisses. Wenn irgendwie möglich, lassen Sie ihn erkennen, dass Sie es gut mit ihm meinen. An diesem Punkt ist es an der Zeit, das Wort Hochsensibilität ins Gespräch zu bringen. Sagen Sie ihm auf Ihre persönliche Art und Weise, was Sie darunter zu verstehen glauben und dass es sein könnte, dass er Ihrer Ansicht nach aufgrund der Unwissenheit darüber krank geworden ist. Fragen Sie ihn, ob er unter Kenntnis dieser Umstände nicht wieder gesund werden will. Sie müssen so fragen, weil viele gekränkte und kranke Hochsensible, verdreht und vergiftet wie sie zwischenzeitlich sind, dem Irrglauben unterliegen, gar nicht aufhören zu wollen. Sie haben hier die besondere Möglichkeit als Respektsperson, einem noch leidenden Menschen zur Genesung zu verhelfen. Jetzt hängt es allein von seiner Bereitschaft ab, Ihre ausgestreckte Hand zu nehmen. Ist er dazu bereit? Ist er bereit, jeden notwendigen Schritt zu unternehmen, alles daranzusetzen, um wieder gesund zu werden und mit dem selbst- und oder fremdschädigenden Verhalten aufzuhören?

Falls er ja sagt: Meint er es wirklich ehrlich, oder denkt er im Stillen, dass er Sie täuschen kann, dass er nach einer Pause und einer Behandlung dann und wann wieder so weitermachen kann wie vorher? Versichern Sie sich einfach, dass er weder sich selbst noch Sie täuscht. Und achten Sie darauf, dass Sie ihm in Zukunft nicht genauso viel aufbürden wie in der Zeit vor ihrem gemeinsamen Gespräch.

Ob Sie dieses Buch erwähnen oder Ihr eigenes Konzept anwenden, ist und bleibt klarerweise voll und ganz Ihnen selbst überlassen. Wenn er sich nicht findet und immer noch meint, dass alles irgendwann von alleine besser wird, dann können Sie ihm nicht zu Einsicht verhelfen. Für den Fall, dass der Betroffene ein akutes Suchtproblem hat, wird das fast mit Sicherheit wieder geschehen, wenn er nicht mit einem nachhaltigen Begleit-, Nachsorge- oder Präventivprogramm, wie beispielsweise dem vorliegenden, an der Entwicklung seiner Hochsensibilität mitwirkt. Der Vorteil beim gegenständlichen Programm ist, dass die Teilnahme für den Betroffenen völlig kostenlos und anonym ist. Es gibt keine Mitgliederlisten oder Teilnahmeverpflichtungen. Das Programm beruht eher auf Anziehung denn auf Werbung. Jeder kann, wenn er das auch möchte und bereit dazu ist, teilnehmen und es in seinem eigenen Wirkungsbereich anwenden. Sie befinden sich als Arbeitgeber in der Position, ihm das in der erforderlichen Ernsthaftigkeit verständlich zu machen. Womöglich kann er sich dann sogar innerhalb ihres Unternehmens zur Anlaufstelle für sogenannte *„Problemfälle“* entwickeln oder einfach zur Leitstelle für die Entwicklung von sozial-emotionaler Intelligenz. Entweder haben Sie es mit einem Menschen zu tun, der gesund werden will und kann, oder eben nicht. Wenn nicht, wozu dann Zeit mit ihm verschwenden? Das mag hart klingen, aber es ist üblicherweise der sinnvollste Weg. Diesen Weg gingen auch die meisten von uns.

Nachdem Sie sich davon überzeugt haben, dass Ihr Mitarbeiter gesund werden will und dass er alles tun wird, um das zu erreichen, können Sie ihm eine konkrete Vorgehensweise anbieten. Im Fall des Alkoholismus – oder auch bei anderen stark beeinträchtigenden psychischen Erkrankungen – ist in gewissem Umfang eine medizinische Behandlung erforderlich und geboten. Die Angelegenheit sollten Sie dem Betriebsarzt oder anderem fachmedizinischem Personal anvertrauen. In Bezug auf Hochsensibilität finden Sie unter der Rubrik *„Aus der Sicht eines Arztes“* das *„Infoblatt für VertreterInnen von Heilberufen (Somato-Pathologie)“*. Es ist von wesentlichster Bedeutung für die erfolgreiche Genesung Ihres Mitarbeiters, dass Sie die behandelnden Ärzte darauf hinweisen. Dieses Schreiben stellt sozusagen den kostenlosen *Hochsensiblen-Schutzbrief* dar.

Wie auch immer die Behandlungsmethode aussieht, es geht jetzt darum, Körper, Geist und Seele von den Folgen der Reizüberflutung, Intoxikation sowie des seelischen, körperlichen, geistigen und psychischen Missbrauchs zu befreien. In kundigen Händen dauert das selten lange. Es ist auch nicht sehr teuer. Ihre Mitarbeiter bilden das größte Potenzial in Ihrer Firma. Von Krankheit betroffene Menschen haben größere Chancen auf grundlegende Heilung, wenn sie in eine Bewusstseinsverfassung gebracht werden, in der sie wieder richtig denken können und in der sie nicht mehr nach Substanzen oder Suchtverhalten gieren. Wenn Sie einem Betroffenen eine solche Behandlung vorschlagen, kann es wichtig sein, dass Sie ihm die Kosten dafür vorfinanzieren, insofern das nicht ohnehin ein entsprechender Kostenträger übernimmt. Ebenso können Sie innerbetriebliche Maßnahmen im Sinne der Krankheitsprävention setzen, indem Sie Angebote ermöglichen, welche die besonderen Eigenschaften ihrer hochsensiblen Mitarbeiter im Sinne der Gemeinschaft fördern. Es ist nützlicher für alle Beteiligten, wenn sich der Einzelne für sein Verhalten voll verantwortlich fühlt. Leichter ist das für ihn, wenn er erkennen kann, dass sein bisheriges Verhalten einem Schutzverhalten in Bezug auf seine Hochsensibilität gleichkommt.

Wenn Ihr Mitarbeiter das Angebot annimmt, sollte darauf hingewiesen werden, dass die körperliche Regeneration nur ein kleiner Teil des Ganzen ist. Obwohl Sie ihm die bestmögliche medizinische Betreuung zukommen lassen, indem Sie ihn an Professionelle verweisen, muss er wissen, dass er eine innere Wandlung durchzumachen hat. Um über eine psychische Erkrankung hinwegzukommen, ist eine Bewusstseinsänderung, eine Änderung des Denkens und der inneren Einstellung, notwendig und unumgänglich. Wir alle mussten die Genesung über alles stellen, denn ohne sie hätten wir neben unserem eigenen Leben nämlich beides verloren: Familie und Beruf.

Fragen Sie sich, ob Sie kraft ihrer neuen Erkenntnisse volles Vertrauen in die Fähigkeiten und das Potenzial Ihres Mitarbeiters haben, dass er genesen kann. Da wir soeben beim Vertrauen sind:

Können Sie sich darauf einstellen, dass diese Angele-

genheit von Ihrer Seite aus streng vertraulich behandelt wird, dass seine krankheitsbedingten Verfehlungen und seine anstehende Behandlung nie ohne seine Einwilligung erwähnt werden? Nach seiner Rückkehr ist es wohl angebracht, ein eingehendes, tiefgründiges und reflektierendes Gespräch mit ihm zu führen.

Kommen wir auf das Hauptthema dieses Buches zurück. Hier werden konkrete Empfehlungen gemacht, wie der Arbeitnehmer sein eigenes und das Problem seiner Angestellten lösen kann. Für Sie als Arbeitgeber erscheinen einige der hier vorgetragenen Gedanken sicher ungewöhnlich. Vielleicht sind Sie mit dem, was wir empfehlen, nicht ganz einverstanden. Was wir anzubieten haben, ist gewiss nicht der Weisheit letzter Schluss, aber bei uns hat es zumindest funktioniert. Sicher kommt es Ihnen mehr auf das Resultat an als auf die Methode. Ob Ihr Mitarbeiter es mag oder nicht, er muss aus der bitteren Wahrheit seines bisherigen Fehlverhaltens lernen. Empfinden, ertragen und aushalten hat er es ohnehin schon die längste Zeit müssen. Das wird ihm nicht schaden, auch wenn er davon nicht begeistert ist. *Ganz im Gegenteil:* durch die neuesten Erkenntnisse über Hochsensibilität als sinnvolle und zweckmäßige Schutzeinrichtung der Natur sowie über die Unwissenheit darüber als mögliche Ursache seiner Erkrankung, wird er sehr rasch die daraus resultierenden Schlüsse auf seinen eigenen Lebens- und Leidensweg reflektieren können. Folgerichtig wird er auch impulsiv empfinden lernen, welche Schritte für ihn konkret als Nächstes auf der Agenda stehen.

Wir empfehlen, die involvierten Experten und seine Familie auf dieses Buch aufmerksam zu machen. Wenn der Patient fähig ist, dieses Buch zu lesen, obwohl er noch am

Boden zerstört ist, kann er sich seiner Lage bewusst werden.

Wie auch immer der Zustand des Patienten sein mag, so hoffen wir doch, dass der Arzt ihm nicht nur die Wahrheit sagt, sondern auch ein gewisses Verständnis für seine besondere Empfindsamkeit aufbringt. Wenn dem Schützling dieses Buch ausgehändigt wird, dann sagt im besten Fall niemand zu ihm, er müsse sich an die darin enthaltenen Empfehlungen halten. Er muss, soll und darf selbst entscheiden. Seine inneren Zustände sind lediglich Ausdruck der äußeren Umstände, ebenso wie umgekehrt. Es gehört zum Genesungsprozess, dass er genau an dieser Stelle das Gefühl bekommt, Vertrauen zugesprochen zu bekommen. Denn immerhin trägt er auch einen großen Schatz an Erfahrungen in sich, der ihn selbst zu einem Experten aus Erfahrung macht. Darauf begründen sich auch unsere Expertisen, die jedoch keinerlei Anspruch auf Garantie und/oder Vollständigkeit gewähren. Jeder spricht über seine persönlichen Erfahrungen, das Buch ist die Sammlung dieser Erfahrungen.

Sie möchten vielleicht darauf wetten, dass Ihre veränderte Haltung und der Inhalt dieses Buches das gemeinsame Problem aus der Welt schaffen. In manchen Fällen ist das so, in anderen wiederum nicht. Wenn Sie mit den elf Kapiteln dieses Buches am Ball bleiben, wird in der Mehrzahl der Fälle Ihr Bemühen von Erfolg gekrönt sein. Im gleichen Maße, indem das Bewusstsein von immer mehr Menschen wächst, vergrößert sich die Chance, dass betroffene Arbeitnehmer auch mit uns in Kontakt treten können.

Wir sind davon überzeugt, dass bis dahin durch die Hilfe des vorliegenden Werkes schon eine ganze Menge bewerkstelligt werden kann. Vor allem aber durch Ihr mitmenschliches Engagement im Sinne der Selbst- und Nächstenliebe.

Wenn Ihr Angestellter aus einer Behandlung zurückkommt, dann reden Sie bitte mit ihm. Zeigen Sie Interesse und fragen Sie ihn, ob er glaubt, für sich eine stimmige Lösung gefunden zu haben. Wenn er bereit ist, sein Problem mit Ihnen zu besprechen, wenn er weiß, dass Sie Verständnis haben und durch nichts, was er Ihnen erzählen möchte, aus der Fassung zu bringen sind, dann hat er einen guten Start.

Einige von uns hatten Führungskräfte, die kein Verständnis aufbringen konnten für die Erfahrungen, die wir als ihre Mitarbeiter in Phasen seelischer und psychischer Krisen durchmachen mussten. So wie bereits unser Fallbeispiel am Anfang dieses Kapitels gezeigt hat, kam es dann oft vor, dass der jeweilige Arbeitgeber dann selbst vom Notarzt aus seinem Büro abgeholt worden ist, weil er vor seinem Schreibtisch ein akutes Erschöpfungssyndrom erlitten hatte.

Übrigens: Können Sie wirklich ruhig bleiben, wenn der Mitarbeiter anfängt, schockierende Dinge zu erzählen? Er könnte Ihnen beispielsweise gestehen, dass er seine Spesenabrechnung frisiert hat, oder dass er plante, ihnen ihren besten Kunden abspenstig zu machen. Tatsächlich kann er solches auspacken, wenn er unseren Weg zur Genesung akzeptiert hat, der – wie Sie mittlerweile wissen – strikte Aufrichtigkeit und Offenheit erfordert. Können Sie das wie ein schlechtes Geschäft abschreiben und neu mit ihm beginnen? Sollte er Ihnen Geld schulden, dann ist es ratsam, mit ihm faire und machbare Vereinbarungen zu treffen.

Wenn er über seine familiäre Situation spricht, können Sie zweifellos hilfreiche Empfehlungen geben. Denn Sie in

Ihrer Position durften bestimmt eine bessere Ausbildung in Bezug auf die Entwicklung sozio -emotionaler Intelligenz erfahren. Schenken Sie ihm ein Stück des Kuchens. Darf er sich mit Ihnen offen aussprechen, solange er nicht Geschäftsklatsch verbreitet oder seine Kollegen kritisiert? Wir sind der Meinung, dass ein Angestellter mit diesen Charaktereigenschaften und durch erwachtes Selbstbewusstsein Ihre uneingeschränkte Loyalität verdient hätte.

Die größten Feinde von uns Hochsensiblen sind Groll, Eifersucht, Neid, Enttäuschung und Angst. Wo immer Menschen im Geschäftsleben zusammenkommen, ergeben sich Rivalitäten – und aus diesen erwachsen Intrigen. Oft haben wir den Eindruck, als wolle man uns einfach nur fertigmachen. Meistens ist das aber gar nicht der Fall, sondern in unserem Denken und Empfinden sind wir zumeist von den Schatten der Vergangenheit verfolgt. Aber hin und wieder wird unsere Begabung dennoch taktisch gegen unsere Umwelt ausgenutzt. Wandel braucht eben Zeit. Und die darin investierte Zeit bringt uns im Endeffekt mehr Geld, als uns die Unwissenheit bislang gekostet hat.

Da war zum Beispiel ein boshafter Kollege, der immer dumme, kleine Witze über die Heldentaten aus der Sturm- und Glanzzeit seines psychisch kranken Kollegen machte. Und so sorgte er dafür, dass die alten Geschichten im Umlauf blieben. In einem anderen Fall wurde ein Erkrankter zur Behandlung ins Krankenhaus geschickt. Am Anfang wussten das nur wenige. Nach kurzer Zeit war es so bekannt, als ob es am Schwarzen Brett gestanden hätte.

Natürlich verringert so etwas die Genesungschancen des Betroffenen, weil schambehaftete Themen jeder in seiner eigenen Geschwindigkeit angehen sollte. In vielen Fällen können Sie als Arbeitgeber das Opfer vor solchem

Klatsch schützen. Sie sollten zwar niemand bevorzugen, Sie können jedoch einen Mitarbeiter gegen schädliche Provokation und unfaire Kritik verteidigen. Aus heutiger Sicht am besten, indem er den Tratschenden zu sich beordert und ihm einfach entsprechende Informationen über Krankheit und Begabung mitgibt, ohne darüber viele Worte zu verlieren. Stichwort Karma.

Im Großen und Ganzen sind Hochsensible sehr tatkräftige Leute. Aktiv wie bei der Arbeit sind sie auch in der Freizeit. Ein durch Unwissenheit über seine Begabung erkrankter Angestellter wird wohl alles daransetzen, um alles wiedergutzumachen. Noch etwas geschwächt steht er vor der körperlichen, geistigen und seelischen Wiederherstellung seiner Gesundheit und kennt am Ende kein persönlichkeits- und oder verhaltensgestörtes Agieren mehr. Dabei übertreibt er vielleicht alles ein bisschen. Es kann sein, dass Sie seinen Wunsch bremsen müssen, zwölf Stunden am Tag zu arbeiten. Suchtverlagerung zeigt sich in den unterschiedlichsten Formen. Aufgrund Ihrer Erkenntnisse möchten Sie ihn gewiss dazu ermutigen, dass er auch sein Ruhebedürfnis, je nach Graduierung seiner Sensibilität, wahrnimmt und schätzen lernt. Er wird den Wunsch haben, viel für andere Leidensgenossen zu tun – und dies auch während der Arbeitszeit. Eine gewisse Nachsicht ist angebracht, denn, wie schon erwähnt, es wird zu unser aller Wohl sein. Diese Tätigkeit braucht er, um seine Nüchternheit, Gesundheit und seine Begabung in vollem Bewusstsein zu erhalten.

Nachdem der Angestellte einige Monate ohne Ausrutscher hinter sich gebracht hat, können Sie vielleicht seine Hilfsbereitschaft für andere Angestellte, denen ihre Unwissenheit noch Probleme verursacht, einsetzen. Vorausgesetzt natürlich, sie wollen, dass ein Dritter auch im Bilde ist.

An dieser Stelle stehen wir dafür ein, dass wir jedem Menschen ein gewisses Maß an Eigenverantwortlichkeit zuschreiben dürfen und aus den vorliegenden Erkenntnissen nicht länger ein Hehl gemacht werden sollte. Ein genesener Mensch in einer verhältnismäßig unwichtigen Stellung kann in diesem Sinne ohne Weiteres mit einem Mann in einer höheren Position sprechen. Da er jetzt eine völlig andere Einstellung zum Leben hat, wird er nie versuchen, aus einem solchen Gespräch Vorteile zu ziehen.

Sie können Ihrem Angestellten vertrauen. Dennoch werden Sie aufgrund langjähriger Erfahrung mit typischen Ausreden und Entschuldigungen als Ausdrucksformen alter Verhaltensmuster misstrauisch sein. Beim nächsten Anruf seines Partners, der ihn krankmeldet, kommt Ihnen schlagartig der Gedanke, er könne wieder rückfällig geworden sein. Wenn das stimmt und er immer noch versucht, zu genesen, wird er es Ihnen erzählen, selbst wenn es ihn seine Stellung kostet. Er weiß, dass er ehrlich sein muss, wenn er überleben will. Er wird es zu schätzen wissen, wenn Sie sich nicht den Kopf über ihn zerbrechen. Er rechnet es Ihnen hoch an, wenn Sie weder misstrauisch sind noch versuchen, sein Leben so zu lenken, dass er gegen die Versuchung des grauen Alltags abgeschirmt ist. *Wenn er gewissenhaft dem Zwölf-Schritte-Programm der Genesung folgt, kann er überall hingehen,* wo es für Ihr Geschäft erforderlich ist. Denn wir haben nach dem Motto leben gelernt:

Hingefallen. Aufgestanden. Krone gerichtet: Weitergegangen.

Wenn er rückfällig wird, sei es auch nur ein einziges

Mal, müssen Sie wie bisher auch selbst entscheiden, ob Sie ihn entlassen oder gemeinsam an seiner Entwicklung weiterarbeiten. Wenn Sie sicher sind, dass er es nicht ernst meint mit dem Aufhören dummen Verhaltens, sollten Sie ihm kündigen, ohne Zweifel. Wenn Sie allerdings davon überzeugt sind, dass er sein Möglichstes tut, möchten Sie ihm sicher noch einmal eine Chance geben. Aber Sie sollten sich nicht verpflichtet fühlen, ihn zu behalten, denn Sie haben schon viel für ihn getan. Für beide Seiten gilt: gut ist gut genug. Und manchmal muss man es eben aus beider Seiten Sichtweise auch dabei gut sein lassen können.

Da ist noch etwas, was Sie vielleicht tun möchten. Wenn Sie Chef einer großen Firma oder einer Arbeitgeber- oder Arbeitnehmervertretung sind, wünschen Sie, dass Ihre jüngeren leitenden Angestellten dieses Buch in die Hand bekommen. Die Abteilungsleiter sollten wissen, dass Sie nichts gegen den oder die Hauptleidtragenden in unserer Gesellschaft haben. Jüngere Führungskräfte sind oft in einer schwierigen Lage. Ihre Untergebenen sind häufig ihre Freunde. Aus verschiedenen Gründen werden die Abteilungsleiter ihre Leute decken, in der Hoffnung, dass sich alles wieder von alleine zum Guten wendet. Der Führungsnachwuchs gefährdet oft die eigene Position, indem er versucht, psychisch schwer Erkrankte zu decken, denen man entweder die Entlassung anbieten oder eine Möglichkeit zur Genesung hätte geben sollen.

Nach der Lektüre dieses Buches kann ein junger Vorgesetzter etwa mit folgenden Worten auf einen Mann zugehen:

„Hör mit bitte mal zu, mein Freund. Jedes Mal, wenn du wieder mal über deine Grenzen gehst, reitest du mich mit hinein. Das ist weder mir noch der Firma gegenüber

fair. Ich habe etwas über Krankheit und deren mögliche Ursachen herausgefunden. Wenn du möchtest und bereit bist, kann ich dir dahingehend Informationen zukommen lassen. Hernach bitte ich dich, dementsprechend zu handeln. Die Firma und ich wollen dir da raushelfen – und wenn du bereit bis, gibt es einen Weg. Wenn du ihn einschlägst, wird es dir sehr bald besser gehen. Solltest du dabei ärztliche Hilfe brauchen, wird die Tatsache, dass du zu einer Behandlung fort bist, nicht erwähnt werden. Du hast dabei unsere volle Unterstützung. Wenn du aber mit dem fremd- und selbstschädigenden Verhalten nicht aufhören kannst oder willst, solltest du kündigen. Denn es tut mir auch weh, dich so leiden zu sehen.“

Ihre junge Führungskraft mag mit dem Inhalt dieses Buches nicht einverstanden sein. Das soll, braucht und darf er den von psychischer Krankheit Betroffenen aber nicht spüren zu lassen. Zumindest weiß er jetzt um die Ursache und Auslöser des Problems. Er lässt sich nicht mehr mit den üblichen Versprechungen an der Nase herumführen. Er wird in der Lage sein, diesem Mann eine sehr korrekte und ehrliche Haltung gegenüber einzunehmen. Er wird keinen weiteren Grund mehr haben, einen uneinsichtigen Mitarbeiter zu decken. Und wie Sie spätestens hier erkennen können, haben Sie Ihr Vermögen an sozial-emotionaler Intelligenz und Kompetenz an Ihre Belegschaft delegiert.

Der langen Rede kurzer Sinn: Keiner sollte entlassen oder weiterhin demoralisiert werden, nur weil er psychisch krank ist und unter seiner Veranlagung mit Hochsensibilität noch zu leiden hat. Wenn er Schritte setzen möchte, um sich zu einer wirklichen Stärke und sozial-emotionalen Kompetenz innerhalb Ihres Unternehmens zu entwickeln, sollte man ihm eine echte Chance auf Entwicklung geben.

Und Entwicklung ist ein Prozess. Ausnahmen werden die Seltenheit bilden.

Die Scham in Bezug auf Krankheit und Begabung wird sich innerhalb aller hierarchischen Ebenen in Ihrem Unternehmen auflösen. Was die Folge dieser Aufklärungs- und Öffentlichkeitskampagne sein wird, können Sie sich an dieser Stelle selbst vorstellen. Es wird kein Stein auf dem anderen bleiben. Dort, wo weltweit ein Flächenbrand von Burn-out herrschte, wurde dadurch der Boden bereitet für ein friedliches Miteinander, getragen von aufrichtiger Selbst- und Nächstenliebe.

Wir glauben, dass mit dieser Methode viel zu erreichen ist, wovon wir bislang nicht einmal zu träumen gewagt hatten. Sie bewirkt in erster Linie die Wiedergutmachung unter uns Menschen, gleichermaßen und unabhängig von allen bisherigen Unterscheidungsmerkmalen. Gleichzeitig werden die Bedenken zerstreut, sich von Angestellten zu trennen, die bei dieser Entwicklung nicht mitmachen können oder wollen. Doch es ist notwendig, dass wir alle an einem Strang ziehen. Denn erst dadurch kann die Natur wieder aufatmen und den Prozess unserer Genesung für ihre Selbstregulation nutzen. Regeneration wird möglich. Das Ansehen Ihres Unternehmens wird beträchtlich steigen, im gleichen Ausmaß der Entwicklung Ihrer ureigenen Güte.

Wir hoffen, unsere Empfehlungen mögen dazu dienen, dass die Verursachung zukünftiger Schäden weitgehend eingestellt wird. Es erscheint uns sinnvoll, wenn wir Sie als Unternehmer und Verantwortliche darauf hinweisen, einerseits bisher sinnlose Bemühungen einzustellen und andererseits denen, die es wert sind, eine Chance zu geben. Und unserer Meinung nach ist jeder Mensch das wert.

Sie mögen jetzt womöglich sagen, dass es nicht Ihre Firmenpolitik ist, sich in das Privatleben der Menschen einzumischen. Wir sagen, wenn jemand sich so verhält, dass seine eigene Gesundheit, seine Familie und seine Arbeit darunter leiden, haben wir die Pflicht, ihn zu entlasten. Denn als Arbeitgeber mischen wir uns bisher mehr als alle anderen in das Privatleben der Menschen ein. Die Arbeit der meisten Menschen ist der Motor ihres Privatlebens. Darum kann und darf es nicht sein, dass die Hochsensiblen unter uns noch einen Tag länger die seelischen Lastenträger und psychisch Hauptleidtragenden unserer Gesellschaft sind. Das ist unverantwortlich, unter jeder Würde und ein leidiges Beispiel für höchste Natur- und Menschenverachtung. *Für Sie alle als Hauptverantwortungsträger innerhalb der menschlichen Gemeinschaft an dieser Stelle einige Fakten:*

Knapp die Hälfte aller Europäer sind mittlerweile von psychischen Erkrankungen wie Sucht, Depression, Burnout oder Angststörungen betroffen. Nur wenige werden rechtzeitig behandelt. Der Schaden für Volkswirtschaften beträgt jährlich in viele hundert Milliarden. Das Krankheitsbild *„Depression"* wird noch heuer weltweit auf Platz zwei der häufigsten Erkrankungen rangieren. Oft stimmt die Diagnose, doch die Ursache der Leiden blieb bislang unberücksichtigt. Hochsensibilität als genetische Veranlagung und ureigene Begabung bei mindestens einem Drittel der Population wird entweder verschwiegen oder als Vulnerabilität pathologisiert, jedenfalls als grundlegende menschliche Ressource in jeder Hinsicht wirtschaftlich verwertet. Diese genetische Veranlagung wird in einer Gesellschaft, in der man nur zu funktionieren hat, für Betroffene zum Fluch. Nicht nur für sie selbst, sondern auch für alle anderen Menschen. Die steigenden Zahlen der Terroranschläge und Amokläufe beweisen dies als traurige Beispiele in den täglichen Pressemeldungen.

Im Jahr 2017 litten weltweit schätzungsweise rund 970 Millionen Personen unter einer psychischen Krankheit und/oder Verhaltensstörung sowie an einer substanz- oder verhaltensbezogenen Suchterkrankung. Die weltweite Zahl von Depressionen beläuft sich mit Stand März 2020 bereits auf 350 Millionen Menschen. Die Dunkelziffer lässt auf ein Dreifaches davon schließen. Bei Frauen wird die Diagnose zwei- bis dreimal so häufig gestellt wie bei Männern. Schamgefühle von Männern sind in diesem Bereich ein sehr großes Thema. Es leiden 2020 somit insgesamt 46,7 Prozent der weltweiten menschlichen Population an Erkrankungen wie Diabetes, an chronischen Atemwegserkrankungen, Krebs, Herz-Kreislauf-Erkrankungen und psychischen Störungen. Die Depression macht einen Großanteil der globalen Krankheitslast *(Global Burden of Disease)* aus. Bis zum Jahr 2030 wird sie die weltweit häufigste Ursache von Behinderungen sein. Dadurch haben Depressionen, wie bereits erwähnt, auch massive volkswirtschaftliche Auswirkungen.

Psychische Störungen entwickeln sich oft schon bei jungen Menschen und sind über viele Jahre hinweg rezidivierend, also wiederkehrend. Man spricht bei Depression deshalb auch von der *„chronischen Krankheit der Jungen“*. Unbehandelte Depressionen sind neben den Auswirkungen für die Betroffenen und deren Familien, zum Nachteil aller Beitragszahler, teurer als die Therapiekosten. Vergleicht man die Kosten, die durch eine unbehandelte Depression entstehen, wird klar, wie viel günstiger die Behandlungskosten wären *(vgl. Sobocki et al., 2007, European Psychia-*

try). Die Kosten einer verminderten Arbeitsleistung wurden hier noch gar nicht eingerechnet. Zieht man an dieser Stelle in Betracht, was die Aufklärung der Betroffenen über Hochsensibilität durch die Anwendung des vorliegenden Programmes in jedem der Fälle für Erfolge nach sich zieht, dann wäre das Schuldbuch der Menschheit mehr als nur getilgt. Und das völlig kostenlos und anonym.

Nahezu alle depressiven Menschen erleben Gedächtnisprobleme, Aufmerksamkeitsdefizite sowie die verminderte Fähigkeit, zu planen und Entscheidungen zu treffen. Das erinnert Sie jetzt womöglich an immer wiederkehrende Phasen der Entwicklung in Ihrer eigenen Kindheit oder Ihrer Kinder, sofern Sie welche haben. *Doch davon einmal abgesehen:*

Kinder, die über psychische Probleme und Hochsensibilität unaufgeklärt bleiben, haben eher Anzeichen von Chronifizierung einer Erkrankung gezeigt als deren Mitmenschen, denen eine Entlastung durch Bewusstwerdung über die Ausprägung ihrer Empfindsamkeit ermöglicht wurde. Wie eingangs erwähnt, kann man das Spektrum der Hochsensibilität laut Dr. Aron mittlerweile in drei Gruppen teilen, nämlich von den Nichtsensiblen (Löwenzahn) über die Mittelsensiblen (Tulpe) bis hin zu den Hochsensiblen (Mimosen). Wie sie daraus bereits erkennen können, ist das Grundproblem dadurch aber noch nicht gelöst.

Zutiefst sinnvolle und äußerst zweckmäßige Ansätze zur Problemlösung liefern dabei die Ergebnisse von Forschungsprojekten wie etwa *„D.O.T. – Die offene Tür“* an der Karl-Landsteiner-Universität, Privatuniversität für Gesundheitswissenschaften. Um zu verhindern, dass sich Kinder und Jugendliche im Internet absondern, versucht *„D.O.T“* unter anderem therapeutische Maßnahmen zu

„gamifizieren“. Das bedeutet, spieltypische Elemente in spielfremde Zusammenhänge zu übertragen. Dabei handelt es sich um geschützte Chatrooms oder auch um Online-Applikationen, die verschiedene Spiele enthalten, um soziale Skills zu trainieren. Es wird versucht, mit Games und Apps spielerisch psychische Probleme abzufangen.

„O.P.E.N. - Online Peer Encouragement Network“ wiederum ist ein Pilotprojekt in Niederösterreich, das in enger Verbindung mit dem Forschungsprojekt *„D.O.T.“* umgesetzt wird. In diesem niederschwelligen und anonymen Angebot können Jugendliche über eine Online-Plattform Kontakt zu geschulten Personen innerhalb einer Peer-Gruppe aufnehmen und sich mit diesen über Problemstellungen austauschen.

Dieser „Peer-zu-Peer“-Austausch wird durchgängig von Fachpersonen wie Therapeuten und Psychologen in der Form der Supervision begleitet, um bei schwerwiegenden oder potenziell gefährlichen Inhalten zeitnah professionell zu intervenieren und gegebenenfalls zu therapeutischen Angeboten überleiten zu können. Durch solche Angebote wird auf das veränderte Kommunikationsverhalten von Jugendlichen im digitalen Zeitalter eingegangen. Probleme werden als ausdrückbar aufgezeigt, und die Hemmschwellen zur Kontaktaufnahme, die gegenüber rein professionellen Angeboten bestehen, werden umgangen.

Ziel des Angebots ist es nicht nur, Jugendlichen zielgruppengerecht einen Austausch über psychosoziale Probleme zu ermöglichen und dadurch potenzielle Wege zu Bewältigungsstrategien zu eröffnen. Das Angebot soll insbesondere psychosoziale Probleme selbst und die offene Diskussion solcher Probleme standardisieren und damit zur Entstigmatisierung und Antidiskriminierung beitragen. Erfolgen solche Angebote in Ergänzung zu einer Aufklärung von Hochsensibilität sowie deren besonderen Fähigkeiten und Wesenszüge als genetische Veranlagung, bewirkt das schon in den Kreisen unserer Jüngsten und unter deren erwachsenen Bezugspersonen einen grundlegenden Bewusstseinswandel.

In einer Altersgruppe, in der chronische Krankheiten sonst noch nicht so häufig sind, schränkt die Depression den Alltag der Betroffenen massiv ein. Und trotz der Möglichkeit nehmen viele der Betroffenen keinen Krankenstand in Anspruch, wie bereits angeführt. Auch werden – wegen des gefürchteten Stigmas und aus Schamgefühlen sowie aus Angst vor Arbeitsplatzverlust – psychische Erkrankungen am Arbeitsplatz oft verheimlicht. Die Einbußen in der Leistungsfähigkeit depressiver Mitarbeiter sind jedoch gravierend.

Einer unserer Freunde, ein niedergelassener Kassenarzt für Psychiatrie, Neurologie, Psychosomatik und Psychotherapie, stellt es wie folgt dar:

„Konkret gibt es für die Erkennung von Hochsensibilität derzeit noch kein gängiges Testverfahren oder anerkanntes Diagnostik-Instrumentarium, zumal sie weder als Krankheit noch als Störung zu definieren ist. Die Systeme sind nicht auf Menschen mit Hochsensibilität ausgelegt. Ursächlich handelt es sich bei Hochsensibilität weder um eine geistige Beeinträchtigung noch um eine seelische, organische oder psychische Störung. Genau aber in diesen schwammigen Grenzen zwischen Hochbegabung und Vulnerabilität nach Auffassung des bio-psycho-sozialen Modells sehe ich als Fachkundiger das Hauptproblem. Auf die wirklichen Ursachen von Krankheiten wird aus Zeitmangel und Unwissenheit meist nicht eingegangen. Ob hochsensibel oder nicht – Hauptsache: *arbeitsfähig oder -unfähig*. Auf kurz- bis mittelfristige Sicht werden daher die Kosten für unsere Gesundheits- und Sozialsysteme durch die Auswirkungen von Krankheiten weiter steigen.

Was mir aus menschlicher Sicht wehtut, ist, dass mittlerweile jedes vierte Kind von einer behandlungsbedürftigen psychischen Störung betroffen ist. Zirka die Hälfte aller Betroffenen erkranken mangels Aufklärung und geeigneter Therapiemöglichkeiten chronisch. So ist es Fakt, dass lediglich ein Viertel aller Betroffenen von psychischen Störungen überhaupt eine Behandlung erhalten. Noch heute ist es so, dass Psychotherapie nicht auf Krankenschein erhältlich ist. Ich muss das jetzt einmal so sagen, auch wenn ich damit in ein sozialpolitisches Wespennest steche und meinen eigenen Ruf aufs Spiel setze. Wir dürfen nicht vergessen, dass jede Stunde sich statistisch gesehen einer unserer Mitmenschen in Deutschland das Leben nimmt, und zirka achtzehn Menschen versuchen es zumindest einmal pro Tag. Weltweit sind es dreitausend Menschen täglich, die sich durch Suizid, sprich Freitod, eine langersehnte Erlösung und tiefreichende Befreiung von ihren seelischen Qualen erhoffen.“

Auch wenn Sie sich jetzt noch immer nicht vorstellen können, wie Sie das persönlich betreffen sollte und der Meinung sind, dass Ihr Unternehmen jedes Jahr ohnehin schon Millionen für Forschungszwecke ausgibt: die Lösung in diesem Buch kostet Sie keinen Cent und wird Ihnen im Gegenzug jedoch zu bislang ungeahntem Reichtum verhelfen.

Die Systeme der Geschäftswelt sind noch nicht im Sinne natürlicher Entwicklung ausgerichtet, sondern zielen eher auf die Stabilisierung marktwirtschaftlicher Erfolge ab.

Durch Menschen als Multiplikatoren wird versucht, möglichst hohe Dividenden zu erreichen. Doch egal, wer das tut und aus welchem Grund: Jede menschliche Dominanz, die sich gegen Artgenossen richtet, verursacht Revolution. Und jede Revolution bringt Opfer. Streit, Widerstand und oder ähnliche Verhaltensweisen haben diesen Teufelskreis immer wieder gestärkt. Die Natur geht dabei immer als Sieger hervor und irgendeine Gruppe der Menschen als Verlierer. Unser Kampf gegen die Natur ist gewonnen, sobald wir bereit sind, ihn als Gemeinschaft zu beenden.

Folgerichtig kann wirksamer Frieden nur durch die bereitwillige Transformation des Einzelnen entstehen, indem der Mensch sich dazu motiviert, sich der Macht seiner eigenen Natur, sprich seiner eigenen Sensibilität, zu ergeben. So wird aus der Furcht vor einer Höheren Gewalt die Anmut gegenüber einer Höheren Macht. Der Unmündige wird mündig.

Sie kennen bestimmt das Dominospiel und den daraus hervorgehenden Dominoeffekt. Der Länge einer solchen Ereigniskette sind physikalisch keine Grenzen gesetzt, da jeder fallende Stein genügend Energie an den nächsten abgibt, um ihn ebenfalls zu Fall zu bringen. Jeder Dominostein hat durch das Aufstellen potenzielle Energie gespeichert und befindet sich zugleich in einem metastabilen Kräftegleichgewicht – die Menge gespeicherter Energie kann durch Einwirkung einer kleineren Menge kinetischer Energie freigesetzt werden. Da die Bewegungsenergie eines umfallenden Dominosteins genügt, um mehrere andere umzuwerfen, muss die Ereigniskette nicht linear bleiben, sondern kann sich in beliebig viele Ketten aufspalten und so zu einem exponentiellen Anwachsen von Ereignissen führen. Epidemien wie das Coronavirus sind nur ein Beispiel dafür, Depressionen und andere psychische Erkrankungen die weiteren. Praktisch begrenzt wird die Ereigniskette allein durch die Anzahl aufgestellter Steine, deren Ausmaße und den zur Verfügung gestellten Raum. Bei endlicher Größe können sie maximal im Kreis angeordnet werden und so von einem Zentrum wegführen; die Ausbreitung wäre damit nicht mehr exponentiell, sondern nur noch quadratisch. Auf den Menschen umgemünzt, erkennen Sie daraus, dass es im Endeffekt zwar zweckmäßig ist, die psychisch Kranken oder Vulnerablen in Spitälern oder Rehabilitationseinrichtungen zu kasernieren, doch es entbehrt jeden Sinnes, jeglicher Menschenwürde und jeden Rechts auf freie Entfaltung.

Die Verantwortungsträger sollten lieber alle ihnen zur Verfügung stehenden Möglichkeiten von Amts wegen eröffnen und aktiv Maßnahmen setzen, die all jene schützen, die durch ihre Veranlagung mit Hochsensibilität ein höheres Risiko haben, an gesundheitlichen Folgeschäden der Informations- und Reizüberflutung zu erkranken. Diese Maßnahmen haben insbesondere den Schul- und Arbeitsbereich zu betreffen und können nur dann ihre volle Wirkung erzielen sowie gesundheitsfördernd wirken, wenn wir alle gemeinsam an einem Strang ziehen. Wir brauchen dahingehend die Mithilfe und Unterstützung aller Instanzen. Denn erst dadurch wird das Gemeinschaftsgefüge gestärkt und allen Menschen bleibt ein Stück Normalität bewahrt. Das verstehen wir unter sinnvoller und zweckmäßiger Entwicklung.

Jeder von uns hier hat diesen Prozess bereits in Eigeninitiative erprobt, indem er diese menschliche Katastrophe durchwandert hat. Auch uns ist diese Lebensumstellung gewiss nicht leichtgefallen, die jedem von uns durch den am eigenen Organismus erfahrenen Leidensdruck abverlangt wurde. Wir selbst sind Kinder, Eltern und oder Großeltern und wissen, was solch gravierende Änderungen im Alltag einer Familie bedeuten. Wir kamen jedoch zu der Überzeugung, dass wir diesen wichtigen Schritt für unsere Kinder und im Sinne einer friedlichen Gemeinschaft setzen mussten. Wir bitten eindringlich darum, dass sich alle Gemeinden, Länder, Staaten und Bünde dieser Erde mit aller Kraft gemeinsam darum bemühen, diesen Prozess globaler Genesung so gut wie möglich zu meistern.

Erst wenn die Hochsensiblen unter uns in der Entwicklung ihres natürlichen Potenzials gefördert werden, wird ein ganzheitlicher Heilungsprozess eingeleitet. Erst wenn die inneren Widerstände beigelegt werden und der dadurch hervorgerufene Teufelskreis durch die Transparenz hochsensibel veranlagter Menschen von der Mitte des Volkes ausgehend aufgelöst wird, kann die Gemeinschaft der Menschen durch alle Schichten von innen heraus genesen. Wir werden eins mit uns selbst und der Schöpfung. Gewahrsein in entfalteter Hochsensibilität und gelebte Spiritualität bringen sozusagen Licht ins Dunkel aller Menschen. Kraft der Natur erlangen wir Resilienz. Sie ermächtigt uns dazu, nach innen und außen hin gleichermaßen offen und transparent zu bleiben, damit Genesung Einkehr halten darf: In uns selbst, in unsere Familien, an unseren Arbeitsplätzen und innerhalb unserer Gemeinschaft. Körper, Geist und Seele harmonisieren sich, die Psyche regeneriert.

Wir haben volles Verständnis für Ihre Verantwortung, die Sie in Ihrer Funktion als Unternehmer der Wirtschaft und Ihren Mitarbeitern gegenüber zu tragen haben. Uns ist klar, dass die Produktionskosten bis zur letzten Stelle hinter dem Komma ausgewiesen worden sind. Wir verstehen

Sie, wenn Sie sagen, es gibt Erholungseinrichtungen und eine Firmenversicherung. Wir haben eingesehen, dass aus menschlichen und geschäftlichen Gründen Ihrerseits ein echtes Interesse am Wohlergehen der Angestellten besteht. *Aber Sucht und Depression beispielsweise, glauben Sie zu wissen, gibt es in Ihrem Unternehmen nicht?* Wahrscheinlich sind diese Einstellung und solcherlei Schutzbehauptungen typisch und völlig normal. *Doch glauben Sie uns bitte:* wenn Unwissenheit uns Menschen schon vor Strafe nicht geschützt hat, dann ist spätestens ab dem heutigen Tage von zumindest grober Fahrlässigkeit oder Behördenwillkür die Rede. Denn einen durch körperlichen, geistigen und oder psychischen Missbrauch seelisch verletzten Menschen, der in der Folge von Reizüberflutung psychisch erkrankte und in den meisten Fällen, zumindest aus Sicht der Behörden, als arbeitsfähig befundet wird, völlig auf sich allein gestellt zu lassen, indem ihm von Amts wegen nicht die notwendige Sicherheit durch Rehabilitations- oder Pensionszahlungen gewährt wird, ist ein Verbrechen an der Menschheit im Allgemeinen. Und im Falle von hochsensibel veranlagten, vulnerablen und oder psychisch kranken Menschen an den Tatbestand der Körperverletzung mit gesundheitlichen Folgeschäden im Besonderen erinnernd. Der Staat hat Achtungspflichten, Schutzpflichten und Gewährleistungspflichten gegenüber dem Volk und den einzelnen Bürgern.

Die erste Pflicht des Staates besteht in der Achtung der Menschenrechte. Achtung meint die Pflicht, es zu unterlassen, durch staatliches Handeln die Menschenrechte der Individuen aktiv zu verletzen. Dem entspricht aufseiten des Individuums der Anspruch, staatliche Eingriffe in seine Menschenrechte abzuwehren. Dieses Abwehrrecht und die entsprechende Achtungs- oder Unterlassungspflicht gelten aber in der Regel nicht absolut. Es gibt legitime Gründe für die befristete Einschränkung von Grundrechten durch den Staat, beispielsweise im Fall von höherer Gewalt wie Epidemien.

Die zweite Pflicht des Staates besteht in der Pflicht zum Schutz der Menschenrechte eines Individuums vor den Übergriffen von Dritten, also von Privatpersonen oder sonstigen nichtstaatlichen Akteuren, wie Wirtschaftsunternehmen oder Sportvereinen. Der Staat ist verpflichtet, die nötigen Vorkehrungen zu treffen, um eine erkannte Gefahr zur Beeinträchtigung von Menschenrechten durch Dritte zu verhindern. Und falls die Rechtsverletzung bereits passiert ist, muss der Staat für Wiedergutmachung sorgen.

Die dritte Pflicht des Staates und somit all seiner Organe besteht darin, zu gewährleisten, dass ein Individuum seine Menschenrechte tatsächlich realisieren kann. Dies bedeutet, dass der Staat verpflichtet ist, die notwendigen Voraussetzungen zu schaffen, welche die Verwirklichung eines Menschenrechts erst ermöglichen. So muss der Staat ein Schulsystem aufbauen, welches die bewusste Aufklärung über Hochsensibilität aktiv fördert und ermöglicht; sonst macht das Recht auf Bildung keinen Sinn. Je nach dem konkreten Recht ist der Staat auch verpflichtet, bestimmte Leistungen zu erbringen.

Meistens werden Menschenrechtsverletzungen mit staatlicher Willkür, Folter, offener Unterdrückung von Minderheitengruppen, systematischer Zensur, dem Verschwinden-Lassen von Regimegegnern etc. assoziiert. In etlichen autoritär oder diktatorisch regierten Ländern gab und gibt es tatsächlich anhaltende Situationen von systematischen und schweren Menschenrechtsverletzungen.

Es wäre jedoch falsch, aus Extrembeispielen von Menschenrechtsverletzungen zu schließen, demokratische Rechtsstaaten wie Österreich oder andere europäische Staaten hätten keine Probleme mit der Einhaltung der Grund- und Menschenrechte. Die Grund- und Menschenrechte bezwecken nicht nur eine Verhinderung staatlich legitimierter Gewalttaten, sondern geben die Leitlinien für jedes zivilisierte staatliche Handeln vor.

Was seit langer Zeit überfällig ist, ist die entsprechende Justierung vorherrschender Abläufe auf Basis der aktuellen, wissenschaftlichen Forschungsergebnisse in Bezug auf die Hochsensibilität. Denn Depression ist nur die biologische Antwort auf jede Art von Repressalien, denen sich Hochsensible in Konsum- und Leistungsgesellschaften ausgesetzt fühlen. Im wahrsten Sinn des Wortes laufen sie in der Hoffnung auf Hilfestellung und Erleichterung von Pontius zu Pilatus und sehen sich vom Staat als Verantwortungsträger im Endeffekt völlig im Stich gelassen und auf sich selbst gestellt.

Wir wissen, dass Eingriffe in die Grund- und Menschenrechte von Individuen, welche der Hoheitsgewalt eines Staates unterworfen sind, nur unter bestimmten Voraussetzungen erlaubt sind. Wir erkennen auch an, dass Voraussetzungen für einen rechtmäßigen Eingriff in ein Menschenrecht oder ein Grundrecht entweder eine gesetzliche Grundlage oder eine Rechtfertigung durch ein öffentliches Interesse beziehungsweise den Schutz der Grundrechte von Dritten vorliegen muss.

Dennoch muss der Eingriff verhältnismäßig sein, und er muss immer den Kerngehalt des Grundrechts oder des Menschenrechts wahren. Und was im Falle von Epidemien als höhere Gewalt bezeichnet wird, sollte im Fall von

Hochsensibilität als Ausdruck einer Höheren Macht Anerkennung finden.

Insbesondere Angehörige von randständigen oder sozial geächteten Gruppen, wie straffällig gewordene Ausländer aus Sicht des jeweiligen Staates oder psychisch Kranke, aber auch Menschen, die noch unter ihrer Veranlagung mit Hochsensibilität leiden, laufen leider auch in Demokratien Gefahr, dass ihre Grund- und Menschenrechte in unverhältnismäßiger Weise beschränkt und damit verletzt werden.

Es ist primär Aufgabe des Gesetzgebers und der Behörden, nicht ohne guten Grund in die Menschenrechte und Grundrechte einzugreifen und ihren Kerngehalt immer zu achten. Und der Kerngehalt der Rechte von Hochsensiblen liegt eben nun einmal in ihren Genen verankert. Es ist an der Zeit, sie als Maßstab unserer fortschreitenden Gesellschaft anzuerkennen und ihnen Möglichkeiten zu eröffnen, die zur bewussten Entfaltung der mit ihrer Veranlagung in Zusammenhang stehenden Wesenszüge und inneren Werte zu ermöglichen. Es ist die Zeit gekommen, in der wir die bestehenden Gesetze auf den aktuellen Stand der Wissenschaft in Bezug auf Menschen mit Hochsensibilität anzupassen haben. Denn erst dadurch kann der Einzelne sich auf die Entwicklung und Entfaltung seiner Begabung konzentrieren, um sie hernach für das Wohl innerhalb der eigenen Familie, und im weiteren Verlauf zum Wohle aller Bürger eines Staates, einzusetzen.

Uns ist völlig klar, dass dort, wo die Gesetzgeber und Behörden ein öffentliches Interesse schwerer gewichten als die volle Garantie eines Menschenrechts, sich diese in den meisten Fällen gegen die Einhaltung des Menschenrechts aussprechen. Dann sollten jedoch solche Entscheide unter den vorliegenden Umständen von einem unabhängigen Gericht korrigiert werden.

Bei uns besteht viel Erfahrung auch über das Geschäftsleben, zumindest aus der Sicht des psychisch Kranken und seelisch unter Mitleidenschaft gezogenen Hochsensiblen. Darum dürfen wir offenen Herzens und berechtigterweise den Wirklichkeitsgehalt von Meinungen anzweifeln, mit denen entsprechende Persönlichkeiten sich gegen die längst erforderliche Aufklärung der Menschen in ihrem Einflussbereich vehement zur Wehr setzen. Wenngleich auch die Aussagekraft ihrer vermeintlichen Begründungen einen überaus hohen Wahrheitsgehalt aufweist.

Sie wären schockiert, wenn Sie wüssten, wie viel die Krankenstände durch psychische Krankheit Ihrem eigenen Unternehmen und unserem System in Wirklichkeit kosten. Und dabei sprechen wir nicht von den Angestellten, die sich zu irgendeiner Form der psychischen Krankheit bekennen, sondern die aus irgendeinem anderen Vorwand dem Unternehmen fernbleiben. Unter den Beschäftigten solcher Firmen verbergen sich wahrscheinlich viele Kranke, Gefährdete und Gefährder. Und, anstatt die Ursache endlich einmal einzusehen, schicken wir zu ihnen noch Detektive, um sie hernach des Sozialbetruges zu bezichtigen. Die Leiter großer Unternehmen haben oft wenig Wissen, wie weit diese Problematik verbreitet ist, weil sie selbst zu weit weg davon sind. Was uns auch völlig klar erscheint in Anbetracht dessen, auf wie viele Dinge ein Unternehmer zu achten hat und wie sehr er durch seine Aktivitäten doch selbst schon mehr als ausgelastet ist.

Wenn Sie dennoch meinen, dass es in Ihrem Unternehmen keine derlei gelagerten Probleme gibt, kann es sich auszahlen, dieser Angelegenheit nochmals auf den Grund zu gehen. Dabei werden Sie einige interessante Entdeckungen machen. Selbstverständlich ist in diesem Kapitel hauptsächlich von kranken Menschen die Rede. Doch dabei handelt es sich gewiss schon lange nicht mehr nur ausschließlich um die Hochsensiblen unter uns. Wie wir schon einmal angeführt haben: die vorherrschende Flut von Informationen und Reizen sowie die durch Familie und Beruf an uns gestellten Leistungsanforderungen haben nach unseren Erkenntnissen das Maß eines gesunden menschlichen Leistungskalküls schon lange überschritten. Die Uhr schlägt zwölf.

Sie haben recht: Es kann nicht erwartet werden, dass man einem erkrankten Angestellten unverhältnismäßig viel Zeit und Aufmerksamkeit widmet. Ebenso wenig wie einem arroganten oder überheblichen Hochsensiblen. Er sollte keine Besserstellung einnehmen, auch wenn er eine Sonderbehandlung verdient hätte, angesichts der Höllenqualen, die er in den Fällen von Missbrauch als vermeintlicher Sündenbock und schwarzes Schaf innerhalb unserer reizenden Gesellschaft womöglich hatte durchmachen müssen. *Darum dürfen Sie beruhigt sein:* ein genesender, einsichtig gewordener Hochsensibler möchte weder eine Besserstellung noch eine Sonderbehandlung. Er will sich nicht aufdrängen. Im Gegenteil, einer von unserer Art möchte nicht länger den Teufel im Schafspelz spielen, sondern endlich seine von Güte getragenen Werte zeigen dürfen. *Helfen Sie ihm dabei, und er wird es Ihnen bis an Ihr Lebensende und darüber hinaus danken.*

Durch die Anwendung des vorliegenden Programms haben wir unsere natürliche Einstellung wiederfinden dürfen. So wurden wir von einem Selbstmord auf Raten bewahrt und konnten uns unserer wirklichen Berufung bewusst nähern. *Jeder Einzelne von uns fand im Annehmen und durch die Entwicklung seiner Hochsensibilität schließlich jene stille Medizin, die jeder Mensch dem Sinn und Zweck seiner Bestimmung nach in sich trägt: Spiritualität.* So danken wir für jeden vergangenen Augenblick und freuen uns auch über jeden neuen Moment, den wir dafür einsetzen dürfen, unser Dasein durch ein tägliches Leben in den Zwölf-Schritten wieder in Einklang und Ordnung zu bringen. Güte ist Gesinnung, sie entspringt der Natürlichkeit. Sie ist, gleich Milde, Nachsicht, Sanftmut und Mitgefühl, eine Freundin der Barmherzigkeit. Vielmehr als nur ein Attribut im Sinn von Nächstenliebe, ermöglicht sie uns Menschlichkeit, um grenzenlos zu dienen.

Kapitel Elf

Eine Vision

Die meisten Leute verstehen unter dem *Begriff Leben* Geselligkeit, Kameradschaft und eine lebhaft angeregte Fantasie. Für sie bedeutet es die Befreiung von Sorgen, von Langeweile und Kummer. Es ist das vergnügliche Zusammensein mit Freunden und eine erfüllende Betriebsamkeit mit Kollegen, die ihnen das Gefühl vermittelt, das Leben sei gut.

Für die psychisch Kranken unter uns machte das Leben im Endstadium unserer Krisen in herkömmlicher Weise keinen Spaß mehr. Indem wir im Meer der Reizüberflutung langsam in geistige Umnachtung abtauchten, schienen uns nur mehr Erinnerungen an einzelne Augenblicke unserer Kindheit als Lichtblicke. Oder die Erinnerungen an die Tage, an denen wir noch mit allerlei Mittelchen versucht hatten, uns über Wasser zu halten. Nie gelang es uns, die schönen Stunden vergangener Tage mit ihren anmutenden Empfindungen zu wiederholen.

In uns war eine einzige große Sehnsucht, das Leben so wie früher zu genießen. Um das zu erreichen, klammerten wir uns wie besessen daran, diese Fähigkeit zu kontrolliertem Anpassungsverhalten wiederzuerlangen. Es gab immer wieder einen neuen Versuch und immer wieder einen Rückschlag mehr.

Je weniger Menschen uns mochten, umso mehr zogen wir uns aus dem gesellschaftlichen Leben zurück. Jeder von uns hatte eine ungewisse Ahnung davon, dass dieses Leben, dass hier allem Anschein nach so wunderbar zu sein schien, nicht das wirkliche Leben sein würde. So wurden wir zu Untertanen der Belustigung, zu zitternden Einwohnern eines scheinbar völlig verrückten Reiches. Der kalte Nebel der Einsamkeit senkte sich über uns. Er wurde immer dichter und schwärzer. Einige von uns suchten in finsteren Kneipen und in Kreisen dunkler Gestalten und Mächte Verständnis, Kameradschaft und Bestätigung. Für Augenblicke fanden wir, was wir suchten. Dann holte uns die Einsamkeit erneut ein. Die wirkliche Ursache, weshalb die meisten von uns mit gesenktem Haupt durch ihr Leben gingen und wieso sich unser aller Blicke kaum noch begegneten, war, dass unsere Seelen litten.

Wir für uns wagen zu sagen, das Gewahrsein erreicht zu haben. Wir haben gelernt, dass wir uns nicht länger für die Eigenschaften und Besonderheiten unserer Veranlagungen zu schämen brauchen.

Auch wenn wir anfangs noch nicht abschätzen konnten, dass wir unter unserer Hochsensibilität noch etwas anderes finden würden, waren wir bereit geworden, uns aufzumachen zu bislang unbekannten Ufern. Die meisten von uns hatten sich dazu entschlossen, aus innerem Antrieb sich selbst und ihre Vergangenheit sowie die daraus resultierenden Erkenntnisse im tieferen Sinne zu reflektieren. Sie erklärten sich bereit, ihren Erfahrungsschatz in die Welt zu tragen. Der eine machte das mit einem Buch, der andere als Schauspieler, der nächste in einer Selbsthilfegruppe, der Vierte wiederum ging den Weg durch die Psychiatrie.

Jeder unserer Leidenswege bis zur Bewusstwerdung über die jeweilige eigene Begabung birgt wahrlich manche Erlebnisse in sich, welche andere nur aus so manchen Filmen kennen. Wir – nicht mehr und nicht weniger als du – kamen mit unserer Existenz oftmals nicht klar, weil wir die Realität zumeist als unfair, kalt, brutal, aussichtslos und durchweg als sehr anstrengend empfanden, wenngleich uns das Leben aus irgendeinem unerklärlichen Grund niemals hoffnungslos oder sinnentleert erschien.

Wir sind zu dem Schluss gekommen, dass es uns in jedem Fall von Natur aus so vorherbestimmt war. Anscheinend musste jeder von uns seine einschlägigen Erfahrungen machen, damit wir die Ursache unserer ganz individuellen Leiden und unseres Versagens entdecken konnten und dic daraus gewonnenen Einsichten nunmehr in Dankbarkeit und Demut weitergeben dürfen. Jeder von uns trug das Kreuz seiner Veranlagung selbst und dennoch nie alleine. Das hatten wir tief in unserem Innersten geahnt. Ständig stolperten wir von einer Verletzung zur nächsten, weil wir die Erwartungen und Ansprüche, die eine fortschreitende Gesellschaft an uns gestellt hatte, nie erfüllen wollten – ja sogar niemals hätten erfüllen können. Das ist uns heute voll und ganz bewusst.

Alles, was wir uns aus tiefstem Herzen doch so sehr gewünscht hatten, war einfach nur frei zu sein und als tiefgründig empfindsame Menschen leben zu dürfen. Dabei hatten wir stets vorausgesetzt und angenommen, dass unsere Mitmenschen und wir selbst uns in der tieferliegenden Gedanken-, Gefühls- und Sinneswelt gleichen würden. Doch diese Annahme war zum Leidwesen aller ein Irrglaube. Warum konnten so viele Menschen in unserer

Umgebung trotz der drängenden Fragen, trotz all der ungelösten Konflikte auf der Welt einfach so dahinleben, ohne sich gefühlsmäßig voll und ganz auf die damit einhergehenden Empfindungen einzulassen? *Heute wissen wir die Antwort*: weil sie alle, als Mehrheit von uns Menschen, eben nun einmal nicht mit Hochsensibilität veranlagt sind.

Erst ab dem Moment, an dem wir das einsehen und erkennen durften, fiel es uns wie Schuppen von den Augen. All die aufkeimenden Probleme, ob von globaler Tragweite oder im eigenen Land, innerhalb unserer Familien oder nur uns persönlich betreffend: Unsere bisherigen Antworten hatten uns zwar weitergebracht, aber leider immer weiter weg von uns selbst, weg von unserem sensiblen Wesenskern. Wir hatten erkannt, dass wir aufgrund dieses Missverständnisses und der nagenden Ungewissheit zunehmend daran verzweifelt waren und insgeheim versucht hatten, unsere komplexen Wahrnehmungen und feinsinnigen Wesenszüge mit allen möglichen und unmöglichen Mitteln zu betäuben und zu entfernen. Die anderen von uns wiederum versuchten, sich selbst zu erklären, was mit ihnen denn bloß los sei. Hungrig und durstig nach Gewissheit entfernten wir uns immer weiter weg vom Wesentlichen in uns selbst.

Es ist bestimmt nicht so, dass wir unseren Eltern oder sonst irgendjemandem dafür die Schuld zuweisen möchten, genauso wenig wie irgendjemand anderem. Im Gegenteil, wir sind heute unseren Eltern und all den Menschen, die unser Leben erst zu dem gemacht haben, was es jetzt ist, zutiefst dankbar. Ohne diese unzähligen Begegnungen und Erlebnisse wären wir nicht diejenigen, die wir heute sind. Wir können heute guten Gewissens von uns behaupten, dass es einen Sinn und Zweck hatte, weshalb wir mit so vielen Wassern gewaschen wurden. Zwar können wir nicht sagen, dass wir immer stolz darauf waren, was wir mit unserem bisherigen Leben angestellt haben, ebenso wenig wie wir über manche Verletzungen, die uns von anderen zugefügt wurden, nicht erfreut sind. Im Endeffekt aber glauben wir, dass wir etwas Sinnvolles und Zweckmäßiges daraus gemacht haben. Und das ist doch im Wesentlichen genau das, was die Wunden, die das Leben in der Vergangenheit geschlagen hat, heilen lässt.

Womit fing also alles an? Mit den Ideen von Verrückten? Mit den Fantastereien irgendwelcher Träumer? Nein, sondern mit dem tiefen Vertrauen einzelner Menschen auf eine Höhere Macht, wie jeder selbst sie zu empfinden vermochte, an eine sinnvolle Schöpfung, ganz wie jeder selbst sie vor seinem geistigen Auge gesehen hatte. Mit dem unerschütterlichen Glauben daran, dass sich diese Macht in allem ausdrückt und wiederfindet, vor allem aber auch in den unendlichen Tiefen der eigenen Natur.

Wenn du das nicht zu glauben bereit bist, kann dir das freilich niemand vorschreiben. Für alle, die noch immer eine natürliche Vorsehung leugnen oder ernsthaft an einer Schöpfung zweifeln, stellt dieses Buch ein offenes Tor dar, über dessen Schwelle auch der Vertrauenslose leicht den ersten Schritt hin wagen kann zu einer Wirklichkeit, die er bisher womöglich aus Angst, Unwissenheit, Scham, Geringschätzung oder aber auch einfach aufgrund mangelnden Bewusstseins verdrängt hat. Dieses Werk ebnet ihm dabei bestimmt nicht den Weg zum Himmel, aber dieses Buch kann ihm ganz gewiss den Weg aus der Hölle weisen. Gehen muss, soll und darf diesen Weg ein jeder Mensch für sich selbst, wenngleich er ihn ab heute auch nicht mehr alleine zu gehen braucht.

In unseren Tagen, da viele Menschen unter altbekannte Gewohnheiten und herkömmliche Verhaltensmuster einen Schlussstrich ziehen, während andere in diese Fallen tappen, in einer Zeit, da Menschen aus Angst vor materiellem Verlust gegeneinander kämpfen und Kriege führen, in verrückten Zeiten wie diesen, da viele an körperlichen, geistigen und psychischen Störungen leiden und in eine spirituelle Bewusstlosigkeit verfallen, ist es gut, sich wieder auf das Wesentliche in Mensch und Natur zu besinnen. Denn sie selbst ist unser aller Ursprung.

Die Forschung beweist immer wieder aufs Neue: Unsere Lebensweise, vor allem dort, wo sie im Gewahrsein mit sich selbst und im Einklang mit der Natur liegt, eröffnet uns ungeahnte Chancen zur Erlangung ursprünglicher Lebensfreude. In der Natur ist von allem reichlich vorhanden. Sie bietet uns alles, was wir für ein gesundes und glücklich gelebtes Leben als erforderlich erachten. Das gilt auch für unsere eigene Natur im Zentrum unseres Selbst. Erinnern wir uns einfach daran. Besinnen wir uns auf unsere wesentliche Empfindsamkeit. Als oberstes Ziel gilt es nicht, „*normal*“ zu werden, sondern „*natürlich*“ zu sein.

Vergleichen wir einmal die Natürlichkeit unserer Art mit dem Paradies der Schöpfungsgeschichte, mit Adam und Eva: Ein Mann und eine Frau als zwei vom Geschlecht her unterschiedliche, menschliche Wesen, die vom Baum der Erkenntnis naschen. Der eine weiß nichts davon, was dem anderen von „*Gott*“ zugeflüstert wurde. Und der eine nützt diese Unwissenheit gegen den anderen aus. Aus heutiger Sicht konnte uns keine Geschichte einleuchtender aufzeigen, was sich innerhalb unserer menschlichen Gemeinschaft zwischen Hochsensiblen und Nichthochsensiblen zugetragen hatte.

So wie sich Adam und Eva als Figuren in den äußeren Merkmalen unterscheiden, gleicht auch ihre Innenwelt nicht jener des jeweils anderen. Sie müssen sich trotz dieser Verbannung und ihrer Differenz untereinander das verlorene Paradies, sprich ihre ursprüngliche Natürlichkeit, auf dem Umweg der Bewusstwerdung zurückholen. Nämlich auf dem gleichen Weg, wie sie diese einst verloren haben. Sie müssen damit aufhören, sich im Geheimen an den Früchten ihrer Sinnesgaben zu versuchen. Darunter verstehen wir Genesung, oder wie die Bibel es benennt: *Das Buch Genesis*.

Obwohl die Natur es war, die die besonders Empfindsamen zu ihrem eigenen Schutz und zur Erhaltung der Artenvielfalt vorhergesehen hat, verlieren wir Menschen heute mehr denn je den Bezug zu dieser Basis, dic uns allen Sinnreichtum und all die Wunder ihrer Schöpfung zu Füßen gelegt hat.

So hoffen wir in jedem einzelnen Fall unserer Leser, dass dieses Werk überzeugend genug ist, um uns alle weiteren Beweise zu ersparen. Unser Wunsch ist es, das Verständnis zwischen Hochsensiblen und Nichthochsensiblen zu fördern. Ebenso wie das Verständnis innerhalb der Gruppe von Hochsensiblen. Wir sind davon überzeugt, dass dieses Wissen für alle von uns von überlebenswichtiger Bedeutung sein wird. Wir sind der Meinung, dass es hier nicht mehr nur um das Überleben des Einzelnen geht, sondern darum, ob wir als Art auch weiterhin Teil dieser wunderbaren Schöpfung sein dürfen.

Es liegt nicht in unserer Absicht, dich oder irgendjemand anderen zu überzeugen. So wollen wir dich auch nicht beeinflussen. Denn einen Menschen zu beeinflussen heißt, ihm die eigentliche Sinnlichkeit seiner Seele zu verderben. Sodann verlernt er, in seiner eigenen Natürlichkeit zu denken, und hört damit auf, die ihm in die Wiege gelegten Begabungen zu entfalten. Sein Ahnenwissen bleibt ihm dadurch verborgen. Sehnsüchte sind eine Folge dieser anmaßenden Einflussnahme. Die entsprechenden subjektiven Wahrheiten werden plötzlich zu Träumereien einer misslungenen Realität. Dadurch erklingt der Mensch als Echo der Musik eines anderen, wirkt als Darsteller eines irren, fremden Schauspiels abseits seiner eigenen Bestimmung. Dabei liegt der Sinn allen Lebens in der freien Selbstentfaltung. Das Buch möchte dich dazu anzuregen, deinen Blick auf das Zentrum deiner eigentlichen Natur zu richten und daraus den wesentlichen Sinn deines Selbst zu gewahren, damit die Natürlichkeit aus dir wieder zu fließen beginnen kann.

Wir alle sind hier, um uns zu vervollkommnen und unsere schöpferische Natürlichkeit zu entwickeln. Auferlegte Wahrheiten verwüsten und verwässern uns bloß. Und wenn wir Menschen erst einmal von Schmerz erfüllt sind, lenken wir uns aus Angst vor den schmerzhaften Empfindungen mit den Erscheinungen des vermeintlichen Lebens ab. So ist uns Menschen die Pflicht des Seins zur sündhaften Schuld erwachsen.

Unsere Seelen dürsten still nach dem genauen Gegenteil, doch wir haben die Demut, die Dankbarkeit und die Anmut gegenüber unserer Natur verwirkt – weil wir von Hochsensibilität und dem darunter liegenden Sinn für Spiritualität nichts gewusst haben.

Darum wurde die Liebe zum Schrecken, der die Grundlage sinnentfremdeter Moral ist, und *die eigene Göttlichkeit zur Ehrfurcht vor Gott*. Das sind die zwei Dinge, die uns degenerieren lassen. Die Entwicklung von Hochsensibilität hingegen ist die Möglichkeit, durch die wir regenerieren können.

Durch den Prozess eines bewussten Erwachens hatten wir begonnen, unseren in den Schatten verdrängten Sinnreichtum zu entwickeln und die darin brachliegenden Fähigkeiten und Talente von Grund auf zutage zu fördern. Das war keine Frage des Willens oder unseres verrückten Charakters. Was wir einzig und allein dazu brauchten, war die Bereitwilligkeit, uns zu jenem Dasein hin zu entwickeln, das uns Kraft unserer natürlichen Veranlagung als Hochsensible zugewiesen wurde. Unsere Krankheiten schienen uns als Weg, um unsere tieferliegende Empfindsamkeit orten zu dürfen. Unser Schicksal erkannten wir als Chance, um daraus die logischen Schlüsse zu ziehen und uns zu entfalten.

Wirkliche Veränderung, die nicht nur frische Farbe auf alte Wände malt, beginnt immer bei uns selbst. Wirksamer Wandel braucht neue Wege. Im Verständnis des Du erkannten wir uns selbst. Im Verständnis darum, dass die meisten unserer Mitmenschen anders empfanden als wir, hörten wir damit auf das immer Gleiche und Bekannte von ihnen zu erwarten. Ein echtes Wir konnte entstehen.

Durch die Arbeit im Programm und das Interesse für dich selbst, einerseits für deine Hochsensibilität und andererseits für etwaige Erkrankungen, wirst du mittel- bis langfristig ein Gefühl tiefreichender Freiheit in Bezug auf frühere Sorgen, Langeweile und Kummer erfahren. Langsam findest du jenen Sinn in deinem Leben wieder, den du die längste Zeit über schon in dir selbst vermutet und erahnt hattest. Die schönsten Jahre liegen noch vor dir. So erleben wir dieses Gewahrsein – und dir wird es ganz bestimmt genauso ergehen.

„Wie stelle ich das an?“, fragst du. *„Wo kann ich diese Leute finden?“*

Du wirst diese neuen Freunde in deiner eigenen Umgebung finden. Nicht weit von dir leiden und sterben unwissende Hochsensible, so wie Menschen auf einem sinkenden Schiff. Wenn du in einem größeren Ort lebst, sind es Hunderte. Hohe und Niedrige, Arme und Reiche, Rechte und Linke, Schwarze und Weiße. Jeder von ihnen kann einer deiner neuen Freunde sein. Unter ihnen wirst du Freunde fürs Leben finden. Neue und wunderbare Gleichheiten werden dich mit ihnen verbinden. Gemeinsam werdet ihr dem Unheil entkommen – und Schulter an Schulter brecht ihr auf zu der gemeinsamen Reise. Dann werdet ihr erfahren, was es heißt, etwas von sich selbst zu geben, sodass andere überleben und das Leben neu entdecken können. Dann wirst du die volle Bedeutung des Bibelwortes und der allgemein lebenspendenden Sentenz erkennen: *„Liebe deinen Nächsten wie dich selbst.“*

Es erscheint vielen unglaublich, dass Menschen wie wir je wieder glücklich, geachtet und nützlich werden können. Unsere Mitmenschen fragen sich, wie wir aus solchem Elend, solcher Schande und Hoffnungslosigkeit herausfinden konnten. *Die Antwort heißt:*

So wie diese Dinge mit uns geschehen sind, können sie auch mit dir geschehen. Wenn dieser Wunsch für dich an erster Stelle steht und wenn du dir unseren Erfahrungsschatz zu eigen machen willst, sind wir sicher, dass es eintrifft. Denn unser Schatz ist auch dein Schatz. Und dein Schatz ist auch unserer. Auch heute geschehen noch Wunder. Unsere eigene Genesung ist Beweis dafür. Und deine eigene Heilung wird ein weiterer Beweis dafür sein.

Wir hoffen, dass dieses Buch in einem Meer der Reiz-

überflutung für viele verzweifelte Menschen zu einem Rettungsring wird, wenn sie die darin enthaltenen Empfehlungen befolgen. Wir sind sicher, dass viele wieder auf die Beine kommen und gehen können. Wir sind sicher, dass viele wieder geistig erwachen und sehen können. Sie werden sich dann jenen zuwenden, die noch unter der Unwissenheit über ihre Hochsensibilität leiden. Gruppen von Hochsensiblen können in Stadt und Land entstehen, als Zufluchtsort und sicherer Ankerplatz für diejenigen, die einen Ausweg finden müssen und wollen.

Im Kapitel *„Die Arbeit mit unseren Nächsten"* hast du in etwa erfahren, wie wir von den Zwölf-Schritte-Gruppen auf andere zugehen und ihnen zur Genesung verhelfen.

Das vorliegende Zwölf-Schritte-Programm ist ein spirituelles Programm zur Entwicklung von Hochsensibilität und zur Genesung von psychischer Krankheit. Es wurde in den 1930er-Jahren von den Alkoholikern Bill und Bob, basierend auf ihren eigenen Alkoholmissbrauchserfahrungen, entwickelt und im Buch *„Alcoholics Anonymous"* festgehalten und erläutert. Grundsätzlich war das Programm auf die psychische Erkrankung des Alkoholismus ausgelegt. Zielgruppen waren und sind Betroffene, deren Angehörige, Ärzte, Therapeuten, wie auch Vertreter religiöser Gruppen und anderer Hilfseinrichtungen, die Trunksüchtigen helfen wollen. Nach dem Vorbild der Anonymen Alkoholiker haben sich auch Gruppen zu anderen Hauptthemen gebildet und das Programm inhaltlich entsprechend angepasst.

Die wesentliche Besonderheit des gegenständlichen Programmes liegt darin, dass wir uns dadurch als Hochsensible auf die Entwicklung der Eigenschaften unserer Veranlagung mit Hochsensibilität konzentrieren, anstatt uns mit einer konkreten Krankheit im Meeting zu befassen. Mit dem Ziel, durch Psychoedukation die Merkmale von Hochsensibilität und die Symptome psychischer Erkrankungen differenzieren zu lernen. Im Effekt erfolgt die Genesung von psychischen Erkrankungen und anderen Problemen, die uns aufgrund seelischen, körperlichen oder geistigen Missbrauchs erwachsen sind.

Eine Gruppe dient der Genesung von Menschen durch Selbsthilfe. Als Experten aus Erfahrung helfen wir uns gegenseitig und unseren Angehörigen. Wir treffen uns regelmäßig, meist wöchentlich, zu gemeinsamen Aussprachen. Im herkömmlichen Sprachgebrauch werden diese Treffen als Meetings bezeichnet. Es bleibt jedem Teilnehmer selbst überlassen, ob und wie häufig er die Treffen besucht. Auch innerhalb eines Meetings gibt es keine Verpflichtung, vom Anfang bis zum Ende bleiben zu müssen. Die Meetings sind in fixen Zeitfenstern á 90 Minuten anberaumt. Für die Teilnahme an der Selbsthilfe ist keine Mitgliedschaft erforderlich, es gibt daher auch keine Mitgliederlisten. Die Meetings sind kostenlos und anonym.

Die Treffen werden ausschließlich von den Betroffenen selbst organisiert. Ein Chair als Sprecher moderiert die Einheit. Dieser Dienst wird entweder durch Wahl oder nach Rotationsprinzip besetzt und kann von jedem Teilnehmer übernommen werden. Weder der Chair noch andere Dienste haben eine hierarchische Sonderstellung.

Es gibt kein Therapeuten-Klienten-Verhältnis. Viele Teilnehmer suchen sich aber einen erfahrenen Sponsor oder Peer, sprich einen Angehörigen der Gruppe, der bereits längere Erfahrung auf seinem Weg zur Genesung mitbringt. Dieser sollte schon längere Zeit ein nüchternes Leben führen, viel Erfahrung mit dem Programm haben und insbesondere in Notlagen oder akuten Krisen erreichbar sein. Sollte einer der Freunde an den Symptomen einer akuten Erkrankung leiden, wird ihm empfohlen, sich zuerst an eine andere Zwölf-Schritte-Gruppe und/oder an entsprechendes Fachpersonal zu wenden. Die Gruppen bestimmen den Ablauf der Gruppentreffen selbst. *Der typische Ablauf enthält folgende Elemente:*

1. Vorstellungsrunde: „*Ich bin Vorname. Ich bin …*"
2. Antwort der anderen: „*Hi Vorname!*"
3. Vorlesen von Präambel und Zwölf-Schritten
4. Abschluss durch gemeinsames Sprechen des Gelassenheitsspruches

Als Grundlage arbeiten die Gruppen mit Fachliteratur zum Thema Hochsensibilität sowie mit dem vorliegenden Buch und den Zwölf-Schritten. Dabei wird auf zuvor gemachte Themenvorschläge der Teilnehmer eingegangen und entsprechende Stellen aus dem Buch vorgelesen. Jeden Monat ein neuer Schritt, zudem jeder Angehörige seine persönlichen Erfahrungen preisgeben darf und soll. Jeder der Anwesenden kann demnach seine in diesem Bereich gemachten Lebenserfahrungen aus der Ich-Perspektive schildern. Dabei darf er von den anderen nicht unterbrochen werden. Sobald der Betreffende mit seinem Wortbeitrag und seinen Ausführungen fertig ist, zeigt er den anderen durch das Aussprechen eines „*Danke*" das Ende der Äußerung an. Je nach Gruppe kommen weitere Elemente hinzu.

Den größten Raum bei den Treffen nimmt somit das „*Teilen von Erfahrung, Kraft und Hoffnung*" ein. Die Teilnehmer sprechen über ihre Erfahrungen. Sie können frei über alles sprechen, was sie bewegt. Die anderen Teilnehmer dürfen weder Feedback noch Kritik oder ungefragte Ratschläge erteilen. Manche Gruppen begrenzen die Redezeit und haben weitere Regeln, um einen konstruktiven, zweckmäßigen und sinnvollen Meeting-Ablauf zu gewährleisten. Als Grundregel gilt: Nach mehr als dreimal reden kommt nur mehr heiße Luft.

Unser Leben besteht jedoch aus viel mehr, als an Zusammenkünften teilzunehmen und Besuche in Krankenhäusern zu machen. *Zum Alltag eines erwachten Hochsensiblen gehört:* Alte Scharten auswetzen, Familienzwiste bereinigen, den enterbten Sohn seinen erzürnten Eltern wieder nahebringen, einander den Arbeitsplatz sichern und den Freund bei Arzt-, Behördenwegen und zu Ämtern zu begleiten. Natürlich immer nur dort, wo es erbeten und erwünscht ist. Keiner ist so verrufen oder so tief gesunken, um nicht herzlich aufgenommen zu werden, wenn es ihm ernst ist. Über soziale Unterschiede, kleinliche Rivalitäten und Eifersüchteleien geht man mit einem Lächeln hinweg. Denn war der Ruf erst einmal ruiniert, so lebte es sich ungeniert. Als Schiffbrüchige und Sinnsuchende im selben Boot gerettet und von einem Schöpfer vereint, sind Herz, Geist und Seele durch Bewusstwerdung eingestimmt auf Selbstliebe, Güte und das Wohlwollen für den jeweils anderen. Da ist für sie all das, was anderen Leuten noch heute so viel bedeutet wie früher ihnen selbst einmal, nicht mehr wichtig. Wie sollte es auch? Denn ohne Sinn ist jeder Zweck sinnlos.

Wenn *wir* es gemeistert haben, unsere Hochsensibilität als Schutzmechanismus zu entwickeln und von den unterschiedlichsten Krankheiten zu genesen, dann kann es zweifelsohne auch jeder andere Mensch auf dieser Erde schaffen. Du und ich, ob hochsensibel oder nicht: Wir sind nicht schuld daran, dass alles so gekommen ist. Es war uns so vorherbestimmt. Indessen sind wir von heute an dafür verantwortlich, was wir im weiteren Verlauf unseres Lebens daraus machen.

Wir hoffen, dass eines Tages jeder Mensch auf dieser Welt von dem Wissen in diesem Buch Kenntnis erlangt, damit die spirituelle Weisheit sich auch aus ihm zu entfalten beginnen kann. Jeder Einzelne von uns macht dabei den Anfang bei sich selbst. Kleinere Gruppen ab zwei bis zwölf Teilnehmern sind dabei die Regel. So wachsen wir. Auch du kannst wachsen, selbst wenn du nichts als dieses Buch in der Hand hast. Denn genau darauf gründet das Wachsen der Gemeinschaft. Wir glauben und hoffen, dass es alles enthält, was du für den Anfang brauchst.

Vielleicht sagst du jetzt zu dir selbst: *„Ich bin zittrig und allein. Das schaffe ich nie.“* Klar schaffst du es. Weil du jetzt eine Kraftquelle angezapft hast, die stärker ist als deine Furcht. Um es nochmals zu sagen: Mit diesem Rüstzeug ist es nur eine Frage von Bereitwilligkeit, Gelassenheit und täglicher Übung, all das zu erreichen, was jeder von uns erreicht hat. Die meisten von uns haben den Anfang gemacht, indem sie mit dem eigenen Psychotherapeuten, ihrem Psychologen oder den Hausärzten über die Thematik der Hochsensibilität gesprochen haben. Oder einfach mit Menschen, die teilweise Verantwortung für die psychiatrische, psychologische oder psychotherapeutische Betreuung von Betroffenen übernommen hatten. In vielen Fällen stellte sich heraus, dass diese Persönlichkeiten fähig und außerordentlich daran interessiert waren, jede irgendwie wirksame Methode anzuwenden, um das Problem ihrer Klienten in den Griff zu bekommen. So erkannten viele im Begriff der Hochsensibilität die Möglichkeit, ihren Schützlingen zumindest einen Stern am Firmament ihres Zustandes psychischer Erkrankung als Orientierungspunkt zu setzen, der ihnen den Weg aus dem Leidensdruck weisen sollte.

Immer noch könntest du einwenden: *„Aber ich werde nicht das Glück haben, euch, die ihr dieses Buch schreibt, persönlich kennenzulernen.“* Wir wissen es nicht. Die Vorsehung wird das bestimmen. Du solltest dir immer ins Bewusstsein rufen, dass du letztlich nur auf Sie und dich selbst bauen kannst. Deine Empfindung und deine Ahnung werden dir zeigen, wohin dein Weg führen wird.

Dieses Buch ist nur als Anregung gedacht. Der Experte in deinem eigenen Leben bist du selbst. Jeder von uns ist sich bewusst darüber, dass sein Organismus dort endet, wo der des anderen beginnt. Doch im Geiste sind wir verbunden. Die Entwicklung unserer Hochsensibilität und die Entfaltung unserer Spiritualität wird uns Tag für Tag ein Stück weit mehr offenbaren. Besinne dich am Morgen und hör in dich hinein, was du heute tun kannst. Lass dich dabei nicht von deinen Gefühlen und Sehnsüchten fehlleiten, sondern sei bemüht, deiner Empfindung zu folgen. Die Antwort kommt, wenn bei dir alles in Ordnung ist. Denn es ist klar, dass du nichts weitergeben kannst, was du selbst nicht hast. Achte darauf, dass du nicht widerstandsfähig wirst, sondern gütig und resilient. Achte darauf, dass die Verbindung zwischen dir und deiner Schöpfung, dein Sinn für Spiritualität, ungestört funktioniert. Augen, Ohren, Zähne, Nase und Haut wäschst du dir auch jeden Tag. Also halte auch deinen Sinn für Spiritualität durch Gebet, Meditation und Besinnung sauber. Dann werden dir mit *„Gott“* als Begleiter noch unzählige andere wunderbare Dinge geschehen.

Das ist für jeden von uns der unumstößliche Kern aller Wahrheiten. Die Macht ist mit dir, und du bist mit der Macht. Gib dich ihr hin, ganz wie du sie verstehst und empfindest. Gestehe Ihr, dir selbst und einem anderen Menschen deine Fehler gegenüber ein. Entsorge dich, indem du die Trümmer aus deiner Vergangenheit transformierst und die Essenz daraus dem kollektiven Erinnerungsvermögen der Menschheit eröffnest. Gib freimütig von dem, was du findest – und sei ein Stück von Transparenz. Wir werden mit dir in spiritueller Gemeinschaft verbunden sein – und du wirst gewiss einigen von uns begegnen auf dem beschwerlichen Weg zum glücklichen Ziel. Erinnere dich:

Schweigen ist eisern – Reden ist Gold.

Aus oraler Stillsucht erwächst der Mut zu Äußerung. Beginnen wir bei uns selbst, ehe wir uns gemeinsam auf den Weg machen. Alles, was uns begegnet, ist, weil es durch unsere Sinneswahrnehmung und unser Bewusstsein geht, auch Teil von uns selbst. Gerade deshalb ist bewusste Achtsamkeit so außerordentlich wichtig. Sie dient uns als Filter, die die Verzerrungen des Geistes überwindet und die Stürme der Gefühle beruhigt, denn im Erkennen der naturwüchsigen Spiegelungen können Ärger und Seelengift, all der Schrecken, ja sogar die Macht des Terrors ihre Wirkung verlieren und in Verständnis, Frieden, Sanftmut und Liebe münden. Und dann stehen wir gemeinsam

Am Anfang unserer Zukunft.

ANHANG EINS

Mit gutem Beispiel vorangehen

Im Jahr 1951 wurde den Anonymen Alkoholikern in den Vereinigten Staaten für das ursprüngliche Zwölf-Schritte-Programm der *Lasker-Preis* verliehen. In der Ehrenurkunde heißt es unter anderem:

„Die American Public Health Association verleiht einen Lasker-Gruppen-Preis für 1951 an die Anonymen Alkoholiker in Anerkennung für die einzigartige und höchst erfolgreiche Art, in der sie sich des uralten Problems der öffentlichen Gesundheit und der Gesellschaft, des Alkoholismus, angenommen haben ... Indem sie Nachdruck darauf legten, dass der Alkoholismus eine Krankheit ist, wird die gesellschaftliche Ächtung, die mit diesem Zustand verbunden ist, ausgelöscht ... Die Historiker werden eines Tages anerkennen, dass Anonyme Alkoholiker eine wagemutige Großtat an sozialer Pionierarbeit geleistet haben, die ein neues Instrument für soziales Handeln schmiedete: eine neue Therapie, die auf die Verbundenheit des gemeinsamen Leidens gegründet ist; eine Therapie, in der auch ungeahnte Möglichkeiten für zahllose andere Krankheiten der Menschheit stecken.“

Den Anonymen Alkoholikern in Deutschland ist im

Jahr 1979 eine ähnliche Auszeichnung verliehen worden. Die Gemeinschaft erhielt damals den in der internationalen Fachwelt in hohem Ansehen stehenden *Hermann-Simon- Preis*. Gemäß ihrer Siebten Tradition verzichteten die Anonymen Alkoholiker auf die Entgegennahme der mit dem Preis ausgesetzten Geldsumme. Während einer Fachtagung am 9. und 10. Juni 1979 in Baden-Baden wurde der Preis verliehen. Drei der Gemeinschaft seit Langem eng verbundene Nichtalkoholiker nahmen damals die Urkunde entgegen.

SAG7 als gemeinnütziger Verein, eingetragen im österreichischen Vereinsregister unter ZVR: 050524529, möchte dem guten Beispiel folgen und setzt sich demnach dafür ein, dass Hochsensibilität nicht als Krankheit zu definieren ist und auch nicht länger als Vulnerabilität missinterpretiert oder pathologisiert wird. Nähere Informationen zu SAG7 findest du auf www.sag7.com oder www.selbsthilfe.sag7.com. Informationen zu Dr. Elaine Nancy Aron und ihrer Sichtweise auf Hochsensibilität findest du unter www.hsperson.com .

SAG7 möchte durch aktive Aufklärungs- und Öffentlichkeitsarbeit der Diskriminierung und Stigmatisierung von Menschen mit Hochsensibilität und von psychisch erkrankten Menschen entgegenwirken.

Es zeichnet sich seit Generationen die nachteilige Behandlung von einerseits hochsensibel veranlagten und andererseits psychisch erkrankten Menschen ab, ohne dass es dafür einen sachlichen Grund gibt. Sowohl hochsensibel veranlagte Menschen wie auch psychisch erkrankte Menschen fühlen sich jeweils durch besondere Eigenschaften, Wahrnehmungen, Merkmale, Wesenszüge oder Symptome einander zugehörig und werden genau aufgrund dieser ihrer Eigenart, Besonderheiten, Talente oder Diagnosen gesellschaftlich diskriminiert, stigmatisiert und im Falle von Hochsensibilität zumeist auch noch pathologisiert.

Dem möchte das vorliegende Werk Einhalt gebieten, indem es sowohl Hochsensiblen als auch Menschen mit psychischen Erkrankungen zur Hilfestellung ein Zwölf-Schritte-Programm anbietet. Durch die Anwendung des Programmes werden Betroffene dazu ermächtigt, die Eigenschaften ihrer Hochsensibilität bewusst entwickeln zu lernen. Ebenso können sie von psychischen Erkrankungen genesen. Durch Selbsthilfe entwickeln Betroffene ein natürliches Selbstverständnis als wesentliche Basis für Selbst- und Nächstenliebe. Vor allem in Lebensphasen von Orientierungslosigkeit und beim Auftreten existenzieller Krisen ist es das Ziel, den Betroffenen ihre Vulnerabilität als Folge der Missachtung ihrer Begabung aufzuzeigen. Der Zweck liegt in der Erreichung einer gesunden Resilienz, im Sinne der Fähigkeit von Betroffenen, Krisen zu bewältigen und sie durch Rückgriff auf persönliche und sozial vermittelte Ressourcen als Anlass für persönliche Entfaltung zu nutzen.

Indem Betroffene ihre Hochsensibilität als natürliche und sinnvolle Schutzeinrichtung des menschlichen Organismus erkennen und sie als Hochbegabung im Bereich sozial-emotionaler Intelligenz akzeptieren, können sie die Fähigkeiten ihrer Begabung von den Symptomen psychischer Krankheit zu differenzieren lernen. Demnach können sie ihr Denken, Fühlen und Handeln dem Sinn und Zweck ihrer besonderen Veranlagung entsprechend ausrichten.

SAG7 versteht sich als eine Gemeinschaft von Menschen unterschiedlichster Herkunft, die einander helfen, ihr Leben als Hochsensible und oder psychisch Kranke besser meistern zu lernen. Sie teilen ihre Erfahrung, Kraft und Hoffnung und ermutigen einander zur Selbsthilfe. Gemeinsam stehen sie durch Psychoedukation für die Aufklärung über Hochsensibilität als genetische Veranlagung ein. Die einzige Voraussetzung für die Zugehörigkeit ist der Wunsch, mit selbst- und fremdschädigendem Verhalten aufzuhören. Die Gemeinschaft hat sich die ganzheitliche Genesung des Einzelnen zur Grundlage gemacht.

Als ein nach dem österreichischen Vereinsgesetz gebildeter Verein ist SAG7 gemeinnützig und parteipolitisch wie religiös neutral. SAG7 unterstützt seine Mitglieder und Angehörigen in ihren Bedürfnissen durch Zusammenarbeit mit unterschiedlichsten Einrichtungen.

Der Verein setzt sich für Respekt vor den Eigenschaften und für Achtung der Eigenschaften hochsensibler und oder psychisch kranker Menschen sowie für die Einhaltung der geltenden Menschenrechte zum Zwecke eines friedlichen Zusammenlebens aller Geschöpfe ein.

SAG7 unterstützt den Aufbau von Selbsthilfegruppen, die sowohl Hochsensiblen wie auch Nichthochsensiblen offenstehen sollen, also jedem Menschen, der einfach freimütig über seine Gedanken und Gefühle sprechen will. Als barrierefreie Begegnungszonen schaffen solche Gruppen eine Art Raum-Zeit-Fenster als Schutzatmosphäre für einen Dialog des Wandels. Sie basieren auf Anonymität, Gleichstellung, Ehrenamtlichkeit und Freiwilligkeit. Anonymität schützt die Gemeinschaft und den Einzelnen vor Populismus.

Der Verein SAG7 erhält sich durch Mitgliedsbeiträge und Förderungen sowie durch eigene Spenden und Zuwendungen. Er möchte die Zusammenarbeit und Kooperation mit institutionellen Partnern forcieren und fördern, sowie andere Menschen dazu anregen, eigenverantwortlich Gruppen zu gründen, die sich an den vorliegenden Zwölf-Schritten orientieren.

Die Selbsthilfegruppen kennen keine Mitgliedsbeiträge oder Gebühren, sondern erhalten sich ausschließlich durch eigene Spenden und Zuwendungen der Teilnehmer in Form von sogenannten Hutspenden. Die Selbsthilfe ist kostenlos und anonym.

Ihr Hauptzweck sollte sein, Hochsensibilität und die damit einhergehenden Fähigkeiten zu entwickeln und sich selbst und anderen zur Genesung zu verhelfen.

Die Gemeinschaft ist mit keiner Sekte, Konfession, Partei, Organisation oder Institution verbunden; sie will sich weder an öffentlichen Debatten beteiligen noch zu irgendwelchen Streitfragen Stellung nehmen.

Unser Hauptzweck ist, Hochsensibilität zu leben und anderen zur Bewusstwerdung zu verhelfen.

Anhang Zwei

Die Zwölf Schritte

1. Wir gaben zu, dass wir unsere Sensibilität verdrängt und dadurch am wesentlichen Sinn unseres Lebens vorbeigelebt haben.

2. Wir kamen zu dem Glauben, dass eine Macht – größer als wir selbst – Regeneration bewirken und uns unsere Gesundheit wiedergeben kann.

3. Wir haben uns entschlossen, unseren Willen und unser Leben der Vorsehung – wie wir sie verstehen – anzuvertrauen.

4. Wir machten eine gründliche und furchtlose Selbstreflexion in unserem Leben.

5. Wir gestehen uns selbst und einem anderen Menschen gegenüber die genaue Natur unseres Verhaltens ein.

6. Wir wurden völlig bereit, die besonderen Eigenschaften unserer Hochsensibilität Schritt für Schritt zu entwickeln.

7. Anmutig erbat ich, dass die Entfaltung unseres Sinnreichtums alle Makel von uns nimmt.

8. Ich machte eine Liste aller Personen, denen ich Schaden zugefügt hatte, und wurde willig, ihn bei allen wiedergutzumachen.

9. Indem ich mein unmittelbares Verhalten der Natur und den Menschen gegenüber änderte, mache ich durch Mitgefühl und Sanftmut alles wieder gut, wo immer es möglich ist.

10. Wir setzen die Reflexion fort, und wenn ich Unrecht habe, gebe ich es sofort zu.

11. Durch Gebet und Besinnung stärke ich täglich die bewusste Verbindung zu Gott – wie ich ihn empfinde. Ich bitte ihn nur, dass er sich mir offenbart und mir die Kraft gibt, mich eigenverantwortlich zu entfalten.

12. Nachdem wir durch diese Schritte ein spirituelles Erwachen erleben durften, geben wir die Botschaft an unsere Mitmenschen weiter und praktizieren ihre Prinzipien in all unseren Angelegenheiten.

Anhang Drei

Die Zwölf Traditionen

Diejenigen, die den Weg zur Gemeinschaft der Anonymen Hochsensiblen gefunden haben, wissen um den Unterschied zwischen Krankheit und Begabung, Vulnerabilität und Resilienz, ja oft kennen sie sich mit dem Unterschied von Leben und Tod sehr gut aus. Dasselbe könnte das vorliegende Programm für die zahllosen noch leidenden Menschen bedeuten, die noch nicht über Hochsensibilität aufgeklärt wurden und zu neuem Bewusstsein gefunden haben. Keine andere Gemeinschaft *braucht* deshalb so sehr tägliche Wirksamkeit und dauernde Einigkeit. Wir Hochsensiblen verstehen, dass wir zusammenarbeiten und eng verbunden bleiben müssen; sonst sterben schließlich die meisten von uns einen einsamen Tod. Und wenn die Hochsensiblen einer Art ausgestorben sind, dann ist es um den Rest ihrer Gattung auch nicht gut bestellt.
Die hier begründeten Traditionen der Gemeinschaft von SAG7 stellen, wie wir glauben, die stimmigen Antworten dar, die unsere Erfahrung auf jene immer wieder dringlichen Fragen gibt: *„Wie kann eine Gemeinschaft friedlich wirksam sein?“* und *„Wie kann eine Gemeinschaft als Ganzes bestehen und auf diese Weise überleben?“*

Die Zwölf Traditionen

1. Unser gemeinsames Wohlergehen sollte an erster Stelle stehen. Die Genesung des Einzelnen beruht auf der Einigkeit der Hochsensiblen.

2. Für den Sinn und Zweck einer Gruppe gibt es nur eine höchste Autorität: eine Macht, größer als wir selbst, wie sie sich in unserer inneren und äußeren Natur sowie im Gewissen unserer Gemeinschaft zu erkennen gibt. Wir Hochsensible sind nur betraute Diener, wir herrschen nicht.

3. Die einzige Voraussetzung für die Zugehörigkeit ist der Wunsch, mit selbst- und fremdschädigendem Verhalten aufzuhören.

4. Jede Gruppe sollte selbstständig sein, außer in Dingen, die andere Gruppen oder die Gemeinschaft als Ganzes betreffen.

5. Die Hauptaufgabe jeder Gruppe ist, die Botschaft der Zwölf-Schritte zu leben und sie dadurch ans Licht und zu denen zu bringen, die noch leiden.

6. Eine Gruppe sollte niemals auf Gewinn und Profit ausgerichtete Vorhaben unterstützen oder decken, damit uns nicht Geld-, Besitz- oder Prestigeprobleme von unserem eigentlichen Sinn und Zweck ablenken. Die Verbreitung von Informationen durch Aufklärungs- und Öffentlichkeitsarbeit dient ausschließlich der Erfüllung des gemeinnützigen Zwecks.

7. Jede Gruppe sollte sich selbst erhalten.

8. Die Tätigkeit und der Dienst in Gruppen sollten immer freiwillig und ehrenamtlich erfolgen.

9. Gruppen sollten niemals organisiert werden. Sie können jedoch freiwillige Arbeitsgruppen bilden, die denjenigen verantwortlich sind, welchen sie dienen.

10. Gruppen nehmen niemals Stellung zu Fragen außerhalb der Gruppe. Eine Gruppe sollte niemals in öffentliche Streitfragen verwickelt werden.

11. Unsere Kontakte zur Öffentlichkeit stützen sich auf Synergie und Anziehung. Gegenüber Presse, Rundfunk, Film und Fernsehen sollte die Anonymität einer Gruppe gewahrt bleiben. Persönliches Outing obliegt jedem eigenverantwortlich.

12. Anonymität ist die spirituelle Grundlage all unserer Traditionen und erinnert uns immer daran, diese Prinzipien vor Persönlichkeiten zu stellen.

Anhang Vier

Das Meeting

„Wenn nichts mehr zu helfen scheint, dann rettet das Gespräch mit einem Gleichgesinnten oftmals einen aussichtslosen Tag."

Für einen Hochsensiblen, der ein glückliches, zufricdenes Leben führen will, genügt es nicht, Medikamente zu schlucken, Suchtmittel wegzulassen oder Abgrenzung und Widerstandfähigkeit zu erlernen. Er braucht ein spirituelles Programm für sein zukünftiges Leben, in dem Platz für seine Empfindung ist. Denn wir sehen Menschen, die mit Hochsensibilität veranlagt sind, als Sicherheitseinrichtung der Natur an. Wenn sie einwandfrei funktionieren darf, wird sie zum Instrument der Früherkennung von toxischen Mitteln und den Menschen schädigenden Einflüssen.

Wir sehen psychische Erkrankungen, Allergien, Krebs oder psychosomatische Beschwerden allesamt als Folgen einer Lebensführung, die der Natur des Menschen zuwiderläuft. Es sind aus unserer Sicht vielmehr augenscheinliche Anzeichen als Folgen von Degeneration und ein Hinweis darauf, dass der Mensch in Disharmonie mit seiner Umwelt und der Natur lebt.

Das Besondere der Treffen ist die Art und Weise, wie

die Anwesenden einander begegnen. Durch Anonymität werden die hierarchischen Strukturen der Umwelt außer Kraft gesetzt. Scham und Angst verlieren ihre Wirkung. Die Hochsensiblen sind alle gleich in ihrer Veranlagung. In der Gruppe zählt nur die Aussage des Menschen, nicht die Person. *Hier unsere konkreten Empfehlungen zum Ablauf eines Meetings:*

Alle, die mitmachen wollen, setzen sich auf annähernd gleicher Augenhöhe – Ältere wie auch Kinder – an einem Tisch im Raum, der frei von Substanzen, anderen Störfaktoren und Ablenkungsmöglichkeiten ist, im Kreis auf. Sehr wichtig ist auch die konkrete Bestimmung der Anfangs- und Endzeit des Meetings. Wir empfehlen 90 Minuten. Einer der Anwesenden übernimmt die Sprecherfunktion und eröffnet die Zusammenkunft mit den Worten: „Wir wollen *mit der Aussprache beginnen.*"

Nachdem Ruhe eingekehrt ist, fährt er unter Nennung seines Vornamens fort: *„Ich bin Vorname. Danke, dass wir jetzt alle hier sind."* Nun stellt er die vier Fragen:

1. Sind alle Störquellen vom Tisch?
2. Möchte jemand an meiner Stelle den Chair übernehmen?
3. Hat jemand einen Themenvorschlag?
4. Möchte jemand gleich etwas sagen?

Folgender Satz wird nun laut vorgelesen: *„Was wir hier hören, wen wir hier sehen, wenn wir gehen: wir lassen es hier."*

Alles, worüber wir jetzt sprechen, bleibt auch hier. Wir machen uns bewusst, dass Hochsensibilität keine Charakter- oder Willensschwäche ist, sondern eine sinnvolle Veranlagung des Menschen und eine zweckmäßige Schutzeinrichtung der Natur. Keiner von uns ist schuld oder verantwortlich dafür, ob er diese Veranlagung hat oder nicht. Hochsensibilität ist keine Krankheit, sondern eine Begabung. Erst wenn wir die Verletzungen unserer vermeintlichen Schwäche ausgesprochen haben, wird sie sich zur Stärke transformieren. Resilienz wird durch Transparenz wirksam.

Wir melden uns beim Sprecher mit kurzem Handzeichen, wenn wir etwas sagen wollen. Wenn wir an der Reihe sind und unsere Erfahrungen geteilt haben, dann beenden wir unsere Äußerung mit einem einfachen *„Danke“*. Das ist das Zeichen für die anderen, dass der jeweilige Redner mit seinen Ausführungen vorerst fertig ist.

Einer spricht, die anderen hören zu. Dazwischenreden und Diskussionen sind nicht vorgesehen. Niemand wird unterbrochen, indem wir ihm vielleicht mit unserer persönlichen Meinung ins Wort fallen.

Unterbrechungen sind nur in äußersten Fällen durch den Sprecherdienst erlaubt. Er herrscht nicht, sondern führt begleitend. Wortbeiträge, die gegen Traditionen, andere Menschen, deren Einstellung, Geschlecht, soziale Herkunft oder körperliche sowie ihre geistige Beschaffenheit gerichtet und beleidigend sind, sowie persönliche Angriffe, Kritiken und Themen ohne Bezug zum Thema, sind unerwünscht.

Wir ziehen nicht über Nichtanwesende her und bemühen uns, über unsere ganz persönlichen Gefühle und Gedanken zu sprechen.

Wie wir uns in einer gewissen Situation oder durch eine etwaige Handlung gefühlt haben und was sie in der Folge in uns bewirkt und mit uns gemacht hat. *Du-Botschaften sind zu unterlassen, die Artikulation in Ich-Botschaften zu üben.* Das kommt einem anfänglich sehr befremdlich vor, doch wie ihr bald sehen werdet, bewirkt das gewahre Wunder.

Der Sprecher beginnt nun damit, seine ganz persönlichen Erkenntnisse, Empfindungen, Gedanken und Gefühle zum jeweiligen Schritt und Thema zu eröffnen. Jeden Monat ein neuer Schritt. Er bringt seine Erfahrung ein. Er beendet seinen Beitrag mit den Worten: *„Danke fürs Zuhören. Ich bitte euch nun, gemeinsam Erfahrung, Kraft und Hoffnung zu teilen. Die Aussprache gehört uns.“*

Gesprochen wird über alles, was den Anwesenden wichtig und wesentlich erscheint. Vor allem aber über ihre eigenen Gedanken, Gefühle und Empfindungen. Vielleicht sprechen sie von der Zeit ihres Lebens, als eine Abhängigkeit ihr Chef war oder sie noch an den Symptomen einer psychischen Krankheit litten, weil sie sich noch nicht selbst annehmen konnten. Oder sie äußern sich über die Zeit danach, von ihrem Weg in ein bewusstes, achtsames und nüchternes Leben, nachdem sie gelernt hatten, im Hier und Jetzt die Möglichkeit der freien Wahl zu haben. Augenblickliche Schwierigkeiten in ihrem Leben werden genauso geäußert wie Schönes, das sie erfreut hat.

Alle Themen, die sich auf das Programm und den Lebens- und Leidensweg eines Menschen beziehen, sind willkommen. Hier freut man sich über jeden Neuen, der eintritt, weil er den Wunsch hat, mit seiner Hochsensibilität leben zu lernen. Jeder, der etwas zu sagen hat oder sich der Gruppe mitteilen möchte, kann dies tun. *Etwaige Fragen von Neuen und dahingehende Auskünfte werden vor oder nach dem Meeting geklärt.*

Im Meeting selbst spricht jeder nur für sich und über sich selbst. Namen sollen nicht genannt, Kritik soll nicht geübt, und Ratschläge sollen nicht erteilt werden. In den

Meetings kann der Sensible die Fähigkeit entwickeln, sich selbst zu erkennen – durch seine eigene Aufrichtigkeit und Offenheit und das ehrliche Bekenntnis der anderen. Er lernt, seine eigenen Schwächen, Fehler und Handlungsweisen als Folge seiner Veranlagung mit Hochsensibilität selbstreflektierend zu betrachten und zu äußern, um schließlich sein tägliches Leben nach diesen Prinzipien auszurichten.

Dadurch lernt jeder Mensch in seiner eigenen Geschwindigkeit die Fähigkeiten von Hochsensibilität kennen, zu ihnen zu stehen und beendet gleichzeitig seinen Kampf und Widerstand gegen sich selbst, der sich durch die eigene Verzweiflung in seiner Umwelt spiegelt. Ein anderer anonymer Hochsensibler wird ähnliche Schwierigkeiten gehabt haben und kann schildern, wie er damit fertig geworden ist und was er heute anders als früher macht. *Die Erkenntnis, mit seiner Begabung, seinen Gedanken und Gefühlen nicht alleine dazustehen, vielleicht überhaupt das erste Mal im Leben von einem Menschen verstanden zu werden, macht Mut.* Die lebenden Beispiele anderer, die aus scheinbar auswegloser Lage durch ihre Erkenntnis einen neuen Start ins Leben, ein Erwachen durch neues Bewusstsein gefunden haben, spenden Zuversicht, Mut und Hoffnung.

Die anonymen Hochsensiblen treffen sich regelmäßig, um ihre Erfahrungen und Erkenntnisse auszutauschen. Der ständige Kontakt untereinander, der durch Aufrichtigkeit und Offenheit gegenüber der eigenen Hochsensibilität geprägt ist, erhöht die Bereitschaft, sich selbst besser erkennen, annehmen, vertrauen und lieben zu lernen. Die bis dahin unterdrückten, in den eigenen Schatten verdrängten, unerfüllten Bedürfnisse nach Ehrlichkeit, Geborgenheit,

Anerkennung, Freundschaft und Zugehörigkeit, all die quälenden Zweifel und die nagende Ungewissheit, können durch Selbstannahme und Selbstklärung durchbrochen werden.

Der Neue lernt, bewusst im Hier und Jetzt zu leben. Nur diesen heutigen Tag. Anstatt länger gegen seine eigene Veranlagung ankämpfen zu müssen, lernt er, in dieser neuen Freiheit das Leben zu genießen. Das ist eine große Herausforderung und oftmals nicht einfach, zumal die Systeme dieser Welt auf die Bedürfnisse der weniger sensiblen Menschen abgestimmt sind. Die meisten Hochsensiblen sind durch das lebenslange Verdrängen ihrer Veranlagung oft in Abhängigkeiten gerutscht. Ganz egal, ob diese an Suchtmittel wie Alkohol, Nikotin, Drogen oder Stoffe wie Medikamente, Koffein, Zucker etc. gekoppelt sind. Auch die Süchte nach Geld, Arbeit, Spielen, Computer, Sex, Streit oder Andersartigkeit sind nur Ausformulierungen von zwanghaftem Anpassungsverhalten als Versuch der Selbstregulierung.

Sobald der Betroffene erkennt, dass er nicht mehr länger gegen seine Veranlagung ankämpfen muss, sinkt auch der Drang und Zwang, etwas in sich wegmachen zu wollen und sich zwanghaft an die Mehrheit anpassen zu müssen. Also hört er auf, sich in eine erwünschte Weltsicht zu flüchten. Selbst- und fremdschädigendes Verhalten beginnen, langsam nachzulassen. Er erkennt, dass er seine Wahrnehmungen und seinen sensiblen Wesenskern nicht länger betäuben, verdrängen oder verleugnen kann. Der Weg aus zwanghaftem, abhängigem, unfreiem Verhalten ist somit geebnet.

So beginnt der Hochsensible, sein verworrenes Denken und seine unglücklichen Gefühle zurechtzurücken und seine natürliche Bestimmung zu entdecken. Durch die Anwendung des Zwölf-Schritte-Programmes lernt er, seine Leiden zum Stillstand zu bringen und sich langsam zu dem Menschen hin zu entwickeln, als der er seine Begabung zum eigenen wie auch zum Wohle anderer, einsetzen kann.

Diese Schritte sind Empfehlungen, durch die er lernen kann, besser mit seinen Gedanken, Gefühlen und den Fähigkeiten seiner Hochsensibilität zurechtzukommen. Nach und nach erkennt er, dass er dadurch mit besonderen Eigenschaften ausgestattet ist, die für ihn in Empfindungen wie Güte, Liebe, Sanftmut und Mitgefühl erkennbar sind. Somit kann er ein spirituelles Erwachen erleben, ein zufriedenes Leben führen und eine bis dahin unbekannte Freiheit empfinden. Dem Neuen wird empfohlen, regelmäßig mit anderen Hochsensiblen bewusst in Begegnungen zu gehen und hernach in Austausch zu bleiben.

In den Aussprachen werden augenblickliche Ärgernisse ebenso verbal ausgedrückt wie Erfreuliches. Alles, was sich auf uns selbst bezieht, ist willkommen. Familienmitglieder können ausdrücken, was ihnen am Herzen liegt und sich in geschützter Atmosphäre ihren Verwandten und Angehörigen mitteilen. Ohne dafür kritisiert, gedemütigt, bevormundet, beschämt oder belächelt zu werden. Das Zwölf-Schritte-Programm ist ein Selbstfindungsprogramm für hochsensible Menschen. Es will eine neue Gesprächskultur in die Welt aller Menschen bringen, um der menschlichen Gemeinschaft wieder den wesentlichen Sinn und Zweck darin zu vermitteln. *Dazu braucht es – in der heutigen Zeit mehr denn je – Schutzräume, in der sich der Hochsensible seine Sichtweisen und Erfahrungen anderen Menschen gegenüber zu eröffnen traut.*

Zur vereinbarten Zeit beendet der Sprecher das Meeting

mit den Worten: „*Danke für die Aussprache. Kommt wieder. Es wirkt.*" Alle Anwesenden reichen sich die Hände im Kreis und sprechen gemeinsam den Gelassenheitsspruch:

Bitte,

gib mir die Gelassenheit,

Dinge hinzunehmen,

die ich nicht ändern kann.

Den Mut,

Dinge zu ändern,

die ich ändern kann.

Und die Weisheit,

das eine vom anderen zu unterscheiden.

Danke!

In Anbetracht der Verletzungen, die ein hochsensibler Mensch zeit seines Lebens durch selbst- und fremdschädigendes Verhalten erfahren hat, bietet die Anonymität eine Art Schutzatmosphäre. Sie ist aus drei Gründen sehr wichtig und deshalb in der *Zwölften Tradition* verankert.

Jeder, der sich an eine Gruppe mit dem Wunsch nach Hilfe wendet, muss sich sicher sein können, dass seine Identität, seine Geschichte und sein ganz persönliches Problem auch dortbleiben. Deswegen sprechen sich die Freunde mit Vornamen an und interessieren sich nicht für die Stellung des anderen im öffentlichen Leben. Es gibt weder Akten noch Mitgliederkarteien.

Durch das Wahren der Anonymität des Einzelnen in der Öffentlichkeit, besonders vor den Medien, soll und kann sich kein Einzelner auf Kosten der Gruppe profilieren oder persönliche Anerkennung und Einfluss suchen. Anonymität im Umgang mit der Öffentlichkeit schützt den Einzelnen und die Gemeinschaft vor unerwünschter Popularität.

Durch die Anonymität werden die hierarchischen Strukturen der Umwelt außer Kraft gesetzt. Die Hochsensiblen sind alle gleich in ihrer Veranlagung:

Wen ich hier sehe,

was ich hier höre,

wenn ich gehe:

Ich lasse es hier!

Anhang Fünf

Die spirituelle Erfahrung

In diesem Buch werden die Ausdrücke *„spirituelle Erfahrung"*, *„spirituelles Erwachen"*, *„Gottbewusstsein"* und *„Christusbewusstsein"* gebraucht. Der aufmerksame Leser erkennt, dass die Bewusstwerdung über Hochsensibilität und die daraus resultierende Genesung von den unterschiedlichsten Krankheitsbildern sich unter uns Hochsensiblen auf verschiedene Weise vollzogen hat. Jeder Mensch durfte durch Beschreiten seines eigenen Leidens- und Lebensweges den ganz persönlichen Zugang zum siebten Sinn der Spiritualität finden.

Hierbei soll jedoch nicht der Eindruck erweckt werden, dass Umwandlungen und Transformationen, die eine derartige Persönlichkeitsentwicklung nach sich ziehen, als plötzliche oder dramatische Durchbrüche erfolgen. Wenn dem so ist, dann sind dies lediglich momentane und sehr kurz aufflammende Geistesblitze, sprich Erleuchtungszustände, die dem jeweiligen Hochsensiblen einen impulshaften Einblick in die Wirklichkeit ermöglichen sollten. Solche Zustände stellen jedoch nicht die Regel dar. Bei manchen treten diese Zustände auch gar nicht ein, was für eine sinnvolle Entwicklung und Entfaltung auch nicht vonnöten ist. Auch wenn hierin von solchen plötzlichen, umwälzenden Veränderungen die Rede ist, war es nicht die Absicht, den Fehlschluss hervorzurufen, dass gekränkte Hochsensible zur Genesung unbedingt eine solche oftmals überwältigende *„Gotteserfahrung“* brauchen. Denn in der Regel kennt jeder Wandel seine eigene Geschwindigkeit. Wir möchten dir hier das vergleichende Beispiel mit dem Bild des Autofahrers in Erinnerung rufen, der, durch einen Baum von 100 auf 0 gebremst, diese Erfahrung aller Voraussicht nach mit dem Leben bezahlen würde, wie jemanden, der konstant mit 100 weiterfährt oder sogar noch beschleunigt.

Auch wenn wir Hochsensiblen in den meisten Fällen die Gabe haben, in Lichtgeschwindigkeit zu denken: Ein tiefreichender Wandel menschlichen Fühlens, Denkens, Empfindens und der jeweiligen Lebensanschauung erfolgt durch Einsicht, Selbstannahme und zeigt sich hernach in dementsprechendem Gewahrsein. Sozusagen findet in den meisten Fällen das Bewusstseinserwachen des Betroffenen in einer Art Morgendämmerung statt. Momentane Erleuchtungszustände sind die Ausnahme und haben auch jenen von uns, die davon heimgesucht wurden, zu aller Anfang mehr Probleme eingebracht als Vorteile und Verständnis. Die Geschichte weiß uns da von sehr vielen Schicksalen zu berichten. Keiner von uns ist ein Senkrechtstarter. Jeder von uns konnte auf seinem Weg der Genesung nur eine Schicht nach der anderen durchdringen, einsehen und hinter sich lassen. Eben genau solange, bis wir den wesentlichen Schatz unseres Daseins in seiner vollen Pracht begreifen und schätzen durften. Was uns täglich dabei geholfen hat, war und ist die Reflexion jeder einzelnen Begegnung in unserem täglichen Leben. Als treue

Begleiter zur Einsicht schienen uns dabei die *sieben goldenen W* der Kriminalistik: *Wer? Was? Wann? Wo? Wie? Womit? Warum?*

Das hilft uns dabei, mit beiden Füßen auf dem Boden zu bleiben und den freien Geist unter Einsatz eines nüchternen Verstandes wirken zu lassen, mit dem Zweck, dass wir dadurch unseren Seelenplan bereitwillig erfüllen können.

Die meisten Erfahrungen, die wir machen, gehören zu dem, was der Psychologe William James einst als die *„pädagogische Form"* solcher Erlebnisse beschrieben hat. So entwickelt sich alles, was zur Entwicklung gehört, langsam im Laufe der Zeit. Oft nehmen die Freunde des Neulings die Veränderung seines Wesens lange vor ihm selbst wahr. Am Ende sieht auch er ein, dass bei ihm in seiner Reaktion auf das Leben ein grundlegender Wandel eingetreten ist. Ihm wird bewusst, dass diese Veränderung kaum allein durch ihn selbst hätte zustande gebracht werden können. Was sich da oft im Verlauf weniger Monate ereignet, das hätte er kaum in langen Jahren der Selbstdisziplin fertigbringen können.

Fast ausnahmslos entdeckten unsere Freunde dabei, dass sie auf eine unvermutete, wenngleich auch im Stillen geahnte, innere Kraftquelle gestoßen sind, die sie nun als jene *„Macht, die größer ist als sie selbst"* erkennen.

Die meisten von uns sind der Überzeugung, dass dieses Wissen um die Gegenwart einer *„Macht, die größer ist, als wir selbst"* das Wesen der spirituellen Erfahrung darstellt. Jene Mitglieder, die ausgesprochen religiös sind, nennen es das *„Gottesbewusstsein"*. Den Weg dorthin mit dem Bewusstsein über Hochsensibilität bezeichnen sie als *„Christusbewusstsein"*.

Dabei möchten wir betonen, dass jeder Mensch zur Genesung und Einsicht kommen kann, wenn er seinen Problemen in aufrichtiger und offenherziger Art und Weise, so wie wir es hierin aufgezeigt haben, ins Auge zu schauen vermag. Und damit meinen wir nicht die physiologischen Sinnesorgane des Sehapparates, sondern sein geistiges Auge als Sinnesorgan unseres siebten Sinnes. Voraussetzung dafür ist, dass er seinen Sinn weder willkür*lich noch fahrlässig vor allen spirituellen Begriffen verschließt.* Nur eine intolerante, arrogante und verfahrene Geisteshaltung kann dies vereiteln. Doch auch das mussten und durften viele von uns selbst herausfinden. Wohin die Reise geht, wird sich hernach erweisen. Wir haben entdeckt, dass niemand mit der Spiritualität unseres Programms Schwierigkeiten zu haben braucht. *Bereitwilligkeit, Aufgeschlossenheit und Offenherzigkeit sind die Grundvoraussetzungen der Genesung; außerdem sind sie unentbehrlich.*

Der Philosoph Herbert Spencer drückt das so aus:

„Es gibt eine Grundhaltung, die ein Hindernis darstellt für jegliche Information, die sich abschottet gegen alle Einwände und die den Menschen unrettbar in dauerhafter Ignoranz festhält. Diese Grundhaltung heißt: lieber Ablehnung als Aufgeschlossenheit.“

Die Gründer der Zwölf-Schritte-Gruppen und die Hochsensibilitätsforschung haben einen gemeinsamen Freund. Er hat den Wandel, in dem sich die Menschheit zu befinden scheint, in seinem Werk das „Rote Buch“ beschrieben. In der schwierigen Zeit nach der Trennung von Sigmund Freud begann Carl Gustav Jung, bekannt als C. G. Jung, ein Experiment mit sich selbst, welches später als *„Auseinandersetzung mit dem Unbewussten“* bekannt wurde.

Während dieser Zeit unternahm er mehrere Reisen, unter anderem zu den Pueblo-Indianern Neu-Mexikos, in die

Oasenstädte Nordafrikas und in die Buschsavanne Ostafrikas. Über viele Jahre hielt er seine Fantasien, die er später *„aktive Imaginationen"* nannte, als Notizen und Skizzen in *„Schwarzen Büchern"* fest. Das ist eine von Jung entwickelte Technik, um den inneren Vorgängen auf den Grund zu kommen, Emotionen in Bilder zu übersetzen und Fantasien, die „unterirdisch", sprich innerweltlich, bewegen, zu fassen.

Diese überarbeitete er später, ergänzte sie mit Reflexionen und übertrug sie zusammen mit Illustrationen in kalligrafischer Schrift in ein rot eingebundenes Buch, das er als *„Liber Novus"* betitelte. Auf Basis dieser inneren Erlebnisse bei seiner Konfrontation mit dem Unbewussten entwickelte Jung später seine bekannten Theorien. Der Begriff Hochsensibilität ist sozusagen unsere Türschwelle ins Reich der bislang, ins Unbewusste des Menschen verdrängten, damit in Verbindung stehenden Fähigkeiten.

Das *„Rote Buch"*, entstanden von 1914 bis 1930, wurde 2009 im „Rubin Museum of Art in New York" erstmals der Öffentlichkeit zugänglich gemacht. Im selben Jahr wurde es erstmals im Druck herausgegeben. Das großformatige, annähernd sieben Kilogramm schwere, in rotes Leder gebundene Werk ist, eigenartig feierlich, in deutscher Sprache verfasst, in kunstvoller Kalligrafie mittelalterlicher Handschriften gehalten und mit farbenprächtigen Illustrationen versehen. In Europa wurde das Rote Buch 2010/2011 erstmals im Museum Rietberg in Zürich gezeigt.

In den Jahren 1913 bis 1918 hatte sich Jung bei seiner *„Nachtmeerfahrt"* auf die Suche nach seinem *„persönlichen Mythos"* begeben. Adressiert an Leser in einer fernen Zukunft ist das *„Rote Buch"* das schriftliche Zeugnis dieser Suche, bei der Jung nicht nur seinen individuellen

Mythos fand, sondern auch Hinweise auf einen neuen, kollektiven Mythos und einen epochalen Wendepunkt der menschlichen Bewusstseinsentwicklung, auf ein kommendes Äon. Jungs *„Weg des Kommenden"* deutet auf einen Gestaltwandel unseres *„Gottesbildes"* hin, das sich heute – allem Anschein nach – vollzieht. Das Werk Jungs hat durch die Publikation des Roten Buches eine komplette Neuinterpretation erfahren; schon heute wird bei der Lektüre deutlich, in welchem Sinne Jung ein Visionär war und seine Erfahrungen auch etwas Prophetisches haben. Er beschreibt, dass der *„Geist der Tiefe"*, dem er in seinem Dialog mit dem Unbewussten persönlich begegnet ist und im Buch beschrieben hat, auch gleichzeitig der *„Herr der Tiefe des Weltgeschehens"* ist.

Wir Hochsensiblen können genau nachempfinden, wovon C. G. Jung da berichtet. Es geht uns sehr nahe in dem Sinne, dass wir darin seinen Versuch erkennen, mit dem er uns möglicherweise Hilfe und Navigation in den globalen Transformationsprozessen unserer Zeit zu geben vermochte. Das neue Bewusstsein über Hochsensibilität als natürliche Schutzeinrichtung des menschlichen Organismus ist die verstandesgemäße Erkenntnis, mit der wir uns ab heute die Unbegreiflichkeit *„Gottes"* im eigenen Leben begreiflich machen dürfen. Die Zwölf-Schritte scheinen uns als der sichere Pfad dorthin.

So wie jede Epoche ihr Narrativ hat – Homers „Odyssee", Dantes „Göttliche Komödie", Goethes „Faust" oder auch Nietzsches „Zarathustra" –, so sehen wir Jungs *„Liber Novus"* als das Narrativ, als die *„große Erzählung"* der Postmoderne, als Manifest am Anfang einer postchristlichen Spiritualität.

Anhang Sechs

Aus Sicht von Ärzten & Geistlichen

Seit Dr. Silkworth als erster Arzt die Bedeutung des Zwölf-Schritte-Programmes der Anonymen Alkoholiker herausgehoben hat, haben medizinische Gesellschaften und Ärzte aus der ganzen Welt ihre Anerkennung ausgedrückt. Hier folgen einige Auszüge aus den Diskussionsbeiträgen von Ärzten, die an der Jahresversammlung der Medical Society of the State of New York teilnahmen, auf der 1944 ein Vortrag über AA gehalten wurde.

Dr. Foster Kennedy, ein Neurologe, sagte sinngemäß, dass sich das Programm auf die beiden stärksten Kraftquellen, die dem Menschen bekannt sind, beruft: Nämlich auf die Spiritualität und den Instinkt zum Zusammenschluss mit seinesgleichen, den sogenannten ‚Herden-Instinkt'. Er war der Meinung, dass der ärztliche Stand voller Zustimmung diese wichtige therapeutische Waffe zur Kenntnis nehmen müsse. Wenn dies nicht getan würde, dann müssten er und seine Kollegenschaft sich zweifach als geschlagen betrachten: Weil ihr Gefühl abgestumpft wäre und weil sie jenen Glauben verloren hätten, der Berge versetze und ohne den die Medizin wenig ausrichten könne.

Der Psychiater Dr. G. Kirby Collier äußerte sich dahingehend, dass er den Eindruck gewonnen hatte, dass die Anonymen Alkoholiker eine Gruppe ganz eigener Art sind. Die Ursache dieser Annahme, so hoffen wir, konnten wir durch die vorliegenden Ausführungen ans Licht bringen. Der Arzt war der Ansicht, dass die besten Erfolge dann zustande kämen, wenn Betroffene ganz unter ihrer eigenen Führung und mit ihrer eigenen Philosophie arbeiten dürften. Jede Form von Therapie oder Philosophie, die einen Genesungserfolg von 50 bis 60 Prozent erzielt, verdiene seiner Meinung nach, die volle Beachtung des Ärztestandes.

Harry M. Tiebout erklärte damals, dass er als Psychiater oftmals über die Beziehung seines Spezialfachs zu den AA nachgedacht hatte und demnach zu dem Schluss gekommen war, dass die besondere Funktion von Ärzten sehr oft darin liegen kann, dem Patienten den Weg zu ebnen, damit dieser jegliche Art von Behandlung oder Hilfe von außen annimmt. Die grundsätzliche Arbeit des Psychiaters sah er darin, dass er den inneren Widerstand des Patienten so erschüttern solle, dass das, was im Inneren des Betroffenen verborgen liegt, so zur Entfaltung kommen kann, wie es unter der Wirksamkeit des Zwölf-Schritte-Programms geschieht.

Dr. W. W. Bauer sagte in einem Radiovortrag über das NBC-Netz im Rahmen der American Medical Association im Jahre 1946 unter anderem, dass die AA keinen Kreuzzug führen. Sie bilden keinen Mäßigkeitsverein. Die Betroffenen wissen, dass sie niemals wieder trinken dürfen. Sie helfen anderen, die ähnliche Probleme haben. Erst in dieser Atmosphäre überwindet der psychisch Kranke seine übermäßige Konzentration auf sich selbst. Er lernt, sich auf eine Höhere Macht zu verlassen und ganz in seiner Arbeit mit anderen Kranken aufzugehen. Er bleibt von einem Tag zum anderen trocken. Und die einzelnen Tage summieren sich zu Wochen, die Wochen zu Monaten und die Monate zu Jahren.

Dr. John F. Stouffer, psychiatrischer Direktor des Philadelphia General Hospital, berief sich wiederum auf seine Erfahrung mit den AA und führte aus: „Die Alkoholiker, die wir hier im Philadelphia General Hospital haben, sind meistens solche, die sich keine Einzelbehandlung leisten können. Dabei ist das AA-Programm bei Weitem das Wirksamste, was wir ihnen anbieten können. Selbst unter jenen, die gelegentlich wiederholt hier landen, beobachten wir einen tiefen Wandel ihrer Persönlichkeit. Sie sind dann kaum wiederzuerkennen."

Geistliche vieler Konfessionen und Religionen haben der AA-Gemeinschaft ihren Segen erteilt. Edward Dowling, ein Jesuit, leitendes Mitglied des „Queen's Work" und hochverehrter Freund der AA seit deren Entstehungszeit in St. Louis, sagte, dass die Gemeinschaft etwas Natürliches sei. Die Idee des Programmes schien für ihn nach dem damaligen Wissensstand an dem Punkt natürlich, an dem sich Natur und Übernatur berührten: in Demütigungen und in der daraus wachsenden Demut. Er verglich es damit, als dass in einem Kunstmuseum und in einer Sinfonie etwas Spirituelles wirksam würde und dass es sogar die katholische Kirche billigte, dass die Menschen es nützten. Er hatte erkannt, dass auch im Programm etwas Spirituelles wirkte. Pater Ed, ein früher und wundervoller Freund der Anonymen Alkoholiker, starb im Frühling 1960.

In einem Leitartikel in der episkopalen Zeitschrift „The Living Church" wurde bemerkt, dass die Grundlage des

Programms der wahrhaft christliche Grundsatz sei, nämlich dass ein Mensch sich dadurch am besten hilft, dass er anderen hilft. Die Methode kann man als eine Selbstversicherung der Betroffenen beschreiben. Diese Selbstversicherung hat zwischenzeitlich dazu geführt, dass Hunderten von Menschen, die ohne die einzigartige und besonders wirkungsvolle Therapie des Programmes hoffnungslos untergegangen wären, körperliche, seelische und geistige Gesundheit und Selbstachtung wiedergegeben wurde.

Dr. Harry Emerson Fosdick sagte in einer Rede bei einem Dinner, das John D. Rockefeller gab, um einigen seiner Freunde die Anonymen Alkoholiker vorzustellen: „Ich glaube, um es wie ein Psychologe zu formulieren, dass diese Bewegung einen Vorteil in ihrer Annäherung an das Problem hat, der durch nichts wettgemacht werden kann. Wenn diese Methode weise gehandhabt wird – und sie scheint in den Händen weiser und kluger Menschen zu liegen –, werden sich dieser Idee Möglichkeiten eröffnen, die unsere Vorstellungskraft bei Weitem übertrifft."

Anhang Sieben

Gestern – Heute – Morgen

Es gibt in jeder Woche zwei Tage, über die wir uns keine Sorgen machen sollten. Zwei Tage, die wir freihalten sollten von Angst und Bedrückung.

Einer dieser beiden Tage ist das *Gestern* – mit all seinen Fehlern und Sorgen, geistigen und körperlichen Schmerzen. Das Gestern haben wir nicht mehr unter Kontrolle. Alles Geld dieser Welt kann das Gestern nicht zurückbringen: Wir können keine einzige Tat, die wir in der Vergangenheit getan haben, ungeschehen machen. Wir können nicht ein Wort, das wir gesagt haben, zurücknehmen. Das Gestern ist vorbei!

Der andere Tag, über den wir uns keine Sorgen machen sollten, ist das Morgen – mit seinen möglichen Gefahren, Lasten, großen Versprechungen und weniger guten Leistungen. Auch das Morgen haben wir nicht unter unserer Kontrolle. Morgen wird die Sonne aufgehen, entweder in ihrem vollen Glanz oder hinter einer Wolkenwand. Aber eines steht fest: Sie wird aufgehen, weil die Erde sich dreht. Bis sie aufgeht, sollten wir uns nicht über das Morgen Sorgen machen, weil das Morgen noch nicht geboren ist.

Da bleibt nur ein Tag übrig: *Heute*. Jeder Mensch und

alle Wesen können nur im Jetzt leben. Wenn wir zusammenbrechen, geschieht dies nur, weil du und ich die Last dieser zwei fürchterlichen Ewigkeiten ~ gestern und morgen ~ in unserem Geiste zusammenfügen. Es ist nicht die Erfahrung von heute, welche die Menschen verrückt macht, nein. Es ist die Reue und Verbitterung für etwas, das gestern geschehen ist. Oder aber die Furcht vor dem, was das Morgen wiederbringen wird.

HEUTE

ist das MORGEN,

das wir uns GESTERN erschaffen haben.

Nur für heute möchte ich mich bemühen, den Tag zu erleben, ohne alle Herausforderungen meines Lebens auf einmal lösen zu wollen; will nicht sofort das ganze Problem bewältigen, das in meinem Leben aufgetaucht ist. Nur diesen einen Tag mache ich etwas, vor dem ich mich erschrecken würde, wenn ich es ein Leben lang tun müsste.

Nur für heute will ich in der Gewissheit glücklich sein, dass ich für das Glück geschaffen bin. Nicht nur für die andere, sondern auch für diese Welt.

Nur für heute möchte ich mich nach den Tatsachen richten, ohne zu verlangen, dass die Umstände sich an meine Wünsche und Ziele anpassen.

Nur für heute widme ich zehn Minuten meiner Zeit einer guten Lektüre; möchte daraus lernen und etwas Nützliches tun. Ich will etwas lesen, das mich zum Nachsinnen bringt und meine Konzentration stärkt. Wie die Nahrung und Bewegung für das Leben des Körpers erforderlich sind, ist eine sinnvolle Lektüre notwendig für das Leben des Geistes.

Nur für heute möchte ich meine Seele auf drei Arten üben:

- ✯ Ich erweise der Natur oder einem Mitmenschen einen guten Dienst, ohne dafür etwas zu verlangen; ich prahle nicht damit.
- ✯ Ich will mindestens eine Sache tun, die ich schon immer einmal tun wollte, ohne dabei mich selbst oder jemand anderen zu gefährden.
- ✯ Wenn ich mich in meinem Empfinden oder Denken beleidigt fühle, so behalte ich es vorerst für mich und übe mich in Gelassenheit.

Nur für heute will ich natürlich wirken und Obacht auf mein Auftreten legen; mich besonnen verhalten, angenehm sprechen und gewissenhaft handeln. Ich werde niemanden kritisieren, ja, ich werde es auch unterlassen, die anderen zu korrigieren oder zu verbessern – außer mich selbst.

Nur für heute stelle ich ein sinnvolles Programm auf. Vielleicht halte ich mich nicht genau daran, doch ich setze es auf. Vor zwei Übeln hüte ich mich dabei: *Hetze und Unentschlossenheit.*

Nur für heute glaube ich fest daran – selbst, wenn die Umstände das Gegenteil zeigen sollten –, dass die Vorsehung auf mich achtet, als gäbe es sonst niemanden auf dieser Welt. In einer Stunde der Entspannung möchte ich eine nüchterne Sicht auf mein Leben gewinnen.

Nur für heute werde ich keine Furcht haben. Ganz besonders werde ich keine Angst haben, mich an allem zu freuen, was schön ist – und ich werde an meine Güte glauben. Im Vertrauen darauf, dass die Schöpfung mir das zurückgeben wird, was ich ihr bereit bin, durch Gewahrsein zu schenken.

Wir danken für deine Aufmerksamkeit und möchten dir abschließend noch ein Gedicht von Max Ehrmann mit auf den Weg deiner Genesung geben:

„Geh deinen Weg gelassen im Lärm und in der Hektik
dieser Zeit, und behalte im Sinn den Frieden,
der in der Stille wohnt. Bemühe dich, mit allen Menschen
auszukommen, soweit es dir möglich ist, ohne dich
selbst aufzugeben. Sprich das, was du als wahr erkannt
hast, gelassen und klar aus, und höre anderen Menschen
zu, auch den Langweiligen und Unwissenden,
denn auch sie haben etwas zu sagen.

Meide aufdringliche und aggressive Menschen,
denn sie sind ein Ärgernis für den Geist. Vergleiche dich
nicht mit anderen, damit du nicht eitel oder bitter wirst,
denn es wird immer Menschen geben, die größer sind als
du, und Menschen, die geringer sind.
Erfreue dich an dem, was du schon erreicht hast, wie auch
an deinen Plänen.

Bleibe an deinem beruflichen Fortkommen interessiert,
wie bescheiden es auch sein mag; es ist ein echter Besitz
in den Wechselfällen der Zeit. Sei vorsichtig in deinen
Angelegenheiten, denn die Welt ist voller Trug.
Lass dich jedoch dadurch nicht blind machen für die
Tugend, die dir begegnet. Viele Menschen haben hohe
Ideale, und wo du auch hinsiehst, ereignet sich im Leben
Heldenhaftes.

Sei du selbst, und, was ganz wichtig ist, täusche keine Zuneigung vor. Hüte dich davor, der Liebe zynisch zu begegnen, denn trotz aller Dürreperioden und Enttäuschungen ist sie beständig wie das Gras.

Nimm den Rat, den dir die Lebensjahre geben, freundlich an, und lass mit Würde ab von dem, was zur Jugendzeit gehört. Stärke die Kraft deines Geistes, so dass sie dich schützt, wenn ein Schicksalsschlag dich trifft. Doch halte deine Fantasie im Zaum, damit sie dich nicht in Sorge versetzt. Viele Ängste wurzeln in Erschöpfung und Einsamkeit. Übe gesunde Selbstdisziplin, doch vor allem sei gut zu dir.

Du bist ein Kind des Universums, nicht weniger als die Bäume und die Sterne: Du hast ein Recht, da zu sein. Und ob es dir nun bewusst ist oder nicht: Ganz sicher entfaltet sich das Universum so, wie es ihm bestimmt ist.

Lebe daher in Frieden mit Gott, wie auch immer du ihn dir vorstellst. Und worauf du deine Anstrengungen auch richtest, was es auch ist, das du erstrebst, im lärmenden Durcheinander des Lebens sei mit dir selbst im Reinen.

Trotz allen Trugs, aller Mühsal und aller zerbrochenen Träume ist die Welt doch wunderschön. Sei heiter. Strebe danach, glücklich zu sein.“

BEWUSSTE 24 STUNDEN
KOMM WIEDER – ES WIRKT.